Erdsicht

# Erdsicht  Global Change

Verlag Gerd Hatje

# Zum Geleit

Dr. Heinz Riesenhuber
Bundesminister für
Forschung und Technologie

Die Wissenschaft hat die Möglichkeiten des Weltraums frühzeitig erkannt. Erste Satelliten wurden in Europa gebaut. Satellitengenerationen mit ganz unterschiedlichen Aufträgen haben sich entwickelt und wurden wesentlich getragen von dem wissenschaftlichen Ehrgeiz, von dem Erkenntnisdrang, von der Chance, mit Blick in den tiefen Raum etwas völlig Neues zu erschließen. Über die ganze Skala der verschiedenen Wellenlängen vom langwelligen Infrarot bis zu den Röntgenstrahlen eröffnet sich ein Zugang zu jeweils unterschiedlichem Wissen. Der Blick in den tiefen Raum und damit der Blick in die Tiefe der Zeit, der Blick zurück in Milliarden von Jahren, entsprechend einer Distanz von Milliarden von Lichtjahren, liefert ein umfangreicheres Verständnis der Materie, ermöglicht plötzlich Rückschlüsse auf das ganz Große, den tiefen Raum bis zur Mikrophysik, wo unterschiedliche Beobachtungen im Weltraum und in großen Beschleunigern zusammengeführt wurden zu einem gemeinsamen Blick auf die Wirklichkeit der Struktur der Materie, auf die Geschichte der Welt und die Geschichte der Zeit.

In einer unauffälligen Weise sind Satellitenkommunikation und Fernsehen via Satelliten zum selbstverständlichen Instrument geworden. Mit Meteosat wird jeden Abend die Grundlage nicht nur für die optische Darstellung des Wetters, sondern auch für die Wettervorhersage gelegt. Weitere Entwicklungen und Märkte zeichnen sich ab: Wir werden Verkehrsleitsysteme komplexer Art via Satellit oder die Möglichkeiten einer sehr umfassenden Umweltüberwachung bekommen. Mit Euromar wird die Überwachung der Belastung der europäischen Randmeere von Finnland bis zum Mittelmeer geschaffen, um eine nicht geschädigte Umwelt dauerhaft zurückzugewinnen. Satelliten sind für die Erdbeobachtung unverzichtbar: für die Abschätzung der Ernteaussichten zum Beispiel in Indien, für das Erkennen der Vernichtung der Regenwälder und die Rückgewinnung der Regenwälder in Brasilien oder für die Möglichkeit, Wasserreserven in ariden Ländern festzustellen.

In einem Zusammenspiel ganz unterschiedlicher Ziele und Motivationen zwischen Politik, Wissenschaft und Wirtschaft hat sich hier eine ›Kultur‹ entwickelt, die neue Möglichkeiten einer Technik und damit die dritte Dimension oberhalb der Erde erschließt, sie nutzbar macht, Erkenntnisse sammelt, den Blick auf die Wirklichkeit weiter öffnet, für die Grundlagenforschung nicht nur Fragen beantwortet, sondern auch völlig neue Fragen stellt.

Mit der Ausstellung *Erdsicht – Global Change* macht die Kunst- und Ausstellungshalle der Bundesrepublik Deutschland erstmalig die Sicht des Menschen auf seinen eigenen Planeten einem breiten Publikum möglich, was bisher nur Astronauten und Wissenschaftlern vorbehalten war. Ich begrüße die Chance, mit dieser einmaligen Ausstellung Erlebniswelten zu eröffnen, die uns die drängenden Umweltprobleme wie zum Beispiel Treibhauseffekt, Ozonschichtzerstörung und Vernichtung tropischer Regenwälder vor Augen führen, die aber auch das Staunen vor den unendlichen Wundern der Schöpfung vermitteln.

Die Ausstellung steht unter
der Schirmherrschaft des
International Space Year (ISY) 1992

# Dank

Pontus Hulten
Wenzel Jacob
Edith Decker

Das Buch *Erdsicht – Global Change* begleitet die Ausstellung desselben Titels, ohne im eigentlichen Sinne ein Ausstellungskatalog zu sein. Es ist eher eine Parallelpublikation, die die Themen der Ausstellung aufgreift und von renommierten Autoren angemessen ausführen läßt. Aber auch hier vermitteln Satellitenbilder neben den exakten Informationen eine neue Ästhetik, die trotz oder gerade wegen ihrer fremdartigen Natur von großem Reiz ist.

Die Ausstellung *Erdsicht – Global Change* steht unter der Schirmherrschaft des ›International Space Year‹, das für 1992 von den internationalen Weltraumorganisationen ausgerufen worden ist, mit dem Ziel, das Verständnis für die friedliche Nutzung der Weltraumforschung und den internationalen Austausch zwischen den Wissenschaftlern zu fördern. Diesem Umstand verdanken wir die weitgehend kostenlose Nutzung von Daten und den Zugang zum aktuellen Forschungsstand. Die Ausstellungkuratoren Annagreta und Eric Dyring haben ihre langjährigen Erfahrungen als Wissenschaftsjournalisten nutzend, die internationalen Verbindungen geknüpft. Die Konzipierung und anschließende Umsetzung von Ausstellung und Buch war ein umfangreiches Unternehmen, das kaum ausreichend zu würdigen ist.

Für das Projekt *Erdsicht – Global Change* konnten wir äußerst kompetente Partner gewinnen, so die DARA (Deutsche Agentur für Raumfahrtangelegenheiten), die ESA (European Space Agency) und die DLR (Deutsche Forschungsanstalt für Luft- und Raumfahrt). Die DLR/DFD realisierte einen Teil der Exponate. Stellvertretend für die zahlreichen Mitarbeiter sei hier Gunter Schreier genannt, dessen großer Einsatz erheblich zum Gelingen beigetragen hat.

Die interaktive Installation *Global Change* war als Video ursprünglich ein Projekt der DLR und des UCL (University College London) im Rahmen des ›International Space Year‹, bevor es sich zum Herzstück der Ausstellung entwickelte. Jan-Peter Muller und seine Arbeitsgruppe am UCL haben mit der Aufarbeitung der umfangreichen Satellitendaten eine beeindruckende Leistung vollbracht, auf die die europäische Forschung stolz sein kann. Die von UCL und DLR hergestellten Satellitenanimationen wurden, angereichert mit Dokumentaraufnahmen, von der MMC (Multi Media Corporation), London, als die zwölf Themenvideos produziert, die der Besucher von der interaktiven Bildplatte abrufen kann. Max Whitby und sein qualifiziertes Team haben das anspruchsvolle Projekt *Global Change* in brillanter Weise zu Ende geführt. In diesem Zusammenhang möchten wir auch Hans-Joachim Friedrichs danken, der die deutsche Moderation übernommen hat und Peter Gabriel für die musikalische Untermalung. Für die überzeugende Realisierung der Dia-Installation *Mars – Erde – Venus* danken wir Mathias Michel (MM-Vision). Göran Manneberg und seine Mitarbeiter entwickelten für uns die beiden dreidimensionalen Ozon-Modelle.

Eine Besonderheit der Ausstellung ist, daß sie nicht nur die ›Erdsicht‹ der Wissenschaft zeigt, sondern auch die von Künstlern. So stellten uns Ingo Günther, Tom Shannon und Franz Xaver bereits existierende Arbeiten zur Verfügung, die sich harmonisch in das wissenschaftliche Konzept der Ausstellung einfügen. Piotr Kowalski und Urbain Mulkers erarbeiteten mit großem Engagement eigens neue Werke. Wir danken ihnen ebenso wie den Leihgebern P3-Art & Environment und Dornier sowie jenen, die namentlich nicht genannt werden möchten.

Daß alle Exponate auf optimale Weise zu Geltung kommen, ist die Leistung der Architektur von Pierluigi Cerri und seinem Mitarbeiter Alessandro Colombo.

Ein anspruchsvolles Projekt wie *Erdsicht – Global Change* ist ohne Sponsoren kaum zu realisieren. Wir sind Apple Computer GmbH, Sony Deutschland GmbH, Sony Broadcast & Communications, Basingstoke und dem Westermann Schulbuchverlag GmbH für ihre Hilfe zu großem Dank verpflichtet.

Neben den Mitarbeitern des Hauses haben viele Personen zum Buch und zur Ausstellung beigetragen. Namentlich erwähnt seien nur:
Dr. Larry Armi, NCAR, Boulder; Prof. R. E. Arvidson, Washington University, Saint Louis; Dr. Ulla Ehrensvärd, Krigsarkivet, Stockholm; Dr. Gene C. Feldman, NASA-GSFC; Prof. L. A. Frank, University of Iowa; Charlotte Griner, NASA-GSFC; Dr. Fritz Hasler und Dr. K. Palaniappan, NASA-GSFC; Dr. Joanne Heckman, Clarksville, MD; Dr. David Hoffmann, NOAA/ERL, Boulder; Torbjörn Lövgren, Kiruna; Dr. Richard D. McPeters, NASA-GSFC; Kay Metcalfe, NOAA/NESDIS, Greenbelt, MD; Dr. Max Miller, Earth Satellite Corporation, Washington, D.C.; Dr. J.S. Murphree, University of Calgary; Dr. Claire L. Parkinson, NASA-GSFC; Dr. Steve Saunders, JPL, Pasadena; Dr. Courtney J. Scott, NASA-GSFC; Dr. Ruth Sivard, World Priorities, Washington, DC; Prof. W.T. Sullivan, University of Washington, Seattle; Dr. Joel Susskind, NASA-GSFC; Dr. Compton J. Tucker, NASA-GSFC; Dr. Richard S. Williams Jr., USGS, Reston sowie Earth Observation Satellite Company; EUMETSAT, Darmstadt; Eurimage, Rom; Global Visions Inc., Bolinas, CA; International Institute for Applied Systems Analysis, Wien; Jet Propulsion Laboratory, Pasadena; NASA, Washington, D.C.; NOAA/NESDIS, Greenbelt; United Nations Population Fund, New York; US Commitee for Refugees, Washington, D.C.; Zero Population Growth, Washington, D.C. und US Geological Survey, Reston VA.
Nicht zuletzt gilt unser Dank den Autoren, deren engagierte Aufsätze die vielschichtigen Themen der Ausstellung facettenreich beleuchten.

# Die Kunst- und Ausstellungshalle der Bundesrepublik Deutschland

Wenzel Jacob

Nach einer Bauzeit von zweieinhalb Jahren empfängt die Kunst- und Ausstellungshalle der Bundesrepublik Deutschland am 19. Juni 1992 zum ersten Mal ihr Publikum. Mit fünf zeitlich parallel laufenden Eröffnungsausstellungen wird ein breites kulturelles und wissenschaftliches Spektrum beleuchtet.

*Territorium Artis* richtet den Blick auf die Schlüsselwerke der modernen Kunst unseres Jahrhunderts, *Pantheon der Photographie im 20. Jahrhundert* ist als Pendant zu *Territorium Artis* ausgelegt, *Erdsicht – Global Change* greift aktuelle ökologische Probleme des Planeten Erde aus wissenschaftlicher und künstlerischer Perspektive auf, *Niki de Saint Phalle* würdigt in einer umfassenden Retrospektive die Arbeit der französischen Künstlerin, *Gustav Peichl, Architekt der Kunst- und Ausstellungshalle* ist dem Werk des Wiener Baumeisters gewidmet und informiert über die Entstehung des neuen Hauses in Bonn.

Die thematische Vielfalt ist Ausdruck der konzeptionellen Linie der Kunst- und Ausstellunghalle.

Sie wurde im Laufe der langen Vorgeschichte des Hauses entwickelt, die durch Ideen und nachhaltiges Engagement Vieler – Bürger, Künstler, Politiker und Administration – geprägt war. Dieses Engagement führte, nachdem die politischen Entwicklungen den Status der Stadt vom ›vorläufigen Sitz der Bundesregierung‹ zur Bundeshauptstadt veränderten und der Ausbau Bonns vorangetrieben wurde, schließlich 1977 zu einem ersten grundsätzlichen Erfolg. Das Bundeskabinett erklärte, daß es in dem Vorhaben einer Kunsthalle einen wichtigen Beitrag zu einem überzeugenden Hauptstadtkonzept sehe. In der Folge entwickelten sich vielfältige zusätzliche Initiativen und weitere Vorschläge, so zum Beispiel das 1978 vom Deutschen Künstlerbund in Bonn veranstaltete Kolloquium *Brauchen wir eine Bundeskunsthalle?* Eine wertvolle Unterstützung erfuhr das Vorhaben durch Künstlerplakate, die 1983 von den Künstlern Joseph Beuys, Peter Bömmels, Christo, Enzo Cucchi, Georg Jiří Dokoupil, Rainer Fetting, Otto Herbert Hajek, Jörg Immendorff, Giulio Carlini, Bernhard Schultze und Katharina Sieverding als Werbung für die Kunsthalle entworfen und unentgeltlich zur Verfügung gestellt wurden. Der entscheidende Schritt geschah 1984, als sich die Regierungschefs von Bund und Ländern darüber verständigten, daß in Bonn eine Kunst- und Ausstellungshalle des Bundes errichtet werden sollte und die Länder an diesem Vorhaben mitwirken.

Der ursprüngliche Gedanke einer eigenen Sammlung für das Haus wurde nicht aufrecht erhalten. Die seitdem gültige Konzeption für die Kunst- und Ausstellungshalle sieht vielmehr zwei Schwerpunkte vor: Ausstellung und Kommunikation – Begriffe, welche die Arbeit der Kunst- und Ausstellungshalle für die Zukunft entscheidend prägen werden.

Die aus der Konzeption abgeleiteten breitgefächerten Anforderungen verlangten ein vielfältig nutzbares Gebäude. 1985 wurde ein internationaler beschränkter Wettbewerb ausgelobt. Der Entwurf des Wiener Architekten Gustav Peichl wurde mit dem ersten Preis ausgezeichnet. Der damalige Bundesbauminister, Dr. Oscar Schneider, beauftragte Prof. Peichl im Jahr 1986 mit der Ausführung des Baues. Die Grundsteinlegung erfolgte am 17. Oktober 1989.

Ein 1987 vom Bundesministerium des Innern berufener ›Gesprächskreis‹ von Fachleuten, dem Prof. Hugo Borger, Prof. Johannes Cladders (Leitung), Prof. Wolf-Dieter Dube, Dr. Karla Fohrbeck und Dr. Katharina Schmidt angehörten, unterstützte den zukünftigen Nutzer. Auf diese Weise konnte zusätzlich sichergestellt werden, daß die Kunst- und Ausstellungshalle auf den modernsten Stand der Technik gebracht wurde und – wie heute im internationalen Leihverkehr unerläßlich – den hohen Anforderungen an Klimatechnik, Beleuchtung und Sicherheitsvorkehrungen gerecht wird.

Gustav Peichl entwarf einen kubischen Baukörper. Hinter den jeweils 100 Meter langen Fassaden liegt eine umlaufende, zehn Meter tiefe Service-Zone mit Büros, Werkstätten, Versammlungsräumen, Bibliothek, aber auch klassischen Ausstellungsgalerien. Das innere Quadrat teilt sich in Foyer, Große Halle, Atrium-Halle und Forum. Der Ausstellungsbereich bietet ein differenziertes System von kleinen, mittleren und großen Räumen, die sowohl parallel und einzeln als auch im Zusammenhang genutzt werden können.

Außergewöhnliches Kennzeichen sind die kegelförmigen Türme, die lichtführende Elemente für den Ausstellungsbereich darstellen.

Der Vorplatz zwischen dem Kunstmuseum der Stadt Bonn und der Kunst- und Ausstellungshalle mit Hain und Heckenlabyrinth setzt sich auf dem Dach als begehbarer Grünbereich fort, der öffentlicher Platz und Ausstellungsfläche zugleich ist.

Um den Erfordernissen der Konzeption und den Möglichkeiten eines vielfältig nutzbaren Gebäudes Rechnung zu tragen, mußte eine flexible Organisationsstruktur geschaffen werden. In der Folge wurde im Dezember 1989 die Kunst- und Ausstellungshalle der Bundesrepublik Deutschland GmbH gegründet. Die Wahl der Rechtsform einer GmbH ermöglicht Anpassungsfähigkeit und schnelles Handeln, wie es im internationalen Ausstellungsgeschäft – auch im wirtschaftlichen Bereich – gefordert ist. Dies ist für die Kunst- und Ausstellungshalle besonders wichtig, da sie – ohne eigene Sammlungsbestände – in den Leihverhandlungen nicht auf den Austausch von Kunstwerken zurückgreifen kann und damit besondere Formen der Kooperation mit den Leihgebern entwickeln muß.

Organe der Kunst- und Ausstellungshalle der Bundesrepublik Deutschland GmbH sind die Geschäftsführung, das Kuratorium und die Gesellschafterversammlung. Die Gesellschaft erhält Zuwendungen von der Bundesrepublik Deutschland, dem gegenwärtig noch einzigen Gesellschafter. Das Kuratorium, das die Geschäftsführung auf Rechtmäßigkeit und Wirtschaftlichkeit überwacht sowie die Grundzüge des Programms beschließt, setzt sich aus Vertretern des Bundes und aller Bundesländer zusammen.

Den im Gesellschaftsvertrag formulierten Zielen, die Kunst- und Ausstellungshalle zu einem Ort der Auseinandersetzung mit kulturellen Fragestellungen und Entwicklungen von internationaler Bedeutung zu machen, entspricht das Intendantenprinzip. Der Intendant ist nach Absprache mit dem geschäftsführenden Direktor in seinen programmatischen Entscheidungen frei. Er bestimmt das künstlerische Programm, indem er sowohl eigene Ausstellungen für Bonn konzipiert als auch – im Sinne der Vielfalt und Erweiterung – ausgewählte Fachleute aus Kunst und Wissenschaft heranzieht, die eigene Projekte für die Kunst- und Ausstellungshalle verwirklichen. Der Intendant wird bei seiner Tätigkeit durch einen international besetzten Programmrat unterstützt.

Zum ersten Intendanten der Kunst- und Ausstellungshalle wurde im Januar 1990 Pontus Hulten berufen. Mit der Wahl Hultens, Gründungsdirektor des Moderna Museet in Stockholm, des Centre Pompidou in Paris, des Museum of Contemporary Art in Los Angeles und des Palazzo Grassi in Venedig, nahmen die angestrebten Grundsätze des Ausstellungsprogramms Gestalt an. Hulten hatte in seinen innovativen Ausstellungen, zum Beispiel der ersten Tatlin-Retrospektive, *The Machine*, *Paris – New York*, *Paris – Berlin* und *Paris – Moskau* und einer Ausstellung über den Futurismus die Visualisierung eines breiten Kulturbegriffes bereits aufgegriffen und verwirklicht. Die Grundzüge dieser Arbeit finden jetzt ihre Fortsetzung. Mit den Eröffnungsveranstaltungen werden jene Felder abgesteckt, die das Engagement der Kunst- und Ausstellungshalle auch künftig prägen sollen.

Die Ausstellungen *Territorium Artis* und *Erdsicht – Global Change* geben – aus der Betrachtung der Geschichte des ausgehenden Jahrhunderts – den heutigen Stand der Reflexion, zugleich eine kritische Bestandsaufnahme wieder. Der Zugriff auf Gegenwart geschieht hier zum einen aus dem Blickwinkel der Kunst mit einer Analyse der Emanzipation der Kunst vom Tafelbild und ihrer Auswirkung in die unterschiedlichsten Bereiche der Gesellschaft hinein. Damit untersucht die Ausstellung zentral die Frage, welche Rolle Innovationen für die Entwicklung der Kunst im 20. Jahrhundert spielen.

Der zweiten, gleichsam kontrapunktisch zugeordneten Ausstellung werden Ergebnisse der Forschungen in Wissenschaft und Technik der vergangenen Jahrzehnte zugrunde gelegt und daraus ein kritisches Bild der ökologischen Befindlichkeit unseres Planeten entworfen. Es stellt sich die Frage nach dem Sinn und Nutzen der Ausbeutung der Erde und der damit einhergehenden, immer größer werdenden Umweltbelastung, die letztlich zum Kollaps des Ökosystems Erde führen können.

Beide Ausstellungen sind somit in ihrer Fragestellung kulturhistorisch ausgerichtet und sollen zu einer Standortbestimmung des Heute aus unterschiedlichen Perspektiven beitragen. Deshalb werden in Zukunft auch Ausstellungen aus anderen Bereichen der Kulturgeschichte im weitesten Sinne und technisch-wissenschaftlicher Innovationen erarbeitet. Der Blick wird sich aber auch immer wieder auf das Werk einzelner Künstler-Persönlichkeiten richten und ihre individuelle Sprache vor dem Hintergrund gesellschaftlicher Entwicklungen würdigen.

Der aus diesen Vorstellungen abzuleitende Anspruch, sich in die Diskussion um die aktuellen kulturellen Fragen einzubringen, wird durch historische Projekte untermauert. Besonderes Anliegen ist es, den Bezug zur Gegenwart herauszustellen, kulturhistorische Themen aus dem heutigen Blickwinkel zu betrachten und die daraus folgenden Erkenntnisse für den Umgang mit der Gegenwart zu nutzen.

Das Forum der Kunst- und Ausstellungshalle trägt dem konzeptionellen Schwerpunkt Kommunikation Rechnung. Hier sollen die durch die Ausstellungen aufgeworfenen Fragestellungen vertieft, soll der Dialog gefördert werden. Symposien, Musik- und Theateraufführungen, Filmveranstaltungen sowie Diskussionen zwischen Persönlichkeiten aus Kunst und Kultur, Wissenschaft und Politik werden im Forum stattfinden. Die Ereignisse und Veranstaltungen können sich sowohl auf die Ausstellungen beziehen als auch eine eigenständige Komponente im Gesamtprogramm darstellen. Das dem Forum angegliederte Fernseh-Studio ist ›Fenster nach draußen‹, indem es die Ereignisse dokumentiert und in Kooperation mit öffentlich-rechtlichen oder privaten Sendeanstalten in eine breitere Öffentlichkeit trägt.

Das Forum versteht sich als Mittler: zwischen innen und außen, Kultur und Wissenschaft, Technik und künstlerischen Ausdrucksformen. Darüberhinaus bietet es angesehenen Institutionen, Verbänden und Initiativen die Gelegenheit zu kontinuierlichen oder punktuellen Kooperationen. Der so formulierte Ansatz eines auf Ausstellungen und Kommunikation konzentrierten Programms der Kunst- und Ausstellungshalle erhält nach der Hauptstadtentscheidung für Berlin im wiedervereinten Deutschland besondere Bedeutung. In doppelter Hinsicht kann die konzeptionelle Linie hier Voraussetzung für fruchtbare Arbeit sein: zum einen in der Region, zum anderen im gesamteuropäischen Rahmen.

Wird Bonn in den nächsten Jahren – wie es zur Zeit in der Diskussion ist – zu einer Kultur- und Wissenschaftsregion ausgebaut, trägt die Kunst- und Ausstellungshalle mit ihrem in beiden Bereichen angesiedelten Programm zur Ausprägung eines solchen Raumes innerhalb der Region Nordrhein-Westfalen bei. Das ist auch der Beitrag, den sie in bezug auf die kulturelle Verflechtung auf der ›Rheinschiene‹, der Städte Duisburg, Düsseldorf, Köln und Bonn leisten kann. Innerhalb des europäischen Kontextes besteht in den Ländern Osteuropas, die ihre Selbständigkeit finden, ein Bedürfnis nach Öffnung und Austausch. Dem wird die Kunst- und Ausstellungshalle Rechnung tragen. Einerseits durch die Kooperation personeller Art, indem die Fachleute aus Museen des Ostens eingeladen werden, vor Ort in Bonn zu arbeiten, andererseits durch die umfassende Präsentation der Institutionen mit ihren Sammlungen in der Kunst- und Ausstellungshalle. Auch hier spielt das Forum eine entscheidende Rolle als Mittler für Austausch und Auseinandersetzung. Dabei wird der Blick nach Westen nicht vergessen werden. Zu vielen Ausstellungshäusern in Westeuropa und den Vereinigten Staaten bestehen bereits jetzt vielfältige Beziehungen, die, gerade auch durch die Arbeit an gemeinsamen Ausstellungsprojekten, aufrechterhalten und ausgebaut werden.

So versteht sich die Kunst- und Ausstellungshalle im Prozeß des kulturellen Zusammenwachsens innerhalb des sich verändernden Europa als Bühne für die verschiedenen Akteure aus Ost und West und gleichzeitig als Wegbereiter kultureller Ansätze und Akzente, die das Engagement für einen breiten Kulturbegriff mit sich bringt.

# Vorwort

Pontus Hulten

Es ist ziemlich frustrierend, daß es möglich gewesen wäre, auf dieser Seite ein Bild zu reproduzieren, das die einzelnen Pflastersteine des weißen Eingangsbereiches dieser Kunsthalle, gesehen aus dem Weltraum, zeigt, aber daß solche Bilder immer noch militärische Geheimnisse sind.

Andererseits hätten wir ohne das Militär keine der Ansichten unseres Planeten, die wir hier in der Ausstellung sehen. Diese neuen Bilder, die wir seit einigen Jahren zu sehen bekommen, haben uns in gewisser Weise von uns selbst entfernt.

Es ist unmöglich, die Bilder ohne starke Emotionen zu betrachten, sie sind irgendwie auch schamlos. Sie haben uns sicherlich auch etwas zwiespältiger und anfälliger für Sorgen werden lassen. Sie haben uns in die Lage versetzt, unsere Welt auf völlig neue Weise kennenzulernen, und wir werden einige Zeit brauchen, uns an dieses Wissen, an diese Vertrautheit mit jedem Detail des Körpers der Mutter Erde, zu gewöhnen.

Vielleicht ist es auch so, daß wir immer persönliche Ambivalenzen haben, wenn wir mit Unerwartetem oder Neuem konfrontiert werden? Die fünf in dieser Ausstellung behandelten Themen sind aus einer Vielzahl möglicher Fragen ausgewählt worden, die von gleich großem Interesse sind. Sie sind möglicherweise ausgewählt worden, weil sie uns in einer sehr unmittelbaren Weise betreffen und in diesen Zeiten von großem Interesse sind. Sie unterscheiden sich auch in ihrem Charakter und ihrer historischen Perspektive voneinander.

Die Frage, was von gegenwärtigem Interesse, von Aktualität ist, ist ein wichtiger Punkt, wenn es um wissenschaftliche Ausstellungen geht. Im Gegensatz zu dem, was man erwarten könnte, scheinen die Moden überraschenderweise eine dominierendere Rolle in der Wissenschaft als in der Kunst zu spielen. Man denke nur an ›Niedertemperatur-Kernreaktionen‹ oder ›verlustlose elektrische Übertragungen‹, die vor einigen Jahren unsere Aufmerksamkeit erregten. Wir sind überrascht, weil wir in der Wissenschaft Objektivität und Universalität, eine Überlegenheit bei klaren, unabhängigen Entscheidungen und Denkweisen erwarten. Aber wir müssen uns nur für einen Moment an einen gewissen Lysenko erinnern, der es fertig brachte, die halbe wissenschaftliche Welt mehrere Jahre lang in die Irre zu führen. Er hatte den Kommunismus im Nacken, aber …

Wir sollten daher recht bescheiden in unserer Haltung sein, wenn es darum geht zu beurteilen, was am wichtigsten ist.

Die Augen und Bilder zu benutzen, um zu versuchen, die uns umgebende Wirklichkeit zu verstehen, kann als eine Methode betrachtet werden, als ein Grundprinzip der Kunst von Beginn an. Seit über hundert Jahren hat die Kamera unsere Möglichkeiten verbessert, in die Geheimnisse unserer Umwelt einzudringen. Malerei und wissenschaftliche Bilder sind nicht das Gleiche. Aber die Bilder von Künstlern und Wissenschaftlern haben die gleiche Quelle und das gleiche Anliegen: die Welt besser zu verstehen. Wenn das wissenschaftliche Bild in einem allgemeinen kulturellen Kontext zusammen mit Kunst wie hier gezeigt wird, ergibt daher das Eins plus Eins mehr als Zwei, es bekommt eine neue Dimension, die Bilder gelangen in einen Strudel konfliktreicher Gefühle.

Diese Publikation erscheint anläßlich der Ausstellung *Erdsicht – Global Change* vom 19. Juni 1992 bis 14. Februar 1993 in der Kunst- und Ausstellungshalle der Bundesrepublik Deutschland in Bonn

*Herausgeber*
Kunst- und Ausstellungshalle der Bundesrepublik Deutschland GmbH

*Intendant*
Pontus Hulten

*Geschäftsführender Direktor*
Wenzel Jacob

*Konzeption der Ausstellung und des Kataloges*
Annagreta Dyring und Eric Dyring

*Projektleitung*
Edith Decker

*Ausstellungsarchitektur*
Pierluigi Cerri mit Alessandro Colombo und Paula Garbuglio

*Katalogkoordination*
Annette Kulenkampff

*Graphische Gestaltung*
Pierluigi Cerri mit Andrea Lancellotti

*Computergraphiken*
wurden mit SAS Graph.® erstellt
SAS-Graph.® is a registered trademark of SAS Institute Inc., Cary, NC, USA

*Übersetzungen*
aus dem Englischen:
Susanne Lipps
aus dem Schwedischen:
Jutta Westmeyer

*Verlagskoordination*
Ute Harre

*Verlagslektorat*
Petra von Olschowski

*Reproduktionen*
C+S Repro, Filderstadt

*Gesamtherstellung*
Dr. Cantz'sche Druckerei
Ostfildern bei Stuttgart
Verlag Gerd Hatje

© Copyright 1992
Kunst- und Ausstellungshalle der Bundesrepublik Deutschland GmbH
Verlag Gerd Hatje
und die Autoren und Inhaber der Bildrechte
Alle Rechte vorbehalten
Printed in Germany 1992

*Buchhandelsausgabe*
ISBN 3 775 703 667

Mitarbeiter der Kunst- und Ausstellungshalle

*Stellvertretende Direktorin*
Ina Klein

*Ausstellungsmanagement*
Cornelia Barth

*Transport und Versicherungen*
Barbara Manna

*Restaurierung*
Karin Weber

*Aufbau*
Christian Axt
Michael Schulz

*Presse- und Öffentlichkeitsarbeit*
Maja Majer-Wallat
mit Maria Nußer-Wagner

*Katalogmitarbeit*
Antje Utermann

*Ausstellungspädagogik*
Hanns-Ulrich Mette

*Forum*
Uta Brandes

*Koordination Veranstaltungsbereich*
Manfred Langlotz
mit Klaus Schnizler

*Bibliothek*
Lutz Jahre

*Betriebstechnik*
Rudolf Link
mit Sieghard Porkert

*Koordination Informationstechnik*
Norbert Kanter

*Sekretariat*
Ingrid Hoffmann
Jana Hummelova
Heidrun Küpfer

*Umschlagabbildung*
Die Erde bei Nacht
Bild: USAF, Defense Meteorological Satellite Program, 1985

*Frontispiz und weitere fünf Globen*

Über dieses Buch sind sechs Ansichten der Erde verteilt, bei jedem Bild hat sich die Erde um jeweils 60° gedreht in einer Flugbahn, die diagonal verläuft. Diese sechs Erdansichten sind aus hunderten von wolkenfreien Satellitenaufnahmen elektronisch zusammengesetzt worden. Ein Datenpunkt repräsentiert eine Fläche von 1 km², eine für zivile Satelliten immer noch hohe Auflösung. Diese Aufnahmen von amerikanischen Wettersatelliten, die mit AVHRR-Sensoren ausgestattet sind, stammen aus der zweiten Hälfte der achtziger Jahre.
Die Bilder entstanden in der Abteilung für ›Photogrammetry and Surveying‹ des University College London durch Prof. Jan-Peter Muller, Tim Day, Philip Eales und Geoffry Rhoads. An der speziellen Bildtechnik sind weiter Robert Johnston und Kevin Kelley, USA, beteiligt.
Die Bildzentren sind folgende:
Frontispiz 50°N, 14°O
Seite 23 17°N, 74°O
Seite 60 24°S, 134°O
Seite 102 49°S, 66°W
Seite 138 17°S, 106°W
Seite 192 16°N, 46°O
© 1992 University College, London/Global Visions Inc.

# Inhalt

17 Annagreta Dyring
*Die Forscher haben die Verpflichtung zu berichten*

## Im Überblick

27 Eric Dyring
*Wie die Erde entblößt wird*

41 Gunter Schreier
*Was Satelliten sehen*

## Die bedrohte Umwelt

63 Bert Bolin
*Bekommen wir ein wärmeres Klima?*

77 Hartmut Graßl / Reiner Klingholz
*Europa im Treibhaus*

89 Reinhard Zellner
*Ozonzerstörung: ein globales Umweltproblem*

## Die Weltbevölkerung

105 Kaval Gulhati
*Weltbevölkerungswachstum und Stellung der Frau*

127 Sture Öberg
*Die Welt und Europa*

## Widersprüche und Herausforderungen

141 Stephan H. Schneider
*Die Erwärmung der Erde in der Diskussion: Wird gute Wissenschaft oder schlechte Politik betrieben?*

155 David L. Parnas
*Die Verantwortung der Wissenschaftler in einer sich verändernden Welt*

171 Herbert Wulf
*Rüstung und Abrüstung in der Welt*

183 Manfred Lange
*Die Bewältigung globaler Umweltveränderungen – eine neue Partnerschaft zwischen Wissenschaft und Politik*

195 Glossar
198 Die Autoren

## Die Forscher haben die Verpflichtung, zu berichten

Annagreta Dyring

Dieses Buch handelt von Distanz und Nähe. Satelliten, die um die Erde kreisen oder geostationär im Weltraum stehen, vermitteln uns neue Bilder von Dingen, die wir früher nie gesehen haben oder höchstens erahnen konnten. Die Oberfläche der Erde läßt sich nun aus großer Entfernung exakt abbilden. Die militärische Forschung der Großmächte hat neue Bildtechniken entwickelt, die sukzessive auch der zivilen Forschung für lebenswichtige globale Fragen zugänglich gemacht wurde. Was passiert mit unserer Umwelt und mit unserem Klima? Wie steht es um die Abrüstung? Wie werden sich die Menschen in der Zukunft versorgen können? Die Satellitenbilder vermitteln, geben Überblick und lassen sich bis in kleinste Details analysieren.

Distanz ist wichtig, sie verschafft Übersicht. Wir brauchen sie, um klar zu sehen, als Komplement zum unmittelbar Erlebten. Wie wir die Welt erfassen, beruht teilweise auf unseren persönlichen Erfahrungen im Alltag. Das Weltbild hat auch eine innere Dimension, die Moral unserer Gedanken.

Seit jeher haben wir uns Weltbilder geschaffen. Das astronomische Weltbild ist das Gebiet der Wissenschaft, das zu allen Zeiten das größte Interesse erweckt hat. Man wollte Ordnung in den Sternenhimmel bringen und später den Platz der Erde innerhalb des Universums bestimmen. Mit der Zeit haben wir gelernt, wie die astronomische Struktur beschaffen ist. Die Karte der Erde hatte zu Beginn den Charakter eines Kalenders, und manchmal wurde sie durch Hinweise auf Sehenswürdigkeiten und Handel vervollständigt. Flaggen wurden plaziert, um Souveränität sichtbar zu machen – politische Grenzen tauchten auf den Karten jedoch erst im 16. Jahrhundert auf.

*Heißes Eisen*

In der Art, wie die Welt gesehen und dargestellt wird, erkennt man die sich wandelnden Perspektiven und Ansprüche. Heute rücken die globalen Umweltfragen in den Vordergrund. Sie stellen Forderungen an Forschung, Technik und Wirtschaft. Die Probleme kann man zum größten Teil über Satelliten feststellen und studieren. Was die Satelliten demgegenüber nicht sehen, ist die Alltagsperspektive, das subjektive Erleben.

Eine der vielschichtigen und brisanten Fragen in globaler Hinsicht ist der Bevölkerungszuwachs in den Entwicklungsländern. Dieses komplexe Thema ist ein solch ›heißes Eisen‹, daß es 1992 mit Mühe und Not als Tagesordnungspunkt der UN-Konferenz in Brasilien aufgenommen wurde. Es ist ein Problem, das sich nur vermittelt und unzureichend digital per Satellit darstellen läßt. Es erfordert Einsichten, die auf andere Art als durch Fernerkundung zu gewinnen sind.

Nehmen wir zum Beispiel die Stellung der Frau. Diese Frage ist für den globalen Bevölkerungszuwachs von zentraler Bedeutung. Dort, wo Frauen selbständig sind und einen vergleichsweise hohen Status besitzen, haben sie eine kleine Familie. Wo es nicht der Fall ist, kündet die Geburtenrate eine Bevölkerungslawine an, obwohl gleichzeitig eine erschreckend große Anzahl – oft sehr junger Mütter – im Kindbett stirbt.

Kaval Gulhati beschreibt in diesem Buch die Stellung der Frau in verschiedenen sozialen Milieus und Zeitepochen. Ihr Text bietet aufschlußreiche Erkenntnisse über die Bedingungen der heutigen, häufig minderjährigen Mütter in den Entwicklungsländern. In den Industrieländern haben wir dabei keine Veranlassung, uns an die Brust zu schlagen. Es herrscht große Einigkeit darüber, daß die Frauen in den Wohlfahrtsstaaten den Männern immer noch nicht gleichgestellt sind, weder sozial noch wirtschaftlich.

Auch darüber, daß für den Fortschritt in den Entwicklungsländern der Bildung und

1 Abraham Cresques, Katalanischer Atlas, 1375 n. Chr., 12 Tafeln, Malerei auf Holz, 69 x 49 cm, Bibliothèque nationale, Paris.
Der jüdische Instrumentenbauer Abraham Cresques, der auf Mallorca tätig war, fertigte diese Karten nach dem ›Weltbild‹ der damaligen Zeit an. Als Geschenk an Karl V. kam der Atlas nach Frankreich. Auf diese Weise konnte sich das Wissen der Seefahrer und Kartographen jener Tage weiterverbreiten.
Der Ausschnitt zeigt Südwestasien, den Persischen Golf und das Kaspische Meer.

2 Kuwait zu Beginn der irakischen Invasion. Deutlich sind die Strömungsverläufe des Golfes zu erkennen. Landsat TM-Bilder vom August 1990 wurden mit SPOT-Aufnahmen vom September 1990 kombiniert. Bildverarbeitung: Trifid Corp. Quelle: SPOT Image Corp. und EOSAT

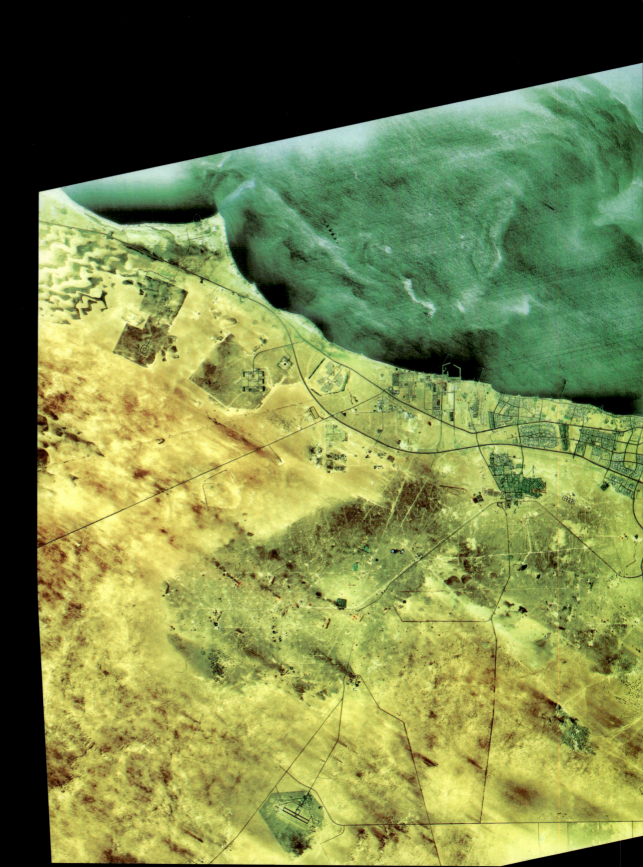

Ausbildung der Frau große Bedeutung zukommt, herrscht Einigkeit. Der Weg zum Wohlstand in den ärmsten Regionen scheint zum großen Teil der Weg über Investitionen in die Frauen zu sein.

Es gibt unterschiedliche Maßstäbe für Wohlstand. Einer ist die Fähigkeit zu Lesen und zu Schreiben. Weniger als 20% der erwachsenen Bevölkerung Nigerias können lesen, und ähnliche Zahlen gelten für andere zentralafrikanische Staaten. Etwa 45% der Erwachsenen in Indien sind alphabetisiert, aber in den Nachbarländern Bangladesh, Pakistan und Nepal sind es nur 30% bis 36%.

Gerade in diesen Ländern aber wächst die Bevölkerung am schnellsten. Für Afrika nimmt man zum Beispiel eine Verdoppelung der Bevölkerung bis zum Jahr 2020 an – auf 1,4 Milliarden Menschen. In den Entwicklungsländern der Erde allein wird es voraussichtlich in 10 Jahren 46 Großstädte mit jeweils über 5 Millionen Einwohner geben.

Analphabetismus ist leider nicht nur ein Problem der Entwicklungsländer. In den USA vermutet man, daß 4% der erwachsenen Bevölkerung nicht lesen kann. Das Land mit dem höchsten Anteil von Menschen, die lesen können, ist die Tschechoslowakei.

*Wissenschaftliche Lesefähigkeit*

Ein anderer Begriff innerhalb der aktuellen Diskussion über die Definition von Wohlstand ist ›wissenschaftliche Lesefähigkeit‹, das heißt die Fähigkeit, Fakten und Resultate, die die Naturwissenschaften präsentieren, zu verstehen. Bislang gibt es dafür noch keine verläßlichen Maßeinheiten, aber Forscher haben zu ermitteln versucht, wie verbreitet es in amerikanischen und japanischen Schulen ist, daß die Schüler über gewisse biologische, physikalische und chemische Grundkenntnisse verfügen. Man mißt also Detailwissen. Inwieweit das eine Antwort darauf gibt, wie es um Urteilsfähigkeit und Bildung bestellt ist, ist schwer zu sagen. Die Methode ist umstritten.

Man ist sich in diesen Diskussionen jedoch darüber einig, daß naturwissenschaftliche Grundkenntnisse für alle Menschen, in dem Maße wie die Gesellschaft technisiert wird, enorm wichtig werden. Diese Kenntnisse werden notwendig, nicht nur weil der Alltag und das Berufsleben es erforderlich machen, daß wir Techniken, wie zum Beispiel den Umgang mit unterschiedlichen Computern, beherrschen. Wir brauchen sie auch, um Verbraucherberatung hinsichtlich verschiedener Waren und Dienstleistungen, Einnahmevorschriften für Medikamente und so weiter verstehen zu können, und zwar am besten durch das Verständnis der Zusammenhänge und nicht durch mechanisches Gehorchen. Das, was in Fachdiskussionen manchmal in den Vordergrund rückt, betrifft unsere Fähigkeit, die technischen und wissenschaftlichen Aussagen beurteilen zu können, die im Zusammenhang mit politischen Beschlüssen zu zentralen Faktoren geworden sind. Die ›naturwissenschaftliche Lesefähigkeit‹ wird immer häufiger als wichtiger Bestandteil des demokratischen Prozesses gesehen. Wenn die Demokratie ihren Namen zu Recht tragen soll, ist es notwendig, daß nicht nur die Experten den sachlichen Hintergrund von Beschlüssen beurteilen können. Die Alternative dazu wäre eine steigende Abhängigkeit von Experten und eine Allgemeinheit, die akzeptiert, daß andere in immer stärkerem Ausmaß über ihr Leben bestimmen.

Man kann kaum ›Lesefähigkeit‹ und ›naturwissenschaftliche Lesefähigkeit‹ im selben Atemzug nennen. Diese Termini spiegeln die unerhört große Kluft zwischen reichen und armen Ländern wider. Was in einem Land eine schüchterne Forderung nach mehr Wissen ist, ist in einem anderen Land eine Selbstverständlichkeit. Und dort, wo alle lesen können, hat man entdeckt, daß die naturwissenschaftlichen Kenntnisse ungleich verteilt sind. Wenn die reichen Länder das Funktionieren der Demokratie anzuzweifeln beginnen, wenn es um folgenreiche technikbestimmte Beschlüsse geht, wie soll es dann in den Ländern sein, wo nur wenige überhaupt lesen können?

*Komplexe Zusammenhänge auf lange Sicht*
Vor zehn Jahren stellte man ein Ozonloch über der Antarktis fest. Die Forscher wußten bereits vorher, daß das Ozon in der Stratosphäre vor allem von Fluorchlorkohlenwasserstoffen (FCKW) bedroht wurde, aber man glaubte, daß die Natur die Schäden ausgleichen könne. Nun kam das, was ein Schwelleneffekt zu sein schien, und das Ozonloch wurde zu einer Tatsache – zunächst über der Antarktis und nun vielleicht sogar über der Arktis. Massive Maßnahmen zur Verringerung des Ausstosses von FCKW wurden ergriffen, aber noch nicht in allen Ländern. Und ungeachtet der getroffenen Maßnahmen wird sich das Ozonloch vergrößern, zumindest bis zur Mitte des nächsten Jahrhunderts, denn so lange halten sich die bereits freigewordenen FCKWs in der Stratosphäre, und so lange werden sie weiterhin die schützende Ozonschicht zerstören. Wir wissen, daß dies eine große Zahl zusätzlicher Fälle von Hautkrebs verursachen und auf lange Sicht große Schäden des Pflanzenlebens mit sich bringen kann.

Der Ozonschwund ist eines – von vielen – Beispielen, das zeigt, wie schwer und langwierig die globalen Umweltprobleme in den Griff zu bekommen sind. Es ist nicht einfach zu messen, was in der Atmosphäre in 25 000 m Höhe an chemischen Reaktionen vor sich geht, und es kann sich als unmöglich erweisen, die direkten Ursachen des gestellten Ungleichgewichts herausgreifen zu können. Eventuelle schädliche Auswirkungen einer dünneren Ozonschicht zu messen – und festzuhalten – braucht Zeit und erfordert zum Teil neue wissenschaftliche Kompetenz.

Entsprechend gibt es große Schwierigkeiten bei der Bewertung und Beweisführung in Hinsicht auf den erhöhten Treibhauseffekt, der Umweltbedrohung unserer Zeit, die den gesamten Erdball, sowohl ökologisch als auch ökonomisch, fatal bedrängen kann. Hier herrscht unter den Forschern eine gewisse Einigkeit über die Risiken, während es den Politikern schwerer fällt, die Bedrohungen ernst zu nehmen. Sie können erst in mehreren Dezennien verifiziert werden, wie aber soll man Warnungen in konstruktive und globale Politik umsetzen, wenn man sie noch nicht beweisen kann?

*Wissenschaftliche Unsicherheit ist nicht dasselbe wie wissenschaftliche Schwäche*
Verstehen wir denn, was die Wissenschaftler sagen? Ihre Fachsprache ist technisch, gespickt mit unbekannten Wörtern. Ihnen fehlt oft die Übung, sich Laien verständlich zu machen. Wissenschaft beruht außerdem auf ständiger Überprüfung. Das bedeutet, daß neue Ergebnisse frühere, ›etablierte Wahrheiten‹ über den Haufen werfen können. Wissenschaftliche Unsicherheit heißt also nicht wissenschaftliche Inkompetenz, was für die Allgemeinheit schwer zu akzeptieren ist. Je umfassender und komplexer die Fragen werden, desto schwieriger wird es für die Forscher, ihre Unsicherheit zu präsentieren und – weitaus problematischer – Prognosen abzugeben und bedenkenlos Schlüsse zu ziehen, was häufig von ihnen gefordert wird. In immer komplexeren Zusammenhängen werden wir außerdem akzeptieren müssen, daß politische Beschlüsse gefaßt werden, ohne daß ihnen einheitliche wissenschaftliche Beurteilungen zugrunde liegen. Die Forderung an die Forschung, ihre Diskussionen einer breiteren Öffentlichkeit zum Nutzen der politischen Prozesse zugänglich zu machen, wird deshalb immer dringlicher.

**3** Cuxhaven bis Hamburg nach der neuesten Kartentechnik, bei der Satellitenbilder und konventionelle Kartierungsmethoden kombiniert werden. Die Stadtbebauung ist in roten Abstufungen wiedergegeben. An der Mündung der Elbe sind deutlich die Tendenzen zur Deltabildung im Meer sichtbar.
Bild und Copyright: GEO Satellitenbildatlas Deutschland, DLR

Im Überblick

## Wie die Erde entblößt wird

Eric Dyring

Es ist die Höhe, die es macht. Vom Gipfel des Berges bekommen wir den Überblick. Dort oben ist es leicht, zu beobachten und sich gegen Angreifer zu verteidigen. Das erkannte man früh. Unsere Geschichte ist voll von dramatischen Ereignissen, die sich auf Berggipfeln und Felsen abgespielt haben.

Hoch auf dem Felsmassiv von Masada am westlichen Ufer des Toten Meeres bauten die Juden ein Fort, das dem Angriff des römischen Heeres lange standhielt. Die Verteidiger sahen alles, was die Angreifer unternahmen. Dennoch gelang es den Römern 73 n. Chr., das Fort zu erobern. Das war eines der großen Dramen der Geschichte.

Auf dieselbe Art und Weise verschanzte sich 1944 die deutsche Armee im alten Benediktinerkloster Monte Cassino in 500 m Höhe zwischen Rom und Neapel. Von ihrer erhöhten Position aus hatten die Deutschen freie Sicht bis zur Küste und konnten jede Bewegung der angreifenden amerikanischen Verbände verfolgen. Mit vernichtendem Artilleriefeuer wurde der Vormarsch der Alliierten nach Norden gestoppt. Erst nach großen amerikanischen Verlusten und nachdem das 1400 Jahre alte Kloster vollständig zerstört worden war, war der Weg nach Rom frei.

Die Städte früherer Zeiten entstanden auf fruchtbarem Boden, an den Knotenpunkten der Handelswege und an Plätzen, die leicht zu verteidigen waren. Entlang der gesamten langen italienischen Bergkette des Apennin liegen alte Städte zusammengekauert auf den Kämmen von Hügeln und Berggipfeln. Sie thronen seit mehreren hundert Jahren schwer zugänglich und majestätisch über der Umgebung. In vielen damaligen Großstädten bauten die Familien hohe Türme, um ihr Revier zu markieren. Viele dieser imposanten Machtsymbole sind noch heute erhalten, zum Beispiel in Bologna und der toskanischen Stadt San Gimignano.

Schritt für Schritt ging die Entwicklung dahin, die Aufklärung in immer größere Höhen zu verlegen und immer kompliziertere Methoden zu benutzen. Früher war es das scharfe menschliche Auge, das von den Berggipfeln spähte. Heute spähen im Weltraum stationierte Satelliten mit ihren hochempfindlichen Kameras aus mehreren hundert Kilometern Höhe. Computer analysieren die Bilder.

Nach dem Zweiten Weltkrieg entstand das Gleichgewicht des Schreckens zwischen Ost und West. Hier kam den ›Spionage-Satelliten‹ der Großmächte eine wichtige Rolle zu. Die USA und die Sowjetunion hatten aus dem Weltraum ein wachsames Auge aufeinander. Heutige militärische Satelliten sehen schlichtweg alles. Während der Kämpfe zwischen UNO-Truppen und dem Irak am Persischen Golf Anfang 1991 demonstrierten die Aufklärungssatelliten ihre große Bedeutung für die moderne Kriegführung. Aus der Höhe wachten die amerikanischen Aufklärungssatelliten mit hochentwickelten technischen Systemen über die Verteidigungsanlagen und Truppenbewegungen der irakischen Kriegsmaschinerie. Nichts entging den ›Argusaugen‹ der Satelliten. Sie enthüllten alles, was sich am Boden befand, sogar in der nächtlichen Dunkelheit und trotz schützender Tarnung. Mit Hilfe von Radarwellen konnten sie sogar ein wenig in den trockenen Wüstensand eindringen und unterirdische Anlagen sichtbar machen.

*Militärische Notwendigkeit, alles zu wissen*

Aufklärung ist immer eine Methode der Militärs gewesen, um Überraschungen und Irrtümer zu vermeiden. Eine erhöhte Position sicherte Vorteile, das sah man schon früh ein. Chinesen und Japaner sandten bereits vor mehreren hundert Jahren an Drachen hängende Späher aus. Die Ballontechnik ermöglichte es Frankreich im 18. Jahrhundert als erstem westlichen Land, Aufklärung aus großer Höhe zu betreiben. Die Franzosen organisierten 1794 einen Verband von ›aérostiers‹. Im April desselben Jahres, während der Schlacht bei Fleures in Belgien, gelang es ihnen, einen

1 Flevoland, 30 km östlich von Amsterdam, wurde der See abgerungen und dient der Landwirtschaft. Das Radarbild aufgenommen von SAR auf dem amerikanischen Satelliten Seasat am 9. Oktober 1978 zeigt den nördlichen Teil von Flevoland. Bild: NASA. Bearbeitet von DVLR/GSOC für ESA

2 Eine italienische Kleinstadt zusammengekauert auf einem Berggipfel im Apennin, östlich von Rom. Der Platz war leicht zu verteidigen, und die Einwohner hatten eine gute Übersicht über die Umgebung.
Foto: Eric Dyring

3 Odenplan im Stockholmer Zentrum 1898 aus einem am Boden vertäuten Ballon fotografiert.
Foto: Oscar Halldin. Bäckströmsche Bildsammlung. Museum der Fotografie, Stockholm.

Ballon neun Stunden am Himmel zu halten, so daß Oberst Jean Marie Joseph Coutelle kontinuierliche Beobachtungen durchführen konnte. Drei Jahre später wendete Napoleon dieselbe Technik bei der Belagerung von Mantua an.

Der nächste technische Fortschritt kam mit der Entwicklung der Kamera in den zwanziger Jahren des 19. Jahrhunderts. Das erste fotografische Luftbild wurde außerhalb von Paris von dem französischen Fotopionier Nadar – eigentlich hieß er Felix Tournachon – im Frühjahr 1856 aufgenommen. Mit einer Reihe schöner Luftbilder von Paris hatte er großen Erfolg. Das Militär interessierte sich bald für ihn und wollte, daß er seine Technik für militärische Zwecke weiterentwickelte. Aber Nadar weigerte sich aus ideologischen Gründen.

Das erste militärische Luftbild wurde statt dessen 1862 während des amerikanischen Bürgerkrieges aufgenommen. Die Nordstaaten hatten die Stadt Richmond in Virginia belagert. Da schickte der Nordstaaten-General McLennan einen Fotografen in einem am Boden vertäuten Ballon hinauf, um die Verbände der Südstaaten, die einen Ausbruch vorbereiteten, zu fotografieren. Der Fotograf machte zwei Bilder. Der General bekam einen Abzug und den anderen bekamen zwei Ballonfahrer mit, als sie in 500 m Höhe aufstiegen. Von ihrer erhöhten Position berichteten sie schließlich telegrafisch über die Bewegungen der Südstaaten-Armee. Das funktionierte perfekt und die Nordstaaten konnten den Versuch der Südstaaten, die Belagerung zu durchbrechen, wirksam unterbinden.

*Höher und schneller fliegen, mit Intuition interpretieren*

Im Jahre 1909 wurden die ersten fotografischen Luftbilder aus einem Flugzeug aufgenommen. Wieder waren es Franzosen und Amerikaner, die eine Vorreiterrolle spielten. Während des Ersten Weltkrieges 1914 bis 1918 spielte die Technik jedoch nur eine untergeordnete Rolle. Beobachtung mit den Augen war die gebräuchlichste Methode. Der große militärische Durchbruch für die fotografische Luftaufklärung gelang statt dessen zu Beginn des Zweiten Weltkrieges 1939. Nun waren es die Engländer unter der Leitung des Australiers Frederick Sidney Cotton, die den Weg wiesen.

Die damaligen englischen Aufklärungsflugzeuge waren langsam und mußten relativ niedrig fliegen. Deshalb wurden sie leichte Beute für die deutschen Messerschmitt-Flugzeuge. Im ersten halben Jahr nach dem Ausbruch des Krieges hatte die Royal Air Force 6000 km$^2$ aus der Luft fotografiert – und 40 Flugzeuge verloren. In derselben Zeit gelang es den französischen Aufklärungsflugzeugen, 15 000 km$^2$ zu fotografieren, dabei gingen allerdings 60 Maschinen verloren.

Die Engländer setzten auf die Spitfire – ein schnelles Flugzeug, das auch in großer Höhe fliegen konnte. Der ›Ausländer‹ Cotton konnte das englische Oberkommando dazu bewegen, zwei Spitfire für die Luftaufklärung abzukommandieren und den zivilen Flughafen Heston – heute Heathrow – westlich von London als Basis zur Verfügung zu stellen. Der Erfolg ließ nicht auf sich warten. In nur wenigen Monaten machte eine einzige Spitfire Luftaufnahmen von gut 12 000 km$^2$.

Der Erfolg wurde gekrönt durch neue Methoden, den Bildern ihre wichtigen taktischen und strategischen Informationen zu entlocken. Die Bildauswerter, oft Frauen, entwickelten eine große Geschicklichkeit darin. Man sprach von weiblicher Intuition bei diesem militärischen Geschäft. Die Aktivitäten auf dem unansehnlichen Flugplatz in Heston erlangten dadurch große Bedeutung für den Ausgang des Zweiten Weltkriegs.

Als der Krieg beendet war, begannen amerikanische Militärs, die Blicke in den Weltraum zu richten – außerhalb der gegnerischen Reichweite.

Solche Gedanken waren in den vierziger Jahren streng genommen noch technische Fantasien. Trotzdem beauftragten die Amerikaner RAND – *Research and Development Corporation* – damit, die Möglichkeiten für die Stationierung einer Beobachtungsplattform in der Erdumlaufbahn zu untersuchen. Am 2. Mai 1946 lieferte RAND den Bericht ›Preliminary Design of an Experimental World-Circling Spaceship‹ ab.

4 Das erste, von einem hochentwickelten amerikanischen Aufklärungssatelliten aufgenommene Bild, das je an die Öffentlichkeit kam. Es zeigt einen sowjetischen strategischen Bomber mit dem Decknamen Blackjack. Daneben stehen zwei Überschallflugzeuge des Typs TU-144. Das Bild des Versuchszentrums Ramenskoe in der Sowjetunion wurde am 25. November 1981 in 250 km Entfernung aus dem Weltraum aufgenommen. Bevor es vom amerikanischen Militär für die Zeitschrift *Aviation Week & Space Technology*, AWST, freigegeben wurde, verschlechterte man durch Manipulation die Bildqualität.
Quelle: AWST

5 Dieses Bild wurde aus der USA geschmuggelt und in der englischen Fachzeitschrift *Jane's Defense Weekly* 1984 veröffentlicht. Es zeigt die sowjetische Werft Nikolaiev am Schwarzen Meer und wurde von einem amerikanischen Aufklärungssatelliten des Typs KH-11 aus mehreren hundert Kilometern Höhe von einer hochentwickelten CCD-Kamera aufgenommen. Man sieht den ersten sowjetischen atombetriebenen Flugzeugträger Kremlin während des Baues. Die Auflösung beträgt einige Dezimeter, die Schärfe wurde mit Hilfe der Computertechnik erhöht. Man benutzte die Schrägbildtechnik, um Tiefenwirkung zu erzielen.
Quelle: AP

Obwohl der Bericht in erster Linie von wissenschaftlichen Anwendungsmöglichkeiten handelte, so behauptete er doch auch, daß eine Station im Weltraum »offers an observation aircraft (!) which cannot be brought down by an enemy who has not mastered similar techniques« (ein Beobachtungsflugzeug abgibt, das vom Feind, so er nicht eine ähnliche Technik entwickelt hat, nicht heruntergeholt werden kann). RAND errechnete Kosten von bis zu 150 Millionen Dollar. Das Projekt sollte innerhalb von fünf Jahren realisiert werden können.

Mehrere amerikanische Untersuchungen zu diesem Thema folgten in den nächsten Jahren. Im Frühjahr 1954 lieferte RAND unter dem Decknamen ›Feedback‹ eine umfangreiche Studie mit dem Titel ›An Analysis of the Potential of an Unconventional Reconnaissance Method‹. Der Bericht empfahl der US-Air Force, so schnell wie möglich einen effektiven Aufklärungssatelliten zu entwickeln »as a matter of vital strategical interest of the United States« (als eine Angelegenheit von größtem strategischen Interesse für die Vereinigten Staaten).

Die Untersuchung schlug zwei Methoden vor, die Erdoberfläche abzubilden. Entweder eine Fernsehkamera zu benutzen, deren Bilder auf Magnetband gespeichert werden, bis der Satellit eine Empfangsstation passiert und dann die Bilder über Radio zur Erde zu übermitteln; oder die konventionelle Fotografie zu benutzen, die Bilder im Satelliten zu entwickeln und sobald dieser eine Empfangsstation passiert, die Bilder für die Übertragung zur Erde über Radiowellen in elektrische Signale umzuwandeln. Das war ein vorausschauender Bericht. Diese Ideen aus dem Jahre 1954 bildeten die technische Grundlage für Weltraumaufklärung bis weit in die siebziger Jahre.

*Wettlauf*

Mit ihrem Sputnik 1 waren die Sowjets im Jahre 1957 die ersten im Weltall. Der Weltraumstart der USA verzögerte sich durch eine Reihe von Fehlschlägen und die Amerikaner erlitten schwere Prestigeverluste. Aber die USA übernahm bald die Führung aufgrund ihrer wachsenden Kenntnisse auf dem Gebiet der Elektronik, der Computer und anderer Hochtechnologiegebiete.

RANDs Ideen aus den Jahren nach dem Ende des Zweiten Weltkrieges wurden rasch verwirklicht. Versuche wurden bald in Routine überführt. Die Kameras wurden ständig erneuert. ›Spionagesatelliten‹ wurden in den sechziger Jahren wichtiger Bestandteil des Machtpokers zwischen Ost und West. Sie wurden zu einem wichtigen Faktor im Gleichgewicht des Schreckens.

Satellitenaufklärung unterlag der höchsten Geheimhaltungsstufe. Beide Supermächte waren dennoch damit einverstanden, einander aus dem Weltall zu überwachen. Die Aufklärung wurde jedoch nicht beim Namen genannt. In den internationalen Abrüstungsverhandlungen lief die amerikanische und sowjetische Weltraumüberwachung lange unter dem nichtssagenden Begriff ›National Means‹. Das erste offizielle Eingeständnis der tatsächlichen Bedeutung dieser Tätigkeit machte US-Präsident Jimmy Carter in einer Rede am 1. Oktober 1978.

Die im optischen Bereich arbeitenden Aufklärungssatelliten der USA laufen unter der Bezeichnung KH – Key Hole. Sie haben bereits mehrere Generationswechsel durchlaufen. Zu Beginn verwendete man fotografische Technik. Am weitesten war sie im KH-9 oder Big Bird, wie er oft genannt wurde, entwickelt. Während der siebziger Jahre verdrängte ein neuer Typ der Abbildungstechnik die Fotografie. Das Licht wurde von einer empfindlichen elektro-optischen Technik an Stelle des fotografischen Films eingefangen. Diese Methode benutzt einen Typ von Halbleiter, der 1969 erfunden wurde – Charge Coupled Devices, CCD. Dieselbe Technik kommt in den heutigen Videokameras zur Anwendung.

Im Jahre 1976 wurde der erste KH-11, ein neuer Typ von Aufklärungssatellit in eine Umlaufbahn um die Erde geschickt. Er war komplett ausgerüstet mit einem ganzen Arsenal von unterschiedlichen hochentwickelten Beobachtungssystemen, unter anderem einer starken CCD-Kamera. Ende der achtziger Jahre war die Zeit reif für KH-12 mit einem verbesserten Bildsystem.

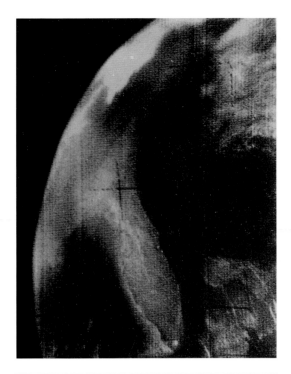

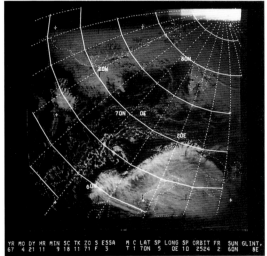

6 Die Bilder der Wettersatelliten haben in den letzten 30 Jahren eine fantastische Entwicklung durchlaufen. Das erste Bild (oben) wurde am 1. April 1960 über Florida vom amerikanischen Satelliten Tiros-1 aufgenommen.
Am 21. April 1967 wurde das unten wiedergegebene Bild über dem nördlichen Atlantik von einem ESSA-Satelliten aufgenommen. Während der siebziger Jahre wurde die Technik ständig weiterentwickelt. Die amerikanischen NOAA-Satelliten haben heute eine Auflösung von rund 1 km. Sie bilden die Atmosphäre und die Erdoberfläche in unterschiedlichen Wellenlängen des Lichtes ab.
Bilder: NASA/NOAA

Zu den Neuheiten der letzten Zeit gehören bilderzeugende Radarsysteme, die die Erdoberfläche unabhängig von Wetter- oder Lichtverhältnissen abbilden können. Ein Satellit aus jüngster Zeit (der erste war 1978 Seasat) mit der Aufgabe, die Erde mit Hilfe von Mikrowellen abzubilden, ist mit einem hochentwickelten Bildradar ausgerüstet. Er trägt die Bezeichnung ERS-1 und wurde im Sommer 1991 von der *European Space Agency* auf seine Umlaufbahn geschickt.

*Extrem geheim, einige Lecks*
Militärische Weltraumbilder waren immer umgeben von absoluter Geheimhaltung. Nur Bruchstücke der Tätigkeit gelangten an die Öffentlichkeit. Durch die geduldige Arbeit von unabhängigen Forschern konnte dennoch die Technik hinter den Aufklärungssatelliten in großen Zügen dokumentiert werden. Es hat sich gezeigt, daß die Kameras über eine erstaunliche Leistungsfähigkeit verfügen. Im Idealfall können sie dezimetergroße Gegenstände auf der Erde aus Umlaufbahnen in 150 bis 200 km Höhe abbilden. Für die Bildinterpretation und Analyse kommen leistungsstarke Computersysteme zur Anwendung.
Militärische Aufklärungssatelliten haben im Laufe von 30 Jahren riesige Mengen von Bildern geliefert. Trotzdem sind nur einige wenige der militärischen Geheimhaltung entschlüpft und haben die Öffentlichkeit erreicht. Im Dezember 1981 publizierte zum Beispiel die amerikanische Fachzeitschrift *Aviation Week & Space Technology* ein Bild des am Boden befindlichen, neuen sowjetischen strategischen Bombers ›Blackjack‹. Das Bild wurde von einem KH-11 Satelliten aufgenommen und wurde wahrscheinlich vom Pentagon absichtlich freigegeben, um die Fähigkeit der USA, Aufklärung aus dem Weltall zu betreiben, zu belegen. Obwohl man das Bild manipulierte, damit die Qualität des Originals nicht allzu offensichtlich wurde, haben Wissenschaftler errechnet, daß die Auflösung des Originalbildes zwischen 14 und 44 cm beträgt, eine fast unglaubliche Detailschärfe.
Bei zwei anderen Gelegenheiten sind – durch ein Versehen – geheime Satellitenbilder an die Öffentlichkeit gelangt. Die Abbildungen zweier sowjetischer Flugzeuge – MiG-29 und SU-27 – auf einem sowjetischen Luftwaffenstützpunkt durch einen Satelliten wurden auf einem Hearing vor dem amerikanischen Kongreß zum Verteidigungshaushalt des Jahres 1984 gezeigt. Die Dokumentation des Hearings wurde in acht Bänden gedruckt und zur Geheimsache erklärt. Ein Band wurde jedoch versehentlich vergessen. Dort befand sich das Bild der Flugzeuge.
Das war jedoch ein Versehen, mit dem das Pentagon leben konnte. Schlimmer war es, als die englische Fachzeitschrift *Jane's Defense Weekly* im August 1984 drei Bilder der sowjetischen Werft Nikolaiev am Schwarzen Meer, aufgenommen mit der CCD-Kamera von Bord eines KH-11, publizierte. Sie enthüllten die Leistungsfähigkeit der amerikanischen Aufklärungssatelliten. Detailliert wird der Bau des ersten sowjetischen atomgetriebenen Flugzeugträgers dokumentiert. Die Publikation erschütterte das Pentagon, das die Verbreitung der Bilder zu verhindern versuchte.
Wie kam es dazu? Schuld an allem war einer der Spezialisten der amerikanischen Flotte für Aufklärungsauswertung, Samuel Loring Morison, der Zugang zu hochgeheimen Satellitenbildern hatte. Er war gleichzeitig Mitarbeiter der *Jane's Defense Weekly*. Eines Tages schmuggelte er die KH-11-Bilder heraus und sandte sie an die Zeitschrift, die sie umgehend publizierte. Er wurde nach einem Spionagegesetz von 1917 zu zwei Jahren Gefängnis verurteilt. Das Urteil wurde in den USA heftig kritisiert. In diesem Fall handelte es sich nicht um Spionage, sondern um die Weitergabe von geheimem Material an die Massenmedien, betonten die Kritiker.
Auch die Sowjetunion hat seit den sechziger Jahren die Technik für die Aufklärung aus dem Weltraum weiterentwickelt. Diese Tätigkeit ist jedoch erheblich weniger bekannt als das entsprechende Gegenstück in den USA, wo militärische Vertragstitel öffentlich sind. Die Sowjetunion hat die Technik der Weltraumaufklärung auf ihre eigene Art und Weise weiterentwickelt. Die Aufklärungssatelliten der Sowjetunion waren als anonyme Nummern Bestandteil der Kosmos-Serie. Der erste war Kosmos 4,

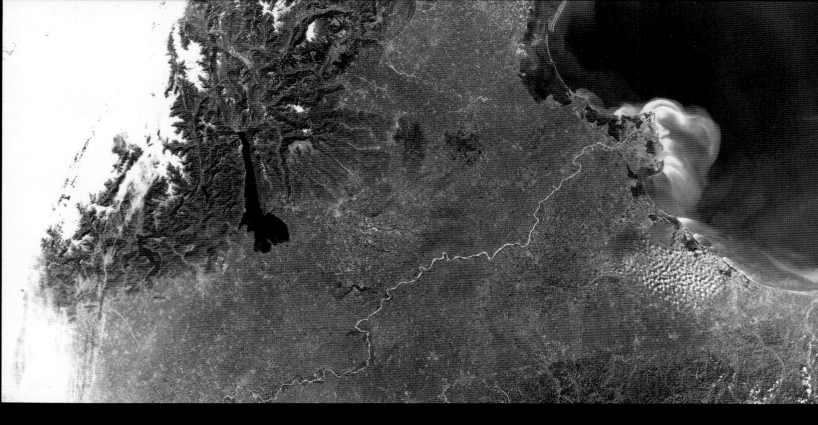

7 Der Fluß Po ringelt sich wie eine Schlange durch Norditalien auf seinem Weg zum Adriatischen Meer. Er führt gewaltige Mengen von Schlamm und Sediment mit sich, auf dem Bild als helle Schleier erkennbar. Oben links im Bild die Alpen und der Gardasee; am oberen Bildrand erscheint die Lagune von 1984 mit der Large Format Camera, LFC, von einer amerikanischen Raumfähre aus 237 km Höhe aufgenommen. LFC ist die stärkste Kamera, die in der zivilen amerikanischen Raumfahrt benutzt wird. Die Auflösung beträgt 10 bis 12 m und das Negativformat 23 x 46 cm, was auf der Erde 63 100 km² entspricht.

8 Die Großstädte der Welt wachsen schnell und die Bebauung zerstört die sie umgebende Landschaft. In fünfzehn Jahren ist die Bevölkerung von Dallas-Ft. Worth in Texas, USA, von 2 524 100 auf 3 776 000 Menschen angewachsen. In dem 1974 von Landsat MSS aufgenommenen Satellitenbild liegt der Flugplatz in der Mitte des Bildes – außerhalb des bebauten Gebietes. 1989 ist er von der Bebauung eingeschlossen (rechts).
Bilder: NASA/USGS

der am 26. April 1962 auf seine Umlaufbahn geschickt wurde. Seitdem haben viele Bildsatelliten aus dem Weltall spioniert. Die ehemalige Sowjetunion hat vorwiegend die fotografische Technik mit hochauflösenden Kameras eingesetzt.

Durch Spionagetätigkeit hat sich die Sowjetunion dennoch Zugang zu Teilen der hochentwickelten Systeme der USA verschafft. Im März 1978 verkaufte zum Beispiel der frühere CIA-Büroangestellte William Kampiles ein Handbuch für den KH-11 an die Sowjets. Für 3000 Dollar bekam die Sowjetunion Zugang zu Details über Daten, Kapazität und Beschränkungen des zu der Zeit am weitesten entwickelten amerikanischen Aufklärungssatelliten. William Kampiles wurde später zu 40 Jahren Gefängnis verurteilt. Generell kam man sagen, daß die sowjetischen technischen Fähigkeiten, aus dem Weltraum zu spionieren, am ehesten den amerikanischen Big Bird und KH-11 entsprechen. Im Zusammenhang mit Glasnost hat die sowjetische Offenheit auch die Weltraumaktivitäten des Landes erfaßt. Früher zur Geheimsache erklärte Bilder, die mit der leistungsfähigen Satellitenkamera KFA-1000 aufgenommen wurden, werden seit 1990 auf dem freien Markt verkauft. Sogar hochentwickelte sowjetische Weltraumtechnik wird seit 1991 zum Verkauf angeboten.

Überall wachen die Militärs eifersüchtig über ihre Aufklärungstechnik. Bis heute haben nur die USA und die Sowjetunion – jetzt Rußland – so starke militärische Interessen gehabt, das man es der Mühe wert fand, hochentwickelte Aufklärungssysteme im Weltall zu stationieren. Aber das Interesse der Umwelt, sich Aufklärungssatelliten zu verschaffen, ist während der achtziger Jahre gewachsen. Warum sollen nur die Supermächte Zugang zu einer so wichtigen Technik haben, haben sich viele Länder und Organisationen gefragt. Mehrere Nationen haben sich dafür eingesetzt, daß sich die UNO eigene Aufklärungssatelliten anschafft, um die Unruheherde der Welt zu beobachten. Die Massenmedien haben ebenfalls über die Möglichkeiten diskutiert, einen eigenen ›Mediensatelliten‹ anzuschaffen, um Nachrichtenbilder aus den aktuellen Krisengebieten zu bekommen. In Frankreich sind Pläne, sich ein eigenes nationales System zu verschaffen, bereits weit gediehen. Auch andere Länder haben dieses Interesse bekundet. Die USA und die frühere Sowjetunion haben versucht, diesen Ambitionen entgegenzuwirken.

Es war im Zusammenhang mit der ersten amerikanischen bemannten Raumfahrt mit den Fahrzeugen der Mercury- und Gemini-Serie zu Beginn der sechziger Jahre, als die ersten Bilder von der Erdoberfläche, aufgenommen aus dem Weltraum, die Öffentlichkeit erreichten. Sie erregten Verwunderung durch ihren Detailreichtum und ihre Übersichtlichkeit. Die zivile Raumfahrt, die sich während der sechziger Jahre entwickelte, setzte in erster Linie darauf, die Ressourcen und die Umwelt der Erde kartographisch zu dokumentieren und zu überwachen. Satellitenbilder sollten einen Überblick geben und Veränderungen kontinuierlich beobachten. Das Militär war in erster Linie an größtmöglicher Detailgenauigkeit und Bildschärfe interessiert. Übersichtlichkeit oder Detailreichtum, das ist die Wahl, vor der man steht, wenn es darum geht, sich für eine Technik der Satellitenbildsysteme zu entscheiden. Unter praktischen Gesichtspunkten – die Datenmengen werden unhandlich – ist es nicht möglich, hohe Auflösung und die Abdeckung einer großen Fläche zu kombinieren. Deshalb haben die zivilen Weltraumbildsysteme eine Auflösung um 10 m. Der französische Satellit SPOT besitzt eine CCD-Kamera, die gerade 10 m große Gegenstände sehen kann. Das Bildsystem Thematic Mapper an Bord der neuesten amerikanischen Satelliten kann gerade 30 m große Gegenstände abbilden. Die drei besten zivilen satellitengetragenen fotografischen Kameras – Earth Terrain Camera (Skylab), Large Format Camera (Raumfähre) und die sowjetische KFA-1000 – besitzen eine Auflösung von 6 bis 10 m. Im Vergleich dazu können die besten militärischen Bildsysteme mit einer Auflösung von einem oder einigen Dezimetern aus 200 km Höhe abbilden.

Die ersten Zivilisten, die die Vorteile einer Beobachtung aus großer Höhe erkannten, waren die Meteorologen. Bereits 1960 wurde der erste Wettersatellit mit einer Fernsehkamera an Bord ausgesetzt. Die Bilder bewiesen, welchen weitreichenden Überblick über die Veränderungen des Wetters man aus Satellitenhöhe erhalten kann. Das

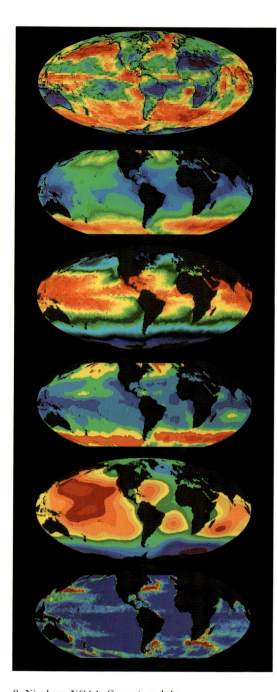

9 Nimbus, NOAA, Geosat und der europäische Meteosat ermöglichen die globale Erfassung von Eigenschaften des Meeres, des Landes und der Atmosphäre. Die Bilder zeigen (von oben nach unten) die durchschnittliche Wolkenmenge, Wellenhöhe und Oberflächentemperatur im Meer, Windgeschwindigkeit sowie Topographie und Veränderungen der Meeresoberfläche.
Farbwiedergabe: Rot und Gelb zeigen die höchsten Werte, Grün und Blau die niedrigsten.
Bild: G.C. Feldman, NASA/GSFC

Experiment wurde rasch zur Routine. Heute wacht ein internationales System von Wettersatelliten ständig darüber, was in der Atmosphäre geschieht. Diese Wettersatelliten sind unentbehrlich für die Wettervorhersagen der Meteorologen.

*Remote sensing – eine neue Wissenschaft*
Aus der Satellitenbildtechnik ist tatsächlich eine neue Wissenschaft hervorgegangen, bei der Elektronik, Optik, Computertechnik und Mathematik interdisziplinär zusammenarbeiten. Es geht darum, die komplizierte Mischung von elektromagnetischer Strahlung der Natur zu registrieren und sie zu behandeln, zu bearbeiten und zu analysieren, um der Umwelt bislang versteckte Informationen zu entlocken.
Diese neue Wissenschaft entstand im Zusammenhang mit einer Reihe zur Geheimsache erklärten militärischen Projekten in den USA während der fünfziger und sechziger Jahre. Die Technik erforderte einen eigenen Namen, um sie von der gewöhnlichen Spionage ›surveillance‹ unterscheiden zu können. Eine Forscherin, Evelyn Pruitt vom Office of Naval Research in Washington, erfand den neuen Begriff ›Remote sensing‹.
Das amerikanische Militär lockerte 1964 die Geheimhaltung um Remote sensing und gab die Technik für die zivile Weiterentwicklung frei. Deren erster Satellit ERTS-1 (Earth Ressources Technology Satellite), später in Landsat 1 umgetauft, wurde am 23. Juli 1972 ausgesetzt. Er wurde ein großer Erfolg. Umweltforscher, Gesellschaftsplaner, Geologen, Ozeanographen und viele andere hatten eine neue Quelle bekommen.
Die Geschichte um Landsat 1 hat ihre komischen Seiten. Die Idee für einen besonderen Bildsatelliten für die kartographische Dokumentation und die Überwachung der natürlichen Ressourcen der Erde und Umwelt kam sofort nach der Freigabe der Technik für Remote sensing durch die Militärs auf. Das Ganze entwickelte sich zu einem Machtkampf zwischen National Aeronautics and Space Administration, NASA, und US Geological Survey, USGS. Die NASA setzte auf bemannte Raumfähren, wo die Astronauten für die Aufnahmen verantwortlich waren. USGS demgegenüber befürwortete unbemannte Satelliten mit automatischen Bildsystemen. Der Kampf war entschieden, als USGS plötzlich mitteilte, daß die USA sich dafür einsetzten, einen Umwelt- und Ressourcensatelliten auszusetzen. Die NASA erwischte es sozusagen im Schlaf. Weil der neue Satellit ein nationales Projekt war, wurde die NASA gezwungen, es durchzuführen. Das geschah jedoch ohne großen Enthusiasmus.
Landsat 1 erwies sich jedoch als Glücksfall. Die Bilder erregten sowohl Verwunderung als auch Bewunderung. Die NASA vergaß schnell ihre frühere negative Einstellung und klinkte sich in den Erfolg ein. Hohe NASA-Funktionäre reisten durch die Welt und sangen ein Loblied auf den neuen Satelliten. Heute erscheint das Landsat-Projekt als eines der erfolgreichsten der amerikanischen Raumfahrt. Es hat Nachfolger gefunden. Außer den USA und der Sowjetunion haben auch Europäer, Indien und Japan ähnliche zivile Bildsatelliten ausgesetzt.

*Das Militär lüftet den Vorhang*
Im Laufe der Zeit hat das amerikanische Militär hin und wieder den Vorhang gelüftet und die NASA und die zivile Raumfahrt mit hochentwickelter Technik aus dem eigenen Arsenal versehen. Oft handelte es sich dabei um Techniken, die für militärische Zwecke ausgedient hatten. Für die bemannten Mondfähren stellte das Militär dem Apollo-Projekt eine hochentwickelte Kamera zur Verfügung. Das multispektrale Bildsystem (MSS) an Bord der Landsat-Satelliten ist ebenfalls militärischen Ursprungs. Die Astronauten des amerikanischen Raumlabors Skylab hatten Zugang zu einer vom Militär entwickelten Kamera, um die Erdoberfläche abzubilden. Das war im Jahre 1973. Die imposante Large Format Camera – 1,3 m hoch und 430 kg schwer – hatte ebenfalls eine militärische Vergangenheit. Zivile Dienste erfüllte sie im Oktober 1984 in einer der Raumfähren.
Aber das Militär hat den Zivilisten auch oft ein Bein gestellt, wenn die Bilder das

nationale Interesse zu bedrohen schienen. Einem Gerücht nach schalteten die Militärs im Jahre 1978 ohne weiteres den erfolgreichen Bildradar an Bord des Satelliten Seasat ab. Offiziell sprach man von technischen Fehlern. Das Militär hat auch verhindert, daß militärische Satellitenbilder von der zivilen Forschung genutzt werden. Eine interessante Ausnahme stellen die unterschiedlichen Bilder dar, die die militärischen Wettersatelliten des Defense Meteorological Satellite Projekt, DMSP, liefern. Dennoch hat sich die rigide Haltung der Militärs, Bilder für die Forschung zur Verfügung zu stellen, in den letzten Jahren etwas abgemildert.

*Globale Perspektiven*
Millionen von Satellitenbildern sind während 30 Jahren Raumfahrttätigkeit gesammelt worden. Sie haben eine immer größere zivile Bedeutung erlangt. Der Durchbruch kam mit Landsat 1. Am Anfang erweckten die Satellitenbilder in erster Linie Aufmerksamkeit durch ihre Schönheit und ihre neue Perspektive. Zunächst studierten die Forscher vor allem einzelne Bilder, um die Technik, die Bilder zu deuten, zu erlernen. Die einzigartige Fähigkeit der Bilder, großräumige Veränderungen für die Umweltforschung und die Gesellschaftsplanung zu registrieren, wird erst in jüngster Zeit ausgenutzt.

Eingehendere Bearbeitung und Analyse in einem größeren Ausmaß erlebten erst Anfang der achtziger Jahre einen Aufschwung. Dann hatte man nämlich neue Methoden entwickelt, um die gewaltigen Datenmengen der Satellitenbilder effektiv zu behandeln. Neue schnelle Computer waren auf dem Markt erhältlich. Der Mangel an ausgebildetem Personal und Geld hemmte jedoch lange den Fortschritt. Es zeigte sich, daß es relativ leicht war, Mittel für neue Satelliten und hochentwickelte Apparaturen zu bekommen, aber desto schwerer, Mittel für die Bearbeitung und Analyse der Resultate. Außerdem beinhalteten die Satellitenbilder oftmals eine schwer zu handhabende politische und militärische Bedeutung. Oft gab es politische Motive, die allzu hochentwickelte Anwendung der Satellitenbilder zu bremsen. Daß die Satelliten bis dato verborgene Informationen enthüllten und Landesgrenzen ignorierten, hat national und international politische Unruhe ausgelöst.

Immer mehr sind nun lokale Fragmente zu regionalen und globalen Mustern zusammengefügt worden. Die Satellitenbilder sind Puzzleteile, die man mit Hilfe hochentwickelter Computertechnik zu einem globalen Mosaik zusammenlegen kann. Die Vegetation auf dem Land und im Meer kann zum Beispiel von Satelliten kartografisch dokumentiert werden und zu einem globalen Bild der Biosphäre zusammengesetzt werden. Ebenso können Klimazonen, Temperatur, Wolkenbildung, Winde, Strömungen, Eismengen und vieles andere in globalen Bildern präsentiert werden. Remote sensing beginnt, seine Fähigkeiten auszunutzen.

Bis jetzt haben wir nur an der Oberfläche dieser gewaltigen Wissensbank gekratzt. Die meisten Analysen sind noch nicht gemacht. Mengen von Daten über die Erde warten immer noch darauf, zusammengeführt und angewendet zu werden.

Die erste Weltkarte, die auf Satellitenbildern aus einem solchen Datenpool basiert, hat das Licht der Welt erblickt. Vor einigen Jahren war das noch ein ›unmögliches‹ Projekt. Datensammlungen über die Geographie der Erde gab es zwar schon seit vielen Jahren bei der amerikanischen NOAA – National Oceanic and Atmospheric Administration. Deren Wettersatelliten besitzen das scharfe Bildsystem AVHRR – Advanced Very High Resolution Radiometer. Diese Wetterbilder besitzen eine Auflösung von ungefähr 1 km. Das große praktische Problem war, sie zusammenzufügen.

Auch die modernste Wetterkarte war bisher eine Mischung aus manueller und computerisierter Technik. Die Kartierung von Ländern, Regionen und sogar Kontinenten war weit fortgeschritten mit Hilfe hochentwickelter Geländevermessungen und der Luftbildfotografie. Aber das Meer bereitet den Kartographen Schwierigkeiten. Die Ozeane waren völlig konturlos. Die Satellitenbilder verschaffen hier den Überblick, der bislang gefehlt hat.

Durch Zufall traf der kalifornische Künstler Tom Van Sant den Computerspezialisten

10 Diese globale Vegetationskarte basiert auf Messungen amerikanischer Satelliten in den achtziger Jahren. Das dunkelste Grün zeigt den tropischen Regenwald und anderen fruchtbaren Wald, während das hellste Gelb unfruchtbare Gebiete mit Wüste und Eis wiedergibt. Über dem Meer zeigt das Bild die Konzentration von chlorophyll-produzierendem Plankton, Lila und Blau zeigen die niedrigsten Konzentrationen (0,1 bis 0,2 mg/m$^3$), Rot zeigt die höchste Konzentration (10 mg/m$^3$).
Bild: C. Tucker/G.C. Feldman, NASA/GSFC

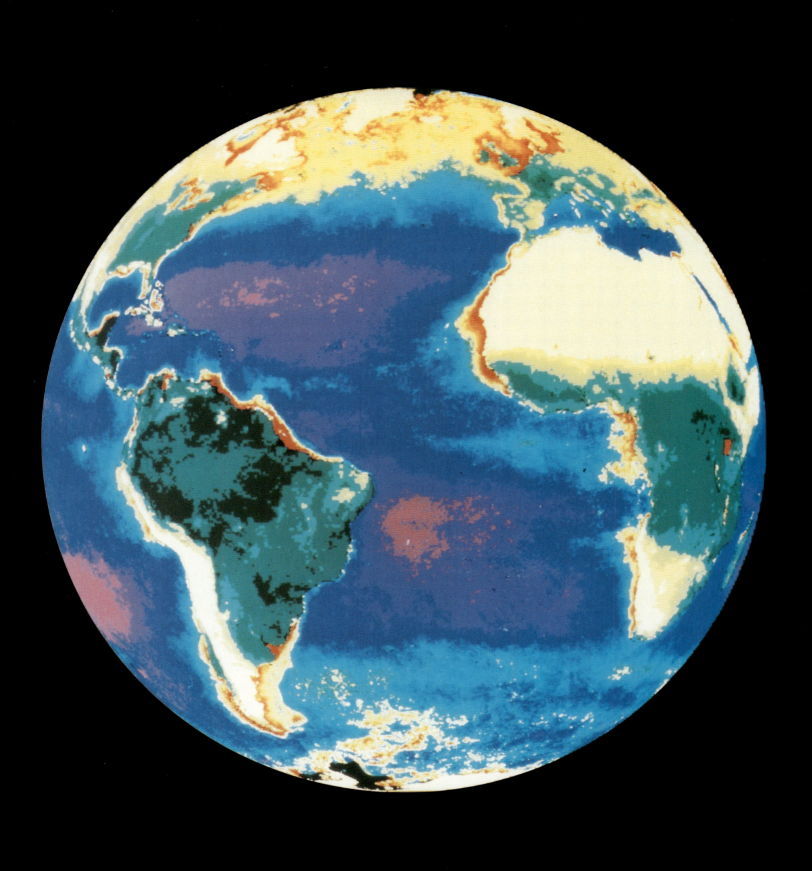

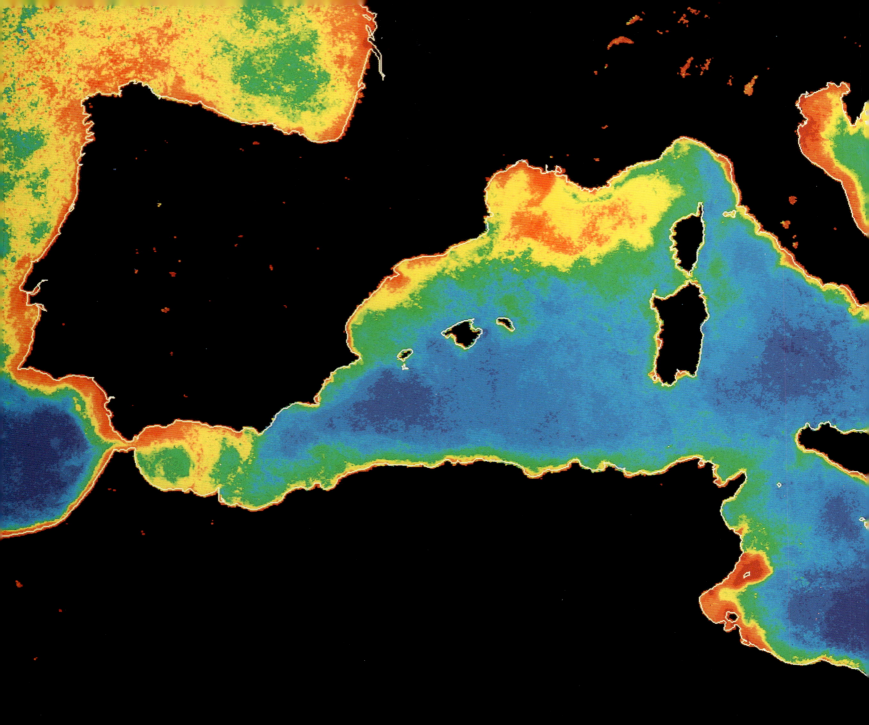

11 Die blauen und grünen Färbungen zeigen, wie wenig Plankton das relativ klare Wasser des Mittelmeeres aufweist. Im Gegensatz dazu das planktonreiche Wasser – rot und gelb markiert – im Schwarzen Meer und im Atlantik vor Portugal, Spanien und Frankreich. Das reiche Planktonvorkommen innerhalb des Golfes von Gibraltar wird verursacht durch komplizierte Wasserbewegungen beim Zusammentreffen von Atlantik und Mittelmeer.
Das Bild ist zusammengesetzt aus 30 Einzelaufnahmen, die im Mai 1980 von der Kamera Coastal Zone Color Scanner, CZSS, an Bord des amerikanischen Satelliten Nimbus 7 festgehalten wurden.
© G.C. Feldman, NASA/GSFC

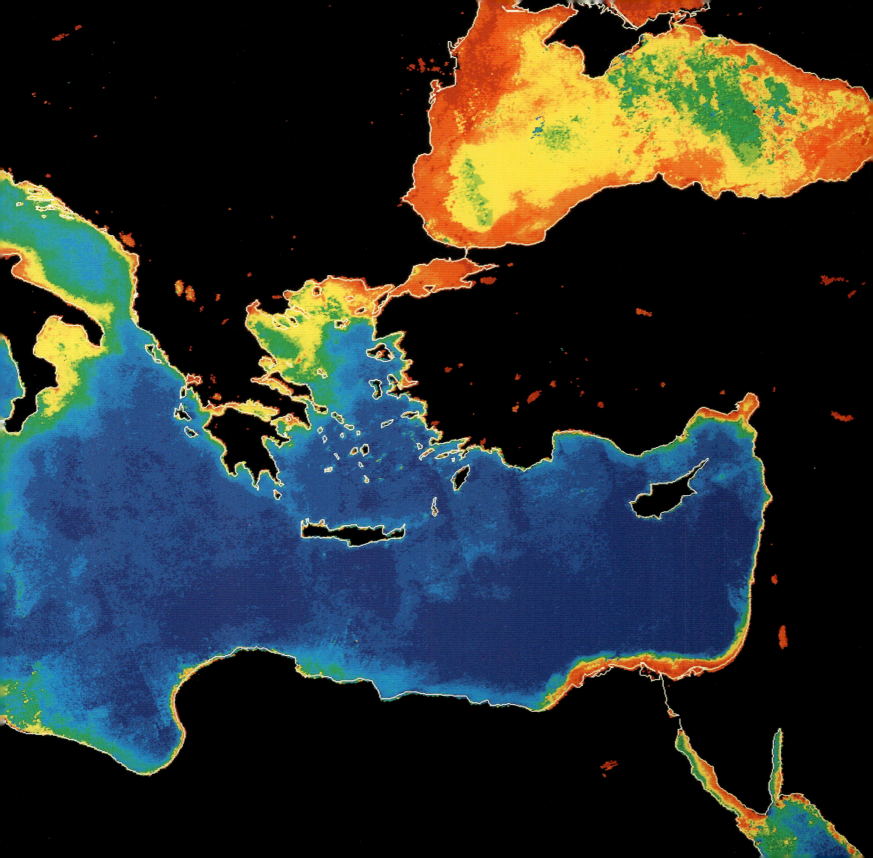

Lloyd van Warren am NASA Jet Propulsion Laboratory in Pasadena Ende der achtziger Jahre. Beide hatten über dieselbe Sache nachgedacht, nämlich den Aufbau einer digitalen Weltkarte. Im Frühjahr 1989 begannen sie zusammenzuarbeiten. Eine Menge AVHRR-Bilder mußten zu einem globalen Mosaik zusammengesetzt werden. Gut ein Jahr später war diese erste digitale Weltkarte fertig, aufgebaut aus 37,3 Millionen Bildpunkten. Auf der Erdoberfläche betrug die Auflösung rund 4 km.

Die Entwicklung dieser globalen geographischen Datenbasis ist seitdem schnell fortgeschritten. Auch andere haben auf eine intensive Entwicklungsarbeit gesetzt, unter anderem die Amerikaner Kevin Kelley und Robert Johnston sowie Professor Jan-Peter Muller am University College of London, England.

Die digitale Weltkarte wurde seitdem weiterentwickelt. 1991 wurde die Auflösung verbessert. Jeder einzelne der hundert von Millionen kleinen quadratischen Bildpunkten decken auf der Erdoberfläche einen Quadratkilometer ab. Die Bilder der Wettersatelliten wurden mit Informationen von anderen Satelliten komplettiert. Die Methoden, störende Wolken ›wegzunehmen‹ und die eigenen Farben der Natur wiederzugeben, wurden verfeinert, dreidimensionale Effekte wurden eingebaut. Für all dieses bedarf es großen technischen Könnens und eines künstlerischen Blickes.

Die globalen Verhältnisse, vor allem die globale Umwelt, erscheint nun im Fokus – aus zwingenden Gründen. Die Forschung wird heute von einer Reihe bedeutender internationaler Organisationen betrieben. Die internationale Forschergemeinschaft, zusammengefaßt im International Council of Scientific Unions, ICSU, engagiert sich stark für ein wissenschaftliches Studium der globalen Umwelt. 1986 rief ICSU das ›International Geosphere-Biosphere Programme‹ ins Leben – eine weltumfassende, interdisziplinäre ›Kraftansammlung‹ zum Thema ›Global Change‹. Die Vereinten Nationen gründeten 1988 durch ihre beiden Organisationen United Nations Environment Programme, UNEP, und World Meteorological Organisation, WMO, die Forschergruppe des Intergovernmental Panel on Climate Change, IPCC, die die Aufgabe hat, Veränderung im Weltklima zu beobachten.

In der Forschung über Global Change haben die Raumfahrttechnik und die Satellitenbilder wichtige Arbeitsaufgaben. Die amerikanische Raumfahrt richtet ihre Instrumente während der neunziger Jahre vor allem auf die Erde. International wurde das Jahr 1992 zum ›International Space Year‹ (ISY) ausgerufen, ein Unternehmen mit Unterstützung der Vereinten Nationen. Man will die Zusammenarbeit in der Weltraumtechnik zwischen den Nationen der Welt verbessern. Das Thema lautet ›Mission to Planet Earth‹. Das Ziel sind Studien unserer Umwelt.

Die hochentwickelten Instrumente in den Satelliten haben ihre Fähigkeit bewiesen, klein- und großräumigen Veränderungen zu folgen auf dem Land, im Meer, in der Atmosphäre und in der Stratosphäre. Sie registrieren das Wachstum der Großstädte, Wetterwechsel, Veränderungen in der Atmosphäre und Stratosphäre und die Verschmutzung unseres Planeten. Ein Beispiel für die großen Fähigkeiten der Satelliten, die Umwelt zu beobachten, ist die Kartierung des Ozons in der Stratosphäre seit 1978. Die Satellitenbildtechnik, die zu Beginn voll und ganz in militärischen Diensten stand, ist nun eine der besten Ressourcen der globalen Umweltforschung.

Literatur
Babington Smith, Constance:
*Air Spy.*
American Society for Photogrammetry Foundation, 1985.
Burrows, William E.:
*Deep Black – Space Espionage and National Security.*
Random House, 1986.
Dyring, Eric:
*Nolla Etta Bild – den nya bildrevolutionen.*
(Null Eins Bild – die neue Bildrevolution).
Prisma, 1984.
Richelson, Jeffrey:
*American Espionage and the Soviet Target.*
William Morrow and Company, 1987.

# Was Satelliten sehen

Gunter Schreier

*Der Start in den Weltraum*
Darmstadt, 17. Juli 1991, 3 Uhr am Morgen. Die Europäische Weltraumorganisation ESA hat in das Kontrollzentrum für Europäische Satellitenmissionen (ESOC) eingeladen. Zu dieser frühen Morgenstunde sind Wissenschaftler und Ingenieure von Forschungseinrichtungen, Vertreter der Industrie und Politik erschienen.

Auf der anderen Seite des Atlantischen Ozeans – wegen der Zeitverschiebung noch am 16. Juli – warten weitere Beteiligte in Kourou, französisch Guyana, mit Spannung auf ein Ereignis, für das mehrere Jahre intensiver Planung und Vorbereitung notwendig gewesen waren.

Sie alle halten sich mit Kaffee und belegten Broten vom bereitgestellten Buffet wach, um den Start des ersten gesamteuropäischen Fernerkundungssatelliten ERS-1 (European Remote Sensing Satellite) mitzuerleben. Bis zum Start werden nur nichtalkoholische Getränke gereicht.

Wissenschaftler und Nutzer der Daten, Ingenieure und Experten, Politiker und Entscheidungsträger, welche die rund 1,5 Milliarden Mark, die das Projekt kostete, zu verwalten hatten, erleben auf Videoschirmen die Life-Übertragung des Ariane-Startes aus dem Kontrollzentrum in Kourou mit.

Nach zehnwöchiger Startverschiebung, verursacht durch ein Problem in einem Raketentriebwerk des kommerziell so erfolgreichen europäischen Lastenträgers in den Weltraum, steigert der jede Minute vor dem Start gegebene Lagebericht aus dem südamerikanischen Regenwald nur noch die Spannung: »Tout est normal.«

Die Kamera in Kourou verweilt auf dem seit Ende letzten Jahres amtierenden Generalsekretär der ESA, dem Franzosen Jean-Marie Luton, der vor Anspannung auf den Fingernägeln beißt.

»Trois – Deux – Un – Zero«: der Start. Die einzelnen Phasen wurden vorab erläutert. Um 1 Uhr, 46 Minuten und 31 Sekunden Ortszeit hebt die Ariane von der Startrampe in Kourou ab. Nach wenigen Minuten zündet die zweite Stufe korrekt, gefolgt von der dritten Stufe. Ein Fehler in dieser dritten Stufe gab Anlaß zu der Startverschiebung. Nach 17 Minuten und 43 Sekunden – inzwischen hat die Ariane eine Höhe von ungefähr 700 km erreicht – hört man über die Telekommunikationsverbindungen: »ERS-1 abgekoppelt und im Orbit«. Die Ariane hat wieder einmal erfolgreich Nutzlast in die Erdumlaufbahn befördert. Die Startmannschaft in Kourou hat ihren Dienst getan. Im nächsten Monat, beim nächsten Start, ist wieder kommerzielle Nutzlast angesagt. Ein Nachrichtensatellit.

Doch der 2,4 Tonnen schwere ERS-1 hat seine diversen Antennen und Solarpanels noch nicht ausgefahren. Der nördlich, Richtung Pol, nun frei fliegende Satellit muß zuerst die Solarzellen aktivieren, um auf die Energie unseres Zentralgestirnes umzuschalten, ehe die Batterien erschöpft sind. Die komplizierte Entfaltungsmechanik des 12 m langen und 2,5 m breiten Solarpanels funktioniert einwandfrei. Zum Boden gefunkte Signale von Schaltern und der stetig ansteigenden Spannung dokumentieren dies.

Zwischendurch können die Gäste in Kourou und Darmstadt den ersten Erfolg begießen, nun alkoholisch. ERS-1 ist kurzzeitig außerhalb der Empfangsbereiche der Bodenstationen, die die ESA zu diesem Zweck bereitgestellt hat.

Als der blinkende Punkt auf einer auf allen Monitoren sichtbaren Weltkarte wieder in den Empfangsbereich einer Station kommt, beginnt das nächste Manöver. Die 10 m lange und 1 m breite Antenne des ›Aktiven Mikrowellen – Instrumentes‹ (AMI), des Hauptgerätes an Bord von ERS-1, wird entfaltet.

Am ESOC übersetzt ein Sprecher der ESA die Berichte aus dem Kontrollraum und verkündet auch hier einen Erfolg.

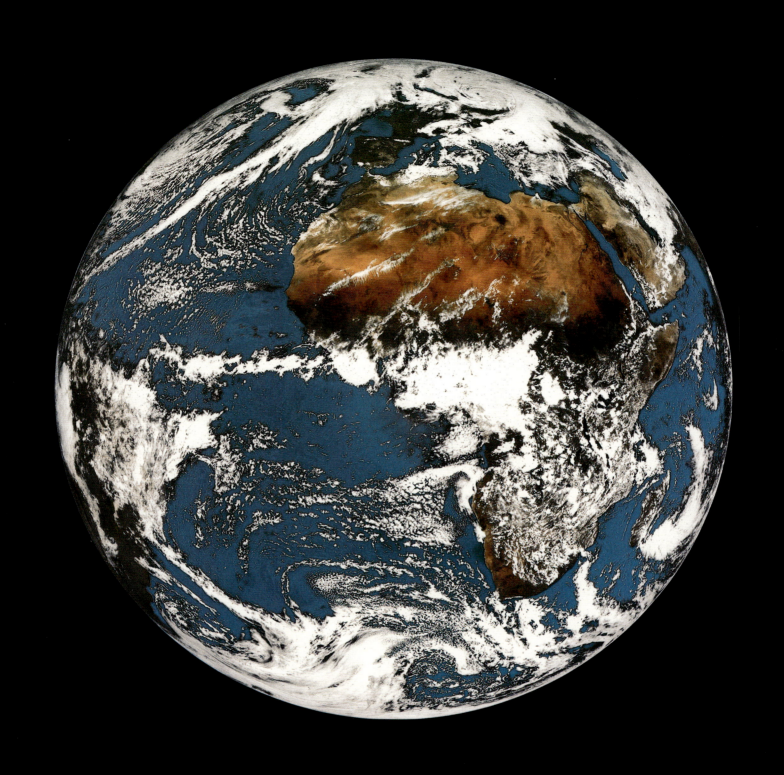

Offiziell ist damit die Startparty beendet. Man macht sich auf den Weg nach Hause oder ins Hotel. Nur die letzten Gäste erleben noch bange Stunden, als eine spezielle Radarantenne zur Beobachtung der Ozeane sich offenbar nicht entfalten will. Doch auch bei der High-Tech wirken zum Glück noch die einfachen Kräfte der Mechanik. So gelingt es den Technikern in Darmstadt denn auch, durch kontrolliertes ›Rütteln‹ des Satelliten, die Antenne auszufahren.

Weshalb das europäische Engagement für einen Fernerkundungssatelliten? Was ist überhaupt Fernerkundung? Weshalb die enormen Investitionen und Ressourcen für eine bislang nur von den USA und der Sowjetunion experimentell beherrschten Technologie? Weshalb Fernerkundung, und wie soll sie dem Umweltschutz zu Gute kommen, so wie es ERS-1 für sich in Anspruch nimmt?

Dies alles sind Fragen, die angesichts der doch gravierenden ökologischen und ökonomischen Probleme auf der Erde berechtigt sind. Ich will hier versuchen, diese Fragen zu erörtern, den technologischen Hintergrund der Fernerkundung etwas zu erhellen und an Hand von exemplarischen Beispielen den Beitrag der Fernerkundung zur Lösung der Probleme unserer Umwelt zu schildern.

*Warum gerade vom Weltraum aus?*
Im Laufe der Untersuchungen und Studien zur Problematik der Überwachung unserer Umwelt, hat sich schon relativ früh herauskristallisiert, daß lokale ökologische Veränderungen wie das Waldsterben oder die Algenpest in der Adria, ihre Ursachen nicht unbedingt in der Veränderung umweltrelevanter Parameter oder vom Menschen verursachter Verschmutzung vor Ort haben müssen. Vielmehr werden Schadstoffe über Hunderte von Kilometern transportiert. Vor allem durch atmosphärische, wetterbedingte Effekte, aber auch durch hydrologischen Transport in Meeresströmungen und Flüssen. Schließlich auch bewußt vom Menschen durch Transport in Verklappungsschiffen in der Nordsee und den Export von Haus- und Chemiemüll gegen harte Devisen.

Die großräumige Funktion des Wettergeschehens bis hin zu kontinentalen und globalen Ausmaßen, ist denn auch als einer der ersten ›länderübergreifenden‹ Parameter der natürlichen Veränderung der lokalen Umwelt bewußt geworden.

Meteorologische Tiefdruckgebiete, die das Wettergeschehen in Europa beeinflussen, haben ihren Ursprung in den Wetterküchen des Atlantiks. Und sie verändern sich, wandern in andere Gebiete; dies alles in relativ kurzer Zeit. Um vorauszusagen, welches Wetter morgen und in den nächsten Tagen in Bonn oder Berlin herrscht, muß man wissen wie es zur Zeit über den Britischen Inseln oder über den Balearen aussieht. Selbst ein Netz von Hunderten von Meßstationen innerhalb Europas und der angrenzenden Gebiete, die möglichst oft die aktuellsten Wetterdaten über Funk und Telefon an eine Zentrale weiterleiten, wäre unzureichend für die Analyse des aktuellen ›Wetterstatus‹, geschweige denn für eine hinreichend genaue Prognose des zu erwartenden Wetters.

Was fehlt, wäre der genaue Report des Wetters über den ›Wettergeneratoren‹, den Ozeanen, und was fehlt, oder nur unzureichend mit Höhenforschungsballons abgedeckt werden kann, ist die Wettersituation in der oberen Atmosphäre.

Wenn man zu nahe am Geschehen ist, nur einen kleinräumigen Ausschnitt eines großen Ganzen im Blickfeld hat, aber doch alles in der Totalen sehen und analysieren will, was liegt näher als sich so weit vom Objekt der Betrachtung zu entfernen, daß man es in der Gesamtschau vor sich hat? Was liegt also näher, als sich in den Weltraum zu begeben und unsere Erde von oben zu betrachten? Von einer Höhe aus, aus der zum Beispiel die wichtigsten Indikatoren des globalen Wettergeschehens beobachtet werden können.

Die Idee der Erdbeobachtung ist dabei so alt wie der Menschheitstraum vom Fliegen. Während der ersten Luftschiffahrt Deutschlands beschreibt der Franzose Blanchard am 3. Oktober 1785 die Schönheit der Städte Frankfurt und Homburg, gesehen aus seiner Montgolfiere.

1 Das Bild zeigt eine Hemisphäre der Erde, gesehen aus 36 000 km Höhe vom europäischen Wettersatelliten Meteosat.
Quelle: DLR, © EUMETSAT

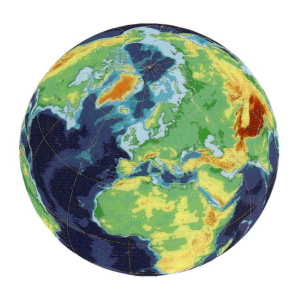

2 Die Abbildung zeigt ein mittels Computergraphik künstlich erzeugtes Bild der Topographie der Erde. Die Topographie ist dabei in Falschfarben wiedergegeben. Die Daten wurden geometrisch so verarbeitet, daß eine Erdhemisphäre mit dem Aufpunkt München zu sehen ist. Die Auflösung dieses Datensatzes beträgt etwa 10 bis 20 km.
Bild und © DLR, Daten: NOAA/NGDC

3 Europa, gesehen vom amerikanischen Wetter- und Umweltsatelliten NOAA. Im Gegensatz zu den fest über dem Äquator stehenden ›geostationären‹ Satelliten, umkreist der NOAA Satellit die Pole der Erde und nimmt mit seinem ›Advanced Very High Resolution Radiometer‹ (AVHHR) breite Streifen der Erdoberfläche auf, wie bei diesem Bild von Europa des Jahres 1988. Die Verfärbung im Mittelmeer rührt von der Blendung des Sensors durch die von der Meeresoberfläche reflektierte Sonneneinstrahlung her. Die Auflösung des Sensors, von etwa 1 km, erlaubt auch die Kartierung der Vegetationsvitalität.
Bild und © DLR

Die mit dieser Art Erdbeobachtung verfolgten Ziele unterschieden sich hierbei von unserer anfangs erwähnten Wetterbeobachtung. Mit Heißluft betriebene Montgolfieren dienten noch als erhöhter ›Feldherrnhügel‹, mit dem eine bessere Übersicht über Aktionen und Bewegungen des militärischen Gegners möglich waren. Der Beobachter – der Mensch – war hierbei selbst der primäre Sensor und der Übermittler der Nachricht.

Mit der Entwicklung der Fotografie änderte sich dieses. Die beobachteten Gegebenheiten konnten dokumentarisch festgehalten werden. Die Nachricht – das Bild der Erde – konnte von Experten ausgewertet werden, die sich nicht selbst in die luftigen Höhen begeben hatten. Mittels des permanenten Mediums der fotografischen, lichtempfindlichen Emulsion, bestand auch die Möglichkeit mehrere Bilder miteinander zu kombinieren und relative geometrische Größen zu messen. Damit wurde die Technik geboren, aus Luftbildern topografische Karten zu erstellen. Dieses Messen aus Luftbildern – die Photogrammetrie – ist auch heute noch eine der wichtigsten Grundlagen der Kartierung unserer Erde.

Doch auch Flugzeuge erfassen nur einen kleinen Teil der Erdoberfläche. So dauert es Jahre, bis eine vollständige, fotografische Befliegung eines Landes durchgeführt ist, abhängig natürlich auch vom Flugwetter. Um eine effektive Beobachtung großräumiger Gebiete zu ermöglichen, muß man weiter hinaus – in den Weltraum.

*Satelliten beobachten das Wettergeschehen*
Am weitesten von der Erde entfernt, in den Weltraum hinaus, wagen sich dabei die geostationären Wettersatelliten.

In dem Gleichgewicht aus Schwerkraft – die den Satelliten wieder auf die Erde zurückziehen will – und der Zentrifugalkraft – die den künstlichen Himmelskörper von der Erde wegtreiben will – erreicht dieser in der Äquatorebene bei rund 36 000 km einen Punkt, an dem seine Umlaufgeschwindigkeit so weit reduziert werden kann, daß er scheinbar über einem Punkt der Erdoberfläche verharrt. Die enorme Entfernung dieses Punktes – immerhin das Dreifache des Erddurchmessers oder ein Zehntel der Entfernung zum Mond – erlaubt es auch, einen guten Überblick über eine gesamte Erdhemisphäre zu erhalten (Abb. 1). Ein idealer Ort also für Wettersatelliten, wie Meteosat. Ideal auch deshalb, weil die Häufigkeit der Beobachtungen nur von der Technik des Sensors und der Datenübertragung limitiert ist. Der vom Wetterbericht her bekannte Meteosat kann deshalb mit seinen Sensoren zweimal pro Stunde die Erdhalbkugel abbilden. Mit einigen Bildern pro Tag lassen sich dann auch die effektvollen Wolkenbewegungen abbilden, die wir aus der Wetterkarte des Fernsehens her kennen.

Aus 36 000 km Höhe werden die Wetterbilder sofort zur Erde gefunkt, zum ›European Space Operations Center‹ (ESOC) in Darmstadt. Dort werden sie verarbeitet und von dort aus werden sie an die verschiedenen meteorologischen Dienste verteilt.

Heutzutage, wo man erschwingliche Parabolspiegel für den Empfang von Fernsehsatelliten im Versandhauskatalog bestellen kann, wird es kaum jemanden wundern, wie die Wetterdaten aus dieser enormen Höhe auf die Erde gelangen, um danach allabendlich im Fernsehen ausgestrahlt werden zu können. Schließlich teilen sich unsere meteorologischen Außenposten ihre Orbitpositionen mit den kommerziellen Funk- und Fernsehsatelliten. Doch im Vergleich zu den analogen Fernsehnormen sind die Ansprüche der Experten und Wissenschaftler an die Bilder unserer Erde größer als an die Bildqualität des Heimkinos.

Fernerkundungsbilder aus dem Weltraum werden deshalb digital empfangen, aufgezeichnet und weiterverarbeitet. Bildpunkt für Bildpunkt können die Daten dann von Computern zu dem weiter verarbeitet werden, was Umweltforschern hilft, ein besseres Verständnis der ökologischen Zusammenhänge zu erlangen. Oder eben zu den Wetterkarten aus den Meteosatdaten.

Die dabei zu berücksichtigende Datenmenge ist enorm. So nimmt der amerikanische Fernerkundungssatellit Landsat sieben Farbkanäle gleichzeitig mit einer Auflösung

von rund 8000 Bildpunkten pro Zeile auf. Insgesamt werden auf diese Art 85 Millionen Informationseinheiten (Bits) pro Sekunde zur Erde gefunkt; entsprechend dem Inhalt von zehn Computerdisketten.

*Die Sicht aus dem Weltraum*

Doch was sieht man nun auf diesen Bildern der Erde, aufgenommen aus bis zu 36 000 km Höhe? Dafür muß man den Begriff des Sehens erweitern und sich nicht von den hier wiedergegebenen Weltraumbildern täuschen lassen.

Was wir sehen, ist letztlich die aus den digitalen Daten extrahierte Information, das für unser visuelles System wahrnehmbare, aufbereitete Bild. Und die Informationsfülle des von uns wahrgenommenen Bildes ist wahrlich bescheiden im Vergleich zu dem was die urspünglichen digitalen Daten beeinhalten. Bei einem Grautonbild ist die menschliche Wahrnehmung in der Lage rund 30 Graustufen zu unterscheiden. Der Informationsinhalt der digitalen Fernerkundungsdaten beträgt aber in der Regel 256 oder gar 1024 Stufen. Zwar sind nicht alle diese Informationseinheiten nutzbar. Viele sind redundant, manche von Störungen beeinflußt. Dennoch bleibt es Aufgabe der Interpretation der Fernerkundungsbilder, aus der enormen Datenflut, genau diejenige Information herauszufiltern, die für den Menschen wichtig, die für ihn sichtbar ist. Computer und digitale Bildverarbeitung machen dies erst möglich.

Einmal als digitale Einheit im Rechner gespeichert, können die Daten aber auch manipuliert werden. Teile aus verschiedenen Bildern können zu einem neuen Bild, einem Mosaik, zusammengefügt werden. Sie können aber auch ausgeblendet, vergrößert, farblich verändert werden.

Auch Daten, die in dieser Form nie aus dem Weltraum beobachtet worden sind, sondern auf anderem Wege gewonnen wurden, können dermaßen verarbeitet werden. So kann ein topografisches Modell der Erde dergestalt auf eine Kugel projeziert werden, daß es erscheint wie ein Weltraumfoto (Abb. 2).

Aber nicht nur die Geometrie der Darstellung, auch die farbliche Wiedergabe der Bilder unserer Erde ist von der vorausgehenden Datenverarbeitung stark beeinflußt. Farben entstehen dabei aus der Mischung dreier Grundfarben. Der rote, grüne und blaue Kanal wird auf dem Computerbildschirm als Mischfarbe sichtbar und ist auch Grundlage für die fotografische Abbildung aller in diesem Artikel dargestellten Bilder.

Doch die Sensoren der Satelliten sehen mehr. Bis zu sieben Wellenlängenbereiche werden beim amerikanischen ›Thematik Mapper‹ aus dem elektromagnetischen Spektrum extrahiert. Jeder dieser Kanäle wird als vollständiges Bild zur Erde gesandt und erst die Bildverarbeitung und der menschliche Experte, wählt sich den Kanal aus, in dem ein bestimmter Effekt, ein bestimmtes Signal, deutlich hervortritt. Dieser Kanal kann dabei auch außerhalb des Wahrnehmungsbereichs des menschlichen visuellen Systems liegen. Das Signal wird dann einer dem menschlichen Auge ›sichtbaren‹ Farbe (Rot-Grün-Blau) zugeordnet. Ausgestattet mit diesen digital arbeitenden Prothesen können wir Wärmestrahlung ›sehen‹ und auch die Mikrowellenstrahlung des europäischen ERS-1.

*Jeden Tag die gesamte Erde*

Bilder in fünf verschiedenen Spektralbändern liefert auch das AVHRR (Advanced Very High Resolution Radiometer), ein Sensor des von der amerikanischen Behörde für Wetter- und Ozeanüberwachung NOAA betrieben Umweltsatelliten. Im Gegensatz zu seinen fest über dem Äquator verankerten Kollegen umkreist der NOAA-Satellit in 102 Minuten einmal auf polar umlaufender Bahn die Erde. Dabei ist er fünfzigmal näher an der Erde (850 km) als Meteosat. Die Auflösung seiner Bilder ist dabei mit circa 1 km schärfer, der beobachtete Ausschnitt der Erdoberfläche jedoch erheblich kleiner. Immerhin reicht er aus um eine tägliche Aufnahme jedes Gebietes der Erde zu ermöglichen.

4 Mittels digitaler Bildverarbeitung und Computergraphik wurde diese Ansicht Deutschlands aus den Daten des amerikanischen Fernerkundungssatelliten NOAA erstellt. Die Bilddaten sind mit ungefähr 1 km Auflösung für Studien topographischer Details und lokaler Phänomene zu grob. Für flächendeckende Abbildungen und Kartierungen ganzer Kontinente sind sie jedoch hervorragend geeignet.
Bild und © DLR

NOAA-11 AVHRR 13. April 1991 12:32 UTC  Copyright (c) DLR-DFD -SWD-

Mehrere dieser Aufnahmen von Europa werden in verschiedenen Zentren empfangen, verarbeitet und archiviert (Abb. 3). Die Deutsche Forschungsanstalt für Luft- und Raumfahrt in Oberpfaffenhofen bei München ist davon nur eines (Abb. 4).

Das primäre Ziel der NOAA Satelliten ist dabei die Beobachtung klimatologischer Vorgänge. So trägt ein anderer Satellit auch einen Sensor für die globale Kartierung der Ozonkonzentration in der oberen Atmosphäre.

Der AVHRR selbst liefert Feinstrukturen von Wolken, die Meteosat mit seiner gröberen Auflösung verborgen bleiben müssen, und bessere Bilder von den Polargebieten, die Meteosat aus seiner Position über dem Äquator nur sehr verzerrt sieht. Besondere Effekte in der Atmosphäre, wie Sandstürme und Rauchwolken, lassen sich ebenfalls präzise abbilden.

Aber auch die Vitalität der Vegetation großer Landoberflächen läßt sich aus der Kombination einiger Kanäle des AVHRR bestimmen. Obwohl hier noch nicht der ›Vegetationsindex‹ bestimmt wurde, läßt sich in dem Bild Europas unschwer ausmachen, daß trockene, verstädterte, vegetationsarme Gebiete rot und vegetationsreiche Gebiete in saftigem Grün dargestellt werden.

In der Tat machen sich Entwicklungshilfe-Organisationen wie die FAO der Vereinten Nationen diese Daten zu Nutze, um eine regelmäßige Vegetationskarte Afrikas zu erstellen. Die Ausbreitung der Sahara und die Dürren in der Sahelzone können so vom Weltraum beobachtet werden.

Eher aus altem weltpolitischen Interesse, denn aus praktischer Entwicklungsförderung heraus, wird am EROS-Daten Zentrum (EROS steht dabei für Earth Remote Observation Satellite) in Sioux Falls im amerikanischen Bundesstaat Süd-Dakota, regelmäßig eine Vegetationskartierung der Kornkammern der Sowjetunion mit Hilfe von AVHRR-Daten erstellt. Ein Service, der nun dazu beitragen kann, die russische Landwirtschaft zu reformieren.

*Die Taten erkennen*

Doch nicht nur die Kartierung ganzer Kontinente ist das Ziel der Erderkundung. Neben den vom Menschen verursachten, schleichenden, globalen Veränderungen, zu denen das Freisetzen des Ozon zerstörenden FCKW gehört, gibt es auch spektakuläre, örtlich und zeitlich begrenzte Katastrophen. Auch diese können vom Menschen verursacht sein und erhebliche Auswirkungen auf das Ökosystem haben.

Die großen Ölkatastrophen wirken sich besonders verheerend aus. Sie können ganze Küstengebiete und Binnenmeere auf Jahre hinaus verseuchen und die dort ansässigen Lebensgemeinschaften zerstören.

Im April 1991 geschah eine solche Katastrophe in der Bucht von Genua. Nach einer Kollision geriet der Öltanker Haven in Brand; das auslaufende Öl verschmutzte große Teile der Riviera. Satelliten haben den brennenden Öltanker im Bild festgehalten (Abb. 5). Sie können damit auch eine erste Abschätzung des Ausmaßes der Katastrophe geben; unabhängig von offiziellen Verlautbarungen und Pressestatements.

Der ›Medienkrieg‹ am Persischen Golf hat auch dieses in beeindruckender Weise gezeigt. Neben der Armada von militärischen Aufklärungssatelliten, deren Daten und Bilder nicht zugänglich sind und über deren Fähigkeiten sich nur spekulieren läßt, haben auch alle wissenschaftlichen und kommerziellen Späher die kriegerischen Ereignisse und ihre Auswirkungen auf die Umwelt dokumentiert. Des Einflusses der Satellitenaufnahmen auf die offizielle Informationspolitik war man sich dabei sehr wohl bewußt. Die Bilder des mit 10 Metern Auflösung arbeitenden französischen Fernerkundungssatelliten SPOT waren denn auch nur den multinationalen Militärs zugänglich. Zu leicht hätte die gegnerische Seite und die internationale Presse Truppenbewegungen und Standorte verifizieren können. Die Möglichkeiten und die politische Einflußnahme der SPOT-Bilder wurden ja schon durch die Aufnahmen libyscher Giftgasfabriken eindrucksvoll unter Beweis gestellt.

Auch bei den öffentlich zugänglichen Daten verordneten sich die meist staatlich getragenen Satellitenbetreiber zuerst und während des Konfliktes eine freiwillige

5 Das Hauptbild zeigt eine AVHRR Aufnahme des Mittelmeeres. Es zeigt die Rauchwolke des brennenden Öltankers ›Haven‹ vom 13. April 1991. Deutlich sichtbar ist diese Rauchwolke in der Bucht von Genua, in der sich der Unfall ereignete. Aufgenommen wurde das Bild vom amerikanischen Satelliten NOAA. Empfangen und verarbeitet wurden die Daten bei der DLR in Oberpfaffenhofen bei München. Von der Aufnahme zum Zeitpunkt der Rauchentwicklung und der Erstellung eines Bildes vergingen dabei nur wenige Minuten. Fernerkundung eignet sich in solchen Fällen auch für die aktuelle Beobachtung der ökologischen Auswirkungen. Die Bildsequenz am rechten Bildrand zeigt die Entwicklung der Rauchwolke am 12., 13., 14. und 15. April (von oben nach unten).
Bild und © DLR

Selbstkontrolle. Allzuleicht hätte man mit vorzeitigen Erkenntnissen in ein ›Fettnäpfchen‹ treten können.

Nach dem Ende des aktuellen Konfliktes richtete sich das Interesse vor allem auf die brennenden Ölquellen. Würden die Rußpartikel so weit in die Atmosphäre aufsteigen, daß sie die Sonneneinstrahlung global dämpfen und somit eine Klimaveränderung hervorrufen könnten. Würde, ähnlich wie im ›atomaren Winter‹, eine Abkühlung bedingt durch die Ölbrände einsetzen? Dies alles waren Fragen, die erregt in der Öffentlichkeit diskutiert wurden. Das Ausmaß dieser vorsätzlich verursachten Katastrophe war denn auch so groß, daß selbst der geostationäre Meteosat die Rauchwolke und ihre Entwicklung in halbstündigen Abständen aufgezeigt hat. Deutlicher sieht man diese Wolke in des Bildern des AVHRR.

In der Aufnahme vom 24. Februar wird die Rauchwolke zuerst nach Norden verfrachtet, um dann in Richtung Westen abgetrieben zu werden (Abb. 6). Deutlich erkennt man über dem nordwestlichen Rand der Rauchwolke weiße Wasserwolken. Ihre Höhe konnte man aus ihrer Form und ihrer Oberflächentemperatur, gemessen aus ihrem Signal in den AVHRR-Kanälen gut abschätzen. Die Rußwolken befanden sich dabei stets unterhalb der Wasserwolken. Der Ruß hat also keine höheren Schichten der Atmosphäre erreicht. Die Satellitenphotos der Golfregion gaben somit einen der ersten eindeutigen Hinweise, daß die vorschnellen Szenarien einer weltweiten Klimakatastrophe diesmal wohl unbegründet waren.

*Noch besser sehen*

Um eine detaillierte Analyse der Anzahl der brennenden Ölquellen zu erstellen, waren aber auch die Bilder des AVHRR noch zu grob gerastert. Auflösungen, die noch Strukturen von 30 Metern erkennen lassen, liefert der Thematik Mapper Sensor an Bord des amerikanischen Fernerkundungssatelliten Landsat. Zudem wird die Erde dabei in sieben verschiedenen Spektralkanälen gleichzeitig abgetastet. Jeweils drei dieser sieben Kanäle können zu einem farbigen Rot-Grün-Blau Bild zusammengefügt werden. Viel Information also für eine genaue thematische Kartierung der Landoberfläche.

Es wäre ein langwieriges Unterfangen, Informationen aus dieser Vielzahl von Kombinationen zu erhalten, indem man alle Möglichkeiten durchspielt. Doch wir wissen ja, was wir vom Weltraum aus beobachten wollen: Vitalität der Vegetation, Meeresverschmutzungen, Wüstenbildung und andere durch den Menschen verursachte ökologische Schäden. Jede dieser Veränderungen hat ihren charakteristischen Fingerabdruck im elektromagnetischen Spektrum, in der Rückstreuung der optischen Wellen. Die Kenntnis dieser Charakteristika ermöglicht die richtige Auswahl der Wellenlänge und erleichtert die Interpretation. Stimmt die vorab bestimmte Referenzcharakteristik für eine von Entnadelung betroffene Fichte mit dem Signal aus dem Weltraum überein, so ist der Schluß auf bestimmte Schadstufen des Waldsterbens naheliegend. Bevor man sich also an die Interpretation von Satellitenbildern macht, muß eine Bibliothek von Referenzsignalen vorhanden sein. Solche Referenzmessungen werden entweder im Labor durchgeführt oder unter kontrollierten Bedingungen in der freien Natur. Sensoren, die über die gleiche Empfindlichkeit in den verschiedenen Spektralbereichen verfügen wie ihre großen Brüder im Weltraum, werden dazu meist auf Flugzeugen eingesetzt.

Ist dies nicht durchführbar oder zu zeitraubend, so bleibt die Möglichkeit, im Bild sichtbare Gebiete am Boden zu erkunden, um damit die digitale Signatur des Bildes zu eichen.

Mit Karte und Kompaß geht es dann in das zu erkundende Gelände. Die angewandte Fernerkundung beweist sich dann wieder einmal als ein typisches Kind der Geowissenschaften. Alle Theorie muß letztendlich vor Ort bestätigt werden.

Für einen kleinen Teil des zu untersuchenden Gebietes wird die Wahrheit vor Ort (ground truth) festgestellt und mit den Daten im Satellitenbild korreliert. Der typische spektrale ›Fingerabdruck‹ kann somit für eine bestimmte Vegetation oder geolo-

6 Dieses Bild zeigt eine NOAA-Aufnahme vom 24. Februar 1991. Die kriegerischen Ereignisse in der Golfregion des Jahres 1991 wurden von einer Vielzahl von Satelliten aufgezeichnet. Die Daten sind mittels digitaler Bildverarbeitungstechniken in eine Kartenprojektion transformiert worden und die verschiedenen Farbtöne in dieser Wiedergabe entsprechend verschiedener Klassifizierungen von Wolken und Land gewählt. Im Osten des Bildes erkennt man deutlich die Rauchwolke der brennenden Ölfeuer am Golf. Diese zieht zuerst nach Norden, um dann nach Westen abzudriften. Offensichtlich befinden sich über dem nordöstlichen Rand der Rauchwolke noch Wasserdampfwolken. Die Rauchwolke konnte also nicht zu hoch aufgestiegen sein. Solche Aufnahmen gaben ein erstes Indiz dafür, daß die globale Klimaveränderung, bedingt durch hoch in die oberste Atmosphäre aufsteigende Rußpartikel, diesmal wohl nicht eintreten werde.
Bild: NOAA, © DLR

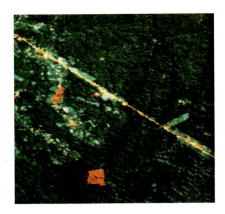
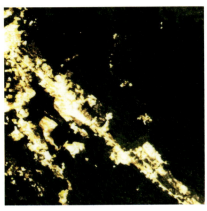
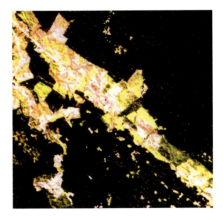

7 Satellitenaufnahmen des Landsat können Veränderungen des tropischen Regenwaldes über die Jahre hinweg dokumentieren. Die drei Szenen zeigen den Einschlag des Regenwaldes in der Region Sena Madureira im brasilianischen Bundesstaat Acre. Die erste Szene stammt noch vom MSS Sensor des Jahres 1975, die beiden weiteren stammen vom TM aus den Jahren 1984 und 1989. Deutlich ist zu erkennen, wie die Rodungen des Waldes entlang der Hauptstraße voranschreiten.
Bild: DLR, © INPE, H. Hönsch

gische Struktur gefunden werden. Umgekehrt kann nun der Computer bei dem wiederholten Auftreten dieser Signatur auf die vorher definierten Vegetationsklassen schließen.

Quasi automatisch kann somit eine ökologische Kartierung eines Gebietes durchgeführt werden. Spezifisch jedoch nur für die Parameter, die dem Rechner beigebracht wurden. Das Erkennen neuer Zusammenhänge aus Satellitenbildern und das bewußte Sehen von Satellitenbildern bleibt vorerst dem Menschen vorbehalten.

*Die Zeit und der Ort*

Neben dem französischen SPOT ist der Thematik Mapper die wichtigste Quelle hochauflösender Weltraumbilder. Bilder, die aufgrund ihrer multispektralen Eigenschaften geeignet sind, geologische Strukturen, Vegetation und natürliche Lebensräume in einem ungefähr 100 km mal 100 km großen Bild zu erfassen. Gerade weil Landsat das Rückgrat so mancher operationeller Anwendung ist, werden seine Daten von vielen nationalen Bodenstationen empfangen, verarbeitet und weitervertrieben.

Neben speziellen thematischen Untersuchungen, ist es meist das Ziel, flächendeckende Aufnahmen eines Gebietes oder Landes zu erhalten, als Grundlage planerischer Arbeiten, nicht zuletzt im Umweltschutz.

Für Deutschland liegt solch ein flächendeckendes Landsat Thematik Mapper Archiv bei der DLR in Oberpfaffenhofen vor. Neben der Veröffentlichung der Daten in Weltraumbild-Atlanten, werden diese auch für Studien der Waldbestandskartierung, der städtebaulichen Planung und der Ausbreitung von elektromagnetischen Wellen im Mobilfunknetz herangezogen.

Das geometrische Kriterium der Auflösung wurde schon erwähnt. Die 30 m, die Thematik Mapper hier bietet, reichen aus für generelle Analysen eines ganzen Waldbestandes. Für die Ansprache einzelner Baumkronen muß man jedoch wiederum auf Luftbilder oder die bodenständige Arbeit der Forstleute zurückgreifen.

Doch ist es auch nicht das Ziel der Weltraumbilder, jeden einzelnen Baum zu erkennen. Vielmehr sollen große Gebiete statistisch erfaßt werden, um Grundlagendaten zu liefern oder um mit anderen Daten verglichen zu werden. Ein Forschungsvorhaben der Europäischen Gemeinschaft vergleicht etwa die aus Thematik Mapper Bildern gemessenen Areale für Weinbaugebiete mit den offiziell gemeldeten Beständen. Subventionsschwindel soll hier mittels Satellitenbildern verhindert werden.

Die Verschneidung von Satellitenbildern mit anderen Informationen erfordert zumeist, daß die digitalen Weltraumdaten in eine kartengleiche Abbildung gebracht werden. Genau wie die Forstkarte oder die topografische Karte soll man sich in ihnen an Hand von eindeutigen Koordinaten orientieren können. Diese Verarbeitung, auch ›Geocodierung‹ genannt, wird heute zumeist mit allen Fernerkundungsdaten durchgeführt, bevor genaue Interpretationen und ›Kartierungen‹ angefertigt werden.

Stehen keine Koordinaten und Referenzkarten zur Verfügung, so kann der geübte Betrachter von Weltraumbildern sich meist an eindeutigen Strukturen orientieren. Große, künstlich angelegte Bauwerke, wie Flughäfen, fallen zuerst ins Auge.

In dem Thematik Mapper Bild der Region Köln-Bonn ist der Flughafen südöstlich Kölns gut zu erkennen (Abb. 8). Der Rhein ist ebenfalls als quer durch das Bild laufender Fluß auszumachen. Der zentrische Aufbau Kölns läßt den mittelalterlichen Ursprung des Stadtkerns erahnen. Bonn-Bad Godesberg liegt stromaufwärts, eingezwängt im Rheintal.

Zwei Zeitkriterien sind zumeist für die Auswertung von Satellitenbildern wichtig. Die Bilder sollten erstens möglichst nicht zu ›alt‹ sein. Ein 10 Jahre altes Satellitenbild wird kaum für das Erstellen einer aktuellen Waldkarte von Nutzen sein. Zweitens muß das Datum der Aufnahme, zumindest die Jahreszeit, optimal ausgewählt werden. Für Vegetationsanalysen wird man kaum ein Herbst- oder Winterbild verwenden wollen. Erschwerend kommt hinzu, daß im Gegensatz zum AVHRR, Landsat nur alle 18 Tage das gleiche Gebiet abbildet. Versperren dann Wolken die Sicht, muß man mehr als zwei Wochen auf seine nächste Chance warten.

8  Das Bild zeigt einen Ausschnitt aus einer Szene des Fernerkundungssensors ›Thematic Mapper‹ (TM). Der TM fliegt auf dem amerikanischen Satelliten ›Landsat‹ und liefert alle achtzehn Tage ein Bild der Erdoberfläche mit 30 m Auflösung in sieben Spektralkanälen. Für diese Wiedergabe wurden drei Spektralkanäle so ausgewählt, daß die Färbung möglichst dem natürlichen Eindruck nahe kommt. Das Bild zeigt den Raum Köln-Bonn. Gute Orientierungshilfen in Fernerkundungsbildern sind große Gebäudekomplexe wie Flughäfen. Der Flughafen Köln-Bonn ist zum Beispiel nördlich von der Bildmitte sehr gut zu erkennen.
Bild: DLR, © Eurimage

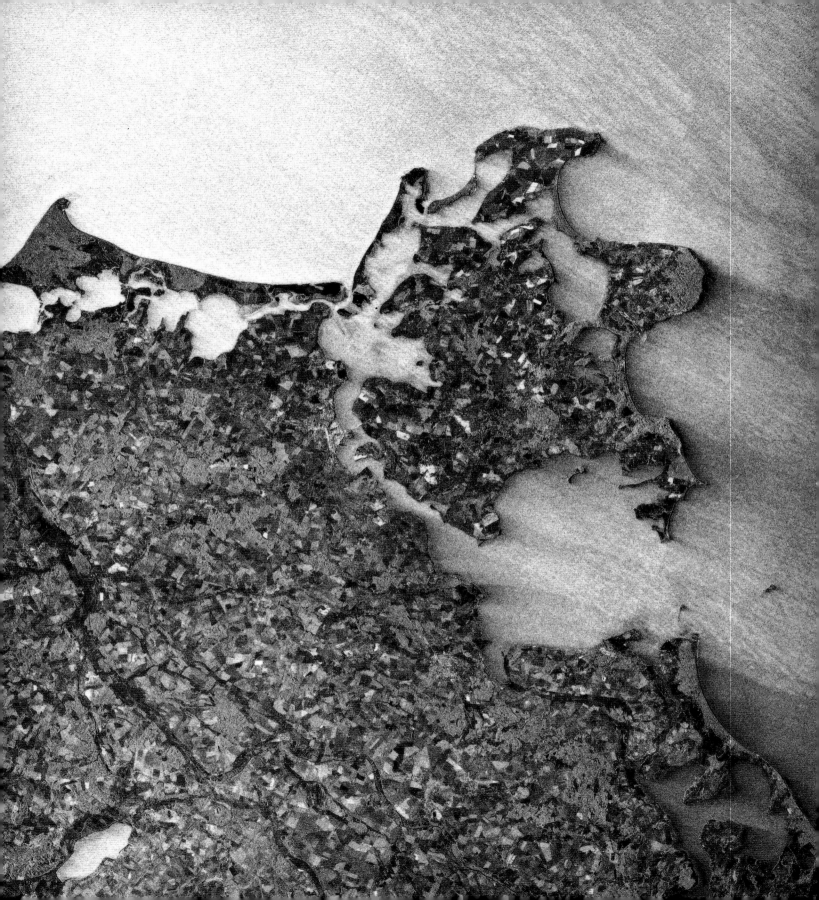

*Durch Wolken und bei Nacht*

Dies ist natürlich besonders fatal, wenn das Gebiet des Interesses fast andauernd von Wolken bedeckt ist. Der tropische Regenwald in Afrika, Asien oder Südamerika ist solch ein Gebiet. Wolkenfreie Aufnahmen optischer Sensoren aus diesen Gebieten sind zumeist rar. Doch gerade hier spielen sich ökologische Veränderungen großen Maßstabes ab, die mit Satellitendaten hervoragend zu beobachten, zu analysieren und zu dokumentieren wären. Die Abholzung und Brandrodung weiter Flächen des Waldes tritt klar in den Daten des Landsat Satelliten zu Tage (Abb. 7). Das Ausmaß dieses Raubbaues an ökologischen und genetischen Ressourcen wird besonders deutlich, wenn man Aufnahmen mehrerer Jahre miteinander vergleicht. Auch ohne hochkomplizierte digitale Bildverarbeitung und ohne Expertenwissen sieht man, wie sich der Einschlag des Regenwaldes entlang einer Straße wie ein wucherndes Krebsgeschwür ausbreitet.

Doch wie schon erwähnt: Der Einsatz solcher optischer Fernerkundungssensoren ist auf wolkenfreie Tage beschränkt und benötigt eine gute Ausleuchtung der Szenerie durch unsere Sonne. Letzteres ist zwar in den Tropen, jedenfalls am Tage, zumeist gegeben, in nördlichen Polarregionen können optische Sensoren Daten jedoch nur für den polaren Sommer liefern. Zur polaren Nacht – bis zu einem halben Jahr lang – sind auch hier alle Eisschollen grau. Optische Sensoren, die auf das Licht der Sonne angewiesen sind, scheinen also nicht geeignet für diese kritischen Gebiete der Fernerkundung.

Doch auch hier bietet die Vielfalt des elektromagnetischen Spektrums eine Lösung. So sind die zwischen den Radiowellen und der Wärmestrahlung angesiedelten Mikrowellen fast nicht sensitiv auf die kleinsten Wassertropfen in Wolken und Nebel. Die Nähe zu den Radiowellen erlaubt es auch, diese Mikrowellen durch elektronische Geräte zu erzeugen, sie auszustrahlen und sie zu empfangen. Die Luftfahrt nutzt diese Eigenschaften seit langem. Umlaufende Radarantennen senden Mikrowellenstrahlung aus, diese durchdringt Nacht und Nebel, wird von Objekten reflektiert und wieder von der gleichen Antenne empfangen. Der empfangene Radarimpuls gibt dem Fluglotsen Aufschluß über Entfernung und Richtung des Flugzeuges.

Mit dem Start des europäischen ERS-1 ist solch ein Radarsensor, ein Mikrowellenradar mit synthetischer Apertur (Synthetic Aperture Radar oder SAR), betriebsbereit in einer polaren Umlaufbahn um unseren Planeten. Der Begriff der ›synthetischen Apertur‹ steht hierbei für ein spezielles Verfahren, das es erlaubt, mittels Überlagerung Tausender von ausgestrahlten und wieder empfangenen Impulsen und Auswertung der Laufzeiten und Frequenzen ein hochauflösendes Bild der Erdoberfläche zu erzeugen. Das SAR erzeugt also mehr als nur den blinkenden Punkt am Schirm unseres Fluglotsen.

Da das Radar des ERS-1 nur in einem Frequenzbereich arbeitet, also nur einen Kanal besitzt, sind die Bilder des SAR monochrom, schwarzweiß. Sie stellen die Rückstreuung des Mikrowellensignals von der Erdoberfläche, des sie bedeckenden Wassers oder der Vegetation dar. Da Wasser fast wie ein Spiegel für solche Radarwellen wirkt, kann man in den ERS-1 SAR-Bildern gut auf die Oberflächenbeschaffenheit dieses Spiegels schließen. Eine glatte Oberfläche, ruhiges Wasser, reflektiert den einfallenden Strahl weg vom Sensor. Im Radarbild sind hier dunkle Flächen zu sehen. Ein rauher Spiegel, bewegtes Wasser, reflektiert die Mikrowellen zurück zum Satelliten und erzeugt helle Bildteile. Die Sensitivität auf Rauhigkeitsunterschiede im Wasser ist so fein, daß sogar Ölflecke, deren molekülfeiner Film die Oberflächenwellen dämpft und damit die Oberfläche glättet, als dunkle Gebiete in Gewässern vom Weltraum zu erkennen sind.

Der 1978 von der amerikanischen Weltraumbehörde NASA betriebene SEASAT hat diese Fähigkeiten eindrucksvoll dokumentiert (Abb. 10). Leider bedeutete ein technischer Fehler das Aus des SEASAT nach gut 100 Tagen Betrieb. Ausgestattet mit erweiterten technischen Fähigkeiten und weiteren Sensoren, soll der europäische ERS-1 die mehr als 10 Jahre große Lücke der Mikrowellenbeobachtung aus dem Weltraum

9 Das Bild zeigt eine Aufnahme des ›Synthetic Apertur Radars‹ (SAR) des europäischen Fernerkundungssatelliten ERS-1 von der Ostseeinsel Rügen. Die Daten sind mittels digitaler Bildverarbeitung geometrisch in eine Kartenprojektion transformiert worden. Solcherart ›geocodierte‹ Bilddaten erlauben den direkten Vergleich mit anderen Kartierungen der Erdoberfläche. Deutlich ist die Struktur der Felder und die Küstenlinie von Rügen zu erkennen. Die Kreidefelsen von Rügen bilden sich als schwarzer Radarschatten an der Ostküste ab. Radarschatten entstehen wenn steile topographische Strukturen dem hier schräg von Westen einfallenden Radarsignal ›die Sicht‹ versperren. Quelle: DLR, © DLR/ESA

10 Digital verarbeitete Aufnahme des amerikanischen Radarsatelliten SEASAT. SEASAT war im Jahre 1978 nur 100 Tage aktiv, lieferte jedoch eine Vielzahl von Aufnahmen, die die Technik des ›Synthetischen Mikrowellenradars‹ (SAR) eindrucksvoll dokumentierten. Das Bild zeigt die zwischen Sizilien und Afrika gelegene Mittelmeerinsel Pantelleria. Südlich der Insel ist eine dunkle Zone im Meer zu erkennen; ein Ölfleck. Der dünne Ölfilm dämpft die Oberflächenwellen und verändert damit die Reflexion der Radarwellen. Die dunkle Meeresoberfläche im Westen der Insel rührt vom Windschatten und der damit verbundenen stillen Meeresoberfläche her.
Ein ähnlicher Radarsensor ist an Bord des Europäischen Fernerkundungssatelliten ERS-1.
Quelle: DLR, © DLR/ESA

schließen (Abb. 9). Nicht zu spät – so möchte man hoffen – um bessere Daten der drängenden Umweltprobleme in den Tropen und des Verhaltens des Schelfeises der polaren Gebiete, einer der wichtigsten Klimaindikatoren, zu erhalten.
Wohlgemerkt, alle diese Messungen können, wie bei der Arbeit der Fluglotsen, unabhängig von der jeweiligen Witterungsbedingung und auch nachts gemacht werden. Ein Vorteil, der die gewöhnungsbedürftige ›Farblosigkeit‹ der Radarbilder mehr als aufwiegt. Doch auch daran wird gearbeitet. Zukünftige Radarsensoren sollen über mehrere Mikrowellenbänder und weitere Möglichkeiten der Erhöhung des Informationsinhaltes verfügen. Genau wie bei der optischen Fernerkundung werden solche Mikrowellenbänder derart ausgewählt, daß sie die speziellen Phänomene, die man beobachten möchte, am besten wiedergeben.

*Globale Veränderung*
Natürlich ist hierbei die Erforschung ökologischer Zusammenhänge und die Beobachtung von Umweltschäden nur ein Teil der Anwendungsgebiete der Fernerkundung mit Satelliten. Angesichts der globalen Problematik der Ökologie, einhergehend mit der Diskussion über klimatische Veränderungen und den neuesten Meldungen über das immer größer werdende Ozonloch, gelangt jedoch die ›Umweltfernerkundung‹ zu immer größerer Bedeutung.
Aber auch lokale Phänomene und Ereignisse des politischen Tagesgeschehens sind in das Blickfeld der Fernerkundung gelangt. Das Schlagwort des ›Global Change‹ beschränkt sich in diesen Fällen nicht nur auf den bio-ökologischen Zyklus.
So wurde der ›Umwelt-Terrorismus‹ am Persischen Golf mit Fernerkundungsdaten reichlich dokumentiert.
Aber auch die politischen Umwälzungen in Ost-Europa finden in der angewandten Fernerkundung ihren Niederschlag. Nachgerade das neue Deutschland ist davon betroffen. Ökologisch bedenkliche Abfälle aus veralteten Fabriken belasten überall die Böden. Viele Deponien schlummern noch unentdeckt unter Feldern und Wohngebieten. Die Übungsplätze der abziehenden sowjetischen Armee sind durchtränkt von Dieselöl. Munition liegt auf ihnen vergraben, als Erbe für die nachkommenden Generationen.
Den Inspekteuren der Behörden und den Umweltschützern wurde zunächst der Zugang zum sowjetischen Truppenübungsplatz in der Colbitz-Letzlinger Heide in Sachsen-Anhalt verwehrt. Um so bemerkenswerter ist es, daß es der sowjetische Fernerkundungssensor KFA-1000 ist, der eine erste ökologische Bestandsaufnahme der Schäden vom Weltraum zuläßt (Abb. 13). Ist das Gebiet von Mecklenburg-Vorpommern bis Sachsen noch relativ überschaubar und zugänglich, so ist die ökologische Bestandsaufnahme von Flächenstaaten wie der Sowjetunion ohne Fernerkundung kaum denkbar.
Aber auch militärische Späher der USA sind von der ›Perestroika‹ im Weltraum betroffen. Mikrowellenbilder der Pole und Daten hochempfindlicher optischer Sensoren, die nachts Lichtquellen aufspüren können, sind der Öffentlichkeit nun zugänglich (Abb. 12).
Um die Unabhängigkeit und Fähigkeit Europas auf dem Gebiet der Fernerkundung zu dokumentieren, wurde das ehrgeizige Programm des europäischen Fernerkundungssatelliten ERS-1 ins Leben gerufen. Zwar waren die europäischen Vorreiter in Sachen Weltraumtechnologie – unsere französichen Nachbarn – mit ihrem hochauflösenden, optischen Fernerkundungsatelliten SPOT schneller. SPOT dient jedoch primär kommerziellen Interessen. Die Ergebnisse des ERS-1 hingegen sollen der Erforschung unserer Umwelt und ihren Veränderungen zu Gute kommen. Zusätzlich wollte man die neue Technologie der Radarfernerkundung einsetzen; die Unabhängigkeit der Beobachtung vom Wetter und vom Tageslicht. Hierfür lohnte sich der gesamteuropäische Aufwand.
Die Ergebnisse von ERS-1 und den vielen anderen Sensoren, welche zur Zeit unseren Globus umkreisen, werden einen kleinen Teil zum Verständnis des Systems Erde bei-

...machung von Land in
...r wurde von Landsat/
...d SPOT (Frankreich)
...gehalten. Die frisch
...Landparzellen erschei-
...echts).
...: Earth Satellite Corp.

12 Die Aufnahme auf der nächsten Seite wurde 1988 vom ›Optical Line Scanner‹ an Bord des amerikanischen Militärsatelliten DMSP (›Defense Meteorological Satellite Program‹) gemacht. Während aktive Radarsensoren auch bei Nacht ›sehen‹ können, sind Sensoren im sichtbaren Bereich des Spektrums beinahe blind. Aber nur beinahe, denn gerade bei Nacht zeigt sich, in welchem Ausmaß unsere Erde übervölkert ist. Die großen Städte erstrahlen in künstlichem Lichterglanz, aber auch abgefackeltes Gas der Ölplattformen in der Nordsee ist gut auszumachen. Ein Teil der Daten des DMSP ist der Öffentlichkeit zugänglich. Neben der eindrucksvollen Demonstration des Energieverbrauchs durch künstliche Beleuchtung (wie die beleuchteten Autobahnen in Belgien) werden solche Daten auch ausgewertet, um die Brandrodung tropischer Regenwälder zu analysieren. Mittels digitaler Computergraphik wurden einige Städtenamen in dieses Bild montiert.
Bild: DLR, © Snow and Ice Data Center, Boulder, Col., USA
Quelle: Dech, Glaser, Kühn, Carls, DLR Nachrichten, No. 64, August 1991

13 Dieses Bild zeigt eine NOAA Aufnahme vom 24. Februar 1991. Es zeigt, daß politisch-militärische Altlasten ebenfalls mittels weltraumgestützter Fernerkundung zu kartieren sind. Zu sehen ist der ungefähr 15 km x 25 km sowjetische Truppenübungsplatz in der Colbitz-Letzlinger Heide in Sachsen-Anhalt. Den Ökologen, die eine Bestandsaufnahme der Bodenverseuchung durch Öl, Treibstoffe und Munition anfertigen wollten, wurde der Zugang zu diesem Areal von den sowjetischen Behörden verwehrt. Die sowjetischen Satellitenbetreiber verkaufen jedoch Aufnahmen eines foto-optischen Aufnahmesystems, der KFA-1000 (Kosmicheskij Fotoapparat). Der KFA-1000 erreicht vom Weltraum aus eine Auflösung von 5 m bis 10 m, kann jedoch nur monochrome (schwarz/weiße) oder sogenannte spektrozonale Bilder liefern. Ein solches spektrozonales Bild vom 4. August 1986 des Truppenübungsplatzes erlaubte eine erste Abschätzung der landschaftlichen und ökologischen Schäden. Sehr gut sind die geradlinigen Panzerspuren des Schießgeländes zu erkennen. Der nördliche Teil des Geländes wurde unter anderem für Sprengungen und Nahkampfübungen genutzt.

tragen. Weitere Satelliten und Sensoren sind bei den führenden Weltraumorganisationen in Planung. In einem globalen Netz von Informationszentren, verbunden mit nationalen und internationalen Umweltbehörden, sollen diese an der Schwelle zum nächsten Jahrtausend ein ›Erd-Beobachtungs-System‹ installieren. EOS für ›Earth Observation System‹ wurde als Kürzel ausgewählt. Auf EOS sind derzeit viele Arbeiten in der Fernerkundung ausgerichtet. EOS mit all seinen Systemen und der notwendigen Infrastruktur am Boden beschäftigt schon Tausende von Wissenschaftlern und Ingenieuren. EOS ist auch ein Hauptziel der Fernerkundung in Deutschland. Die Arbeit an den zukünftigen Systemen zur Datenverarbeitung für EOS beschäftigt auch mich.

500 Jahre nach der Entdeckung der ›Neuen Welt‹ durch Christoph Kolumbus, wurde 1992 als das internationale Weltraumjahr deklariert. Auch heute brechen wir auf, eine neue Welt zu entdecken. Eine Welt, die wir mit den neuen Augen der Satelliten betrachten müssen, um sie besser zu verstehen, ihre komplexen Zusammenhänge besser zu begreifen.

Die Mission zum Planeten Erde, die Bilder unserer Heimat, sind jedoch nur ein faszinierender Teil dieser neuen Entdeckung. Die eigentliche Endeckung, der wirkliche Neubeginn, die Morgenröte EOS, muß sich dadurch beweisen, wie wir mit unserem Denken und Handeln den Planeten Erde als unseren natürlichen Lebensraum bewahren.

Die bedrohte Umwelt

## Bekommen wir ein wärmeres Klima?

Bert Bolin

Als sich vor 30 bis 40 Jahren langsam ein Bewußtsein dafür bildete, daß der Mensch der Umwelt schaden kann, stand zunächst die lokale Umweltzerstörung im Zentrum des Interesses. Gegen Ende der sechziger Jahre wurde man zum ersten Mal auf die regionale Umweltbedrohung aufmerksam, den sauren Regen und die daraus resultierenden Schädigungen des Bodens, der Seen und Wasserläufe vor allem in Nordeuropa. Das Übersäuerungsproblem wuchs während der folgenden Jahrzehnte zu einem globalen Problem heran. Gleichzeitig schlug die Erkenntnis über die mögliche Schädigung der Ozonschicht durch Freone ein wie eine Bombe.

Während der letzten zwanzig Jahre haben schließlich die Forscher mit immer überzeugenderen theoretischen Berechnungen und mit Hilfe von weltweiten Beobachtungen zeigen können, daß die menschlichen Aktivitäten im nächsten Jahrhundert zu globalen Klimaveränderungen führen können. Wir wissen noch nicht, wie schnell das passieren und wie gravierend es werden kann, aber es ist nicht einfach, Wege zu finden, um diese Veränderungen aufzuhalten. Wenn eine Klimaveränderung stattgefunden hat, kann es ein oder zwei Jahrhunderte dauern, bevor langsam wieder ungestörte Bedingungen erreicht werden.

Während der achtziger Jahre sind diese Besorgnisse auf das breitere Interesse der Forscher gestoßen. Eine rasch wachsende Gruppe widmet ihre Kräfte den Fragen im Bereich der Klimaveränderung, und wachsende Ressourcen wurden für diese Arbeit zur Verfügung gestellt. Aber es sind schwierige Fragen, auf die man sich einläßt. Es reicht nicht aus, die Forschungsresultate in Form einer Serie von wissenschaftlichen Berichten zu präsentieren. Unsere Kenntnisse sind noch unvollständig und manchmal widersprüchlich. Damit Politiker und die Allgemeinheit verstehen, Stellung nehmen und eventuell Maßnahmen einleiten können, bedarf es einer qualifizierten und gebündelten Auswertung von zugänglichen Forschungsergebnissen und der Beurteilung von Unsicherheiten im Szenario möglicher zukünftiger Veränderungen. Nicht minder wichtig ist es auch, zu versuchen, die Gründe für eventuell divergierende Auffassungen zwischen den Forschern zu verdeutlichen und zu beschreiben. Ohne einen solchen Prozeß wird eine politische Behandlung der Probleme nahezu unmöglich sein.

Zu Beginn der achtziger Jahre wuchs diese Einsicht langsam in der Forschergemeinschaft und führte zu einer Initiative von führenden Wissenschaftlern, solche Auswertungen durchzuführen. Die UNEP unterstützte diese Arbeit. Parallel starteten die Vereinten Nationen eine umfangreiche Studie zu Umwelt und Entwicklung in der Welt unter der Leitung der Norwegerin Gro Harlem Brundtland. Es waren diese unterschiedlichen Anstrengungen, die 1987 zu einer ersten ernsthaften Diskussion in der UNO-Vollversammlung über globale Umweltprobleme und vor allem die Klimaproblematik führten. Dadurch wurde auch weltweit das politische Bewußtsein geweckt. Seitdem ging die Entwicklung verhältnismäßig schnell vonstatten.

Als dann WMO und UNEP im Jahre 1988 die Initiative ergriffen, eine internationale Forschergruppe zu gründen, um diese komplizierten Fragen zu beleuchten und zu analysieren, bekamen sie eine positive Rückmeldung aus 30 Ländern. So wurde die Brücke zwischen Forschern und Politik geschaffen, die unter der Bezeichnung Intergovernmental Panel on Climate Change (IPCC) arbeitet.

*Internationale wissenschaftliche Zusammenarbeit*
Das IPCC hat drei Aufgaben, die sich auf drei Arbeitsgruppen verteilen. Die Wahl der jeweiligen Vorsitzenden ist aufschlußreich.
Es hat die Aufgabe:
1) Wissenschaftliche Aussagen zu globalen Klimafragen auszuwerten. Der Vorsitzen-

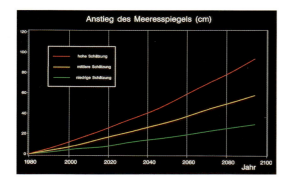

1 Das IPCC hat errechnet, um wieviel der Meeresspiegel bis zum Jahr 2100 ansteigen wird, wenn keine Maßnahmen getroffen werden, um den Ausstoß von Treibhausgasen in die Atmosphäre zu verringern. Die drei Schätzungen zeigen die berechnete Unsicherheit.
Quelle: IPCC-Bericht *Scientific Assessment of Climate Change*, 1990

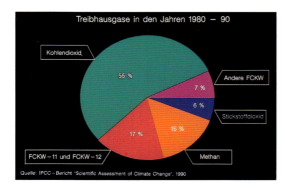

2 Die Treibhausgase, die der Mensch in die Atmosphäre gelangen läßt, tragen in unterschiedlichem Maße zur globalen Erwärmung bei. Sie wurden so umgerechnet, daß sie direkt mit dem Kohlendioxid-Ausstoß verglichen werden können. Sie werden in Tonnen Kohle pro Kopf ausgedrückt und für einzelne Regionen präsentiert. Diese Zahlen sind der Versuch, ein Bild der ungefähren Verhältnisse zu geben.
Quelle: IPCC

| Ausstoß verschiedener Treibhausgase (in to) pro Kopf der Bevölkerung | | | | | | |
|---|---|---|---|---|---|---|
| | $CO_2$ | | $CH_4$ | $N_2O$ | FCKW | Insgesamt |
| | Fossile Brennstoffe | Entwaldung | | | | |
| OECD | 3,05 | 0,10 | 0,55 | 0,25 | 1,05 | 5,00 |
| Osteuropa UdSSR | 3,30 | 0,10 | 0,60 | 0,20 | 0,45 | 4,65 |
| China | 0,55 | 0,05 | 0,30 | – | – | 0,90 |
| Südostasien | 0,20 | 0,35 | 0,40 | 0,05 | 0,05 | 1,05 |
| Nahe Osten | 1,20 | 0,10 | 0,20 | – | 0,10 | 1,60 |
| Afrika | 0,30 | 0,65 | 0,30 | 0,10 | 0,10 | 1,45 |
| Lateinamerika | 0,55 | 1,70 | 0,65 | 0,25 | 0,10 | 3,25 |
| Welt | 1,05 | 0,40 | 0,45 | 0,10 | 0,30 | 2,30 |
| Prozent | 47 | 17 | 19 | 4 | 13 | 100 |

Quelle: US Environment Protection Agency und Bert Bolin

3 Die vom Menschen produzierten Treibhausgase trugen in unterschiedlichem Maße in den Jahren 1980 bis 1990 zum gestiegenen Treibhauseffekt bei.
Für die Berechnung des Ozonanteils an dieser Entwicklung liegen noch keine Meßwerte vor.
Quelle: IPCC-Bericht *Scientific Assessment of Climate Change*, 1990

4 Die Atmosphäre umschließt die Erde wie eine dünne Haut. Die Astronauten an Bord der amerikanischen Raumfähre Discovery machten diese Aufnahme 1991. Sie zeigt Schichten in der Atmosphäre, die in unterschiedlichen Farben erscheinen, wenn das Licht sich in kleinen Partikeln bricht.
Bild: NASA

de dieser Gruppe ist ein bedeutender englischer Forscher, John Houghton, der frühere Chef des englischen Wetterdienstes.
2) Ökologische, wirtschaftliche und soziale Konsequenzen eventueller Klimaveränderungen zu verdeutlichen. Diese Gruppe wird von einem Russen geleitet.
3) Zu analysieren, welche Instrumente die Politiker benutzen könnten, um das, was voraussichtlich geschehen wird, zu verhindern oder abzuwehren sowie die Konsequenzen alternativer Maßnahmen zu beleuchten. Der Vorsitzende dieser Gruppe ist ein Amerikaner mit direkten Verbindungen zum Weißen Haus.
Die Arbeitsgruppen haben ihre ersten Berichte im Juni 1990 vorgestellt. Der Forschungsbericht ›Scientific Assessment of Climate Change‹ wurde ein großer Erfolg. Der Bericht Nummer zwei, der von den Konsequenzen handelt, ist allgemein als unpräzise kritisiert worden. Der Bericht der dritten Gruppe heißt ›Response and Strategies‹. Darüber fiel eine Einigung schwer, weil hier auch politische Probleme hineinspielen. Die politischen Instruktionen einiger Delegierten der dritten Gruppe waren deutlich.
Seit dem Frühjahr 1991 gibt es eine separate Verhandlungsgruppe, The Intergovernmental Negotation Committee, die von der UNO eingesetzt wurde. Dort sitzen Repräsentanten der Regierungen unterschiedlicher Länder, die versuchen sollen, über die politische Handhabung der Sachfragen Übereinstimmung zu erzielen. Das IPCC fungiert als dessen Ratgeber und ist dadurch in gewisser Weise entpolitisiert worden.
Es gibt in sämtlichen Gruppen jeweils mehrere Repräsentanten der Entwicklungsländer.
Sie sind im Falle einer weltweiten Erwärmung weitaus stärker betroffen. Wir können nicht erwarten, daß sie ihren bescheidenen Energieverbrauch reduzieren, um den Kohlendioxid-Ausstoß zu verringern, während wir in den reichen Ländern die Produktion von Teibhausgasen nicht einschränken.
Das IPCC ergänzt nun seinen ersten großen Bericht aus dem Jahre 1990 durch die Erörterung von sechs speziellen Fragen. Die Analysen werden an die UNO weitergeleitet.
Es geht darum:
1) Den Anteil der einzelnen Länder am Ausstoß im weltweiten Zusammenhang zu dokumentieren.
2) Weiterhin globale Klimamodelle zu analysieren und zu untersuchen, wie gut sich regionale Unterschiede beschreiben lassen.
3) Die Bedeutung des industriellen und gesellschaftlichen Energiebedarfes für die Klimafrage zu untersuchen.
4) Die Rolle der Wälder für das globale Klima genauer zu beschreiben und zu analysieren, was getan werden kann.
5) Zu untersuchen, inwieweit die Länder der Erde von einer Erhöhung des Meeresspiegels betroffen sein würden.
6) Zukünftige Ausstoßszenarien zu entwickeln.
Die Auswertungen des IPCC zu den globalen Klimafragen haben große Beachtung gefunden. Die Forscher sind sich darüber einig, daß die Treibhausgase, deren Konzentration weltweit durch menschliche Aktivitäten ansteigt, den Treibhauseffekt verstärken werden. Sie errechnen, daß die Durchschnittstemperatur auf der Erde bei einer nochmaligen Verdoppelung des gesamten Ausstoßes möglicherweise um 1,5 bis 4,5 °C ansteigen wird, was in einem Zeitraum von vierzig Jahren geschehen könnte. Das klimatische System ist indessen träge, was eine beachtliche Verzögerung dieser Temperaturveränderung bewirkt.

*Neue Fakten*
Innerhalb des letzten Jahres fanden zwei weitere Faktoren Beachtung, die für die Beurteilung von eventuellen zukünftigen Klimaveränderungen von Bedeutung sind: Erstens bewirken FCKW-Emissionen auch eine Verringerung der Ozonmenge in der niederen Stratosphäre. Da das Ozon ebenso zum Treibhauseffekt in der Atmosphäre

5 Die Satellitenaufnahmen von einem Gebiet nordwestlich der Hauptstadt Riad in Saudi-Arabien wurden 1972 und 1986 gemacht und zeigen, wie Weizenpflanzungen durch künstliche Bewässerung in der Wüste angelegt werden. Sie erscheinen als kleine rostbraune Kreise. Berechnungen haben ergeben, daß das Grundwasser in der Region Mitte des nächsten Jahrhunderts verbraucht sein wird, wenn diese Entwicklung nicht anhält.
Bild: NASA/USGS

6 Auf der Tabelle werden Daten zu den Gasen aufgeführt, die für das Gleichgewicht der Strahlung der Erde von Bedeutung sind und die Klimaentwicklung aktiv beeinflussen.
Quelle: Earth Quest vol. 5/no.1, 1991

beiträgt, verringert sich die Bedeutung der direkten Erwärmung, die die Freone selbst verursachen. Wie wichtig dieser Effekt sein kann, kann bislang nur ungefähr eingeschätzt werden. Berechnungen mit Hilfe der besten verfügbaren Klimamodelle sind bislang noch nicht durchgeführt worden. Es gibt sicherlich zusätzlich einen wichtigen kompensierenden Faktor. Wenn wir Öl und Kohle verbrennen, entweicht auch Schwefeldioxid in die Atmosphäre. Seit mehr als zwanzig Jahren wissen wir, daß dieses markant zur Übersäuerung der Niederschläge beiträgt. Aber die Sulfatpartikel (Aerosole), die das Schwefeldioxid bildet, reflektieren auch das Sonnenlicht und verringern dadurch den Teil der einfallenden Sonnenstrahlung, der in Wärme umgewandelt wird. Obwohl diese Partikel nur eine kurze Lebensdauer haben, verringert sich dadurch der Treibhauseffekt merklich. Dieses gilt jedoch nur für die Nordhalbkugel, weil der Ausstoß auf der Südhalbkugel gering ist und die Aufenthaltsdauer der Sulfatpartikel in der Atmosphäre so kurz, daß nur eine geringe Menge der Emissionen im Norden den Aerosolgehalt im Süden beeinflußt. Auch dieser Effekt muß genauer studiert werden.

IPCC betont in einem erst kürzlich fertiggestellten Bericht, daß früher gezogene Schlußfolgerungen nicht prinzipiell beeinflußt werden. Des weiteren ist es wichtig einzusehen, daß steigende Emissionen von Schwefeldioxid kaum noch lange möglich sind, weil die Übersäuerung und die daraus resultierenden Schäden für Boden, Seen und Pflanzen wahrscheinlich nicht mehr akzeptiert werden. Maßnahmen zur Verringerung der Emissionen, wie sie bereits in Europa ergriffen worden sind, werden dann auch dazu führen, daß die kompensatorische Wirkung des verstärkten Treibhauseffekes sich verringern wird. Sie verschwinden außerdem schnell aus der Atmosphäre. Das Kohlendioxid auf der anderen Seite hat eine Aufenthaltszeit in der Luft von bis zu mehreren Jahrhunderten. Sein Beitrag zu einem verstärkten Treibhauseffekt bleibt deshalb bestehen.

|  | Kohlendioxid $CO_2$ | Methan $CH_4$ | Distickstoffmonoxid $N_2O$ | Chlorfluorkohlenwasserstoffe FCKW | Troposphärisches Ozon $O_3$ | Kohlenmonoxid CO | Wasserdampf $H_2O$ |
|---|---|---|---|---|---|---|---|
| Treibhausrolle | heizt auf | heizt auf | heizt auf | heizt auf | heizt auf | keine | heizt in der Luft auf; kühlt in den Wolken |
| Auswirkung auf die Ozonschicht | kann abnehmen oder zunehmen | kann abnehmen oder zunehmen | kann abnehmen oder zunehmen | Abnahme | keine | keine | Abnahme |
| Hauptsächliche anthropogene Quellen | fossile Brennstoffe; Rodung | Reisanbau; Vieh; fossile Brennstoffe; brennende Biomasse | Dünger; veränderte Landnutzung | Kühlanlagen; Aerosole; industrielle Prozesse | Kohlenwasserstoffe (mit $NO_x$); brennende Biomasse | fossile Brennstoffe; brennende Biomasse | Landumwandlung; Bewässerung |
| Hauptsächliche natürliche Quellen | in der Natur im Gleichgewicht | Sumpfland | Böden; Tropenwälder | keine | Kohlenwasserstoffe | Kohlenwasserstoffoxydation | Verdunstung |
| Lebensdauer in der Atmosphäre | 50-200 Jahre | 10 Jahre | 150 Jahre | 60-100 Jahre | Wochen bis Monate | Monate | Tage |
| Jetzige Konzentration in der Atmosphäre in Teilen pro Milliarden bei einem Volumen an der Oberfläche | 353.000 | 1.720 | 310 | FCKW-11: 0,28 FCKW-12: 0,48 | 20-40 (Nördliche Hemisphäre) | 100 (Nördliche Hemisphäre) | 3.000-6.000 in der Stratosphäre |
| Vorindustrielle Konzentration (1750-1800) an der Erdoberfläche | 280.000 | 790 | 288 | 0 | 10 | 40-80 | unbekannt |
| Jetzige jährliche Zunahme | 0,5 % | 0,9 % | 0,3 % | 4 % | 0,5-2,0 % | 0,7-1,0 % | unbekannt |
| Verhältnismäßiger Beitrag zum anthropogenen Treibhauseffekt | 60 % | 15 % | 5 % | 12 % | 8 % | keiner | unbekannt |

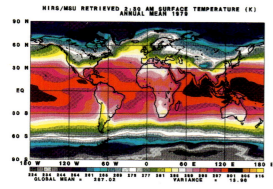

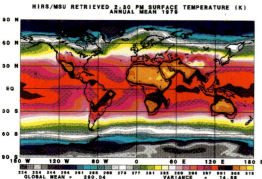

7 Satellitengestützte Instrumente dokumentieren unter anderem die Eigenschaften von Erdoberfläche und Atmosphäre; Boden- und Meeresoberflächentemperaturen, Lufttemperatur und -feuchtigkeit sowie die Ozonmenge in verschiedenen Höhen. Die von der Erdoberfläche ausgesandte Strahlung wird in Abhängigkeit ihrer Wellenlänge in unterschiedlichem Maß von der Atmosphäre beeinflußt. Solche Messungen werden seit den siebziger Jahren ununterbrochen von amerikanischen Satelliten der Nimbus- und NOAA-Serien sowie von Tiros-N durchgeführt. Das obere Bild zeigt den Jahresdurchschnittswert 1979 für die Temperatur der Erdoberfläche um 3 Uhr morgens Ortszeit, während das untere denselben Wert 12 Stunden später um 3 Uhr nachmittags zeigt. Die Temperaturskala benutzt Kelvingrade (K). 273° K entsprechen 0° C. 1° K = 1° C. Über dem Meer treten keine größeren Temperaturunterschiede zwischen Tag und Nacht auf. Das ist aber über dem Land der Fall. Zum Beispiel im inneren Australien, den nordafrikanischen Wüstengebieten und dem westlichen Nordamerika. Dort liegen die mittleren Jahrestemperaturen bei 40° C (senfgelb) am Tag, während die Nachttemperatur nahe 0° C (weiß) liegt. Man kann deutlich den Einfluß des Golfstromes auf der Nordhalbkugel erkennen. Bild: NASA/GSFC, Joel Susskind, Laboratory for Atmospheres

Diese neuen Fakten zeigen in aller Deutlichkeit, daß die verschiedenen globalen Umweltfragen eng zusammenhängen. Es ist nicht länger möglich, eine nach der anderen zu behandeln. Eine gebündelte Strategie zum Schutze der zukünftigen globalen Umwelt in ihrer Gesamtheit wird immer wichtiger.

Das IPCC hat Grafiken präsentiert, um darzustellen, in welchem Maße der Meeresspiegel, abhängig von unterschiedlichen Emissionsmengen, ansteigen könnte. Bis zum Jahre 2100 wird als Folge von wärmerem Oberflächenwasser und abschmelzenden Gletschern eine Erhöhung des Niveaus um 30 bis 100 cm erwartet, wenn nichts getan wird, um die Emissionen zu verringern oder zu stoppen.

Die Forscher sind sich über die möglichen Veränderungen und die bestehenden Ungewißheiten einig. Für die nördliche Halbkugel wird über den großen Kontinenten eine größere Trockenheit berechnet als für die übrigen Teile der Erde. Besondere Belastungen werden für die subtropischen Regionen erwartet, die bereits jetzt unter erheblicher Trockenheit leiden und wo sich viele der ärmsten Länder der Erde befinden.

Aber das Problem des wachsenden Treibhauseffektes und seiner Folgen ist kein Thema, das in der Abgeschiedenheit der Forschungsinstitute behandelt wird. Es ist wie gesagt in höchstem Maße politisch, und dadurch sitzen die Wissenschaftler in einer Zwickmühle. Auf der einen Seite wegen der divergierenden Diskussionen innerhalb der Forschungsgemeinde darüber, was objektive Wahrheiten sind und den politischen, ökonomischen und strategischen Interessen der Entscheidungsträger auf der anderen Seite.

*Vertrauen in die unabhängigen Forscher*

Die Integrität der unabhängigen Forscher innerhalb des IPCC ist von erheblicher Bedeutung. Wir wissen bereits eine Menge über die wahrscheinliche Entwicklung bis zur Mitte des nächsten Jahrhunderts. Wir müssen die Behandlung dieser Frage in Zukunft institutionalisieren, um Einvernehmen über internationale Emissionspolitik und Strategien für die Zusammenarbeit zwischen reichen und armen Ländern erreichen zu können.

Die USA wollen auf eindeutigere Beweise warten, bevor sie politische Entscheidungen treffen, während die europäischen Länder jetzt schon bereit sind zu handeln. Es darf nicht undenkbar sein, daß Westeuropa und die USA und vielleicht auch Osteuropa einige Zeit getrennte Wege im Ergreifen von Maßnahmen gehen, auch wenn das nicht wünschenswert wäre. Es ist in diesem Zusammenhang wichtig hervorzuheben, daß Westeuropa fast ein Viertel der gesamten Kohlendioxidemissionen der Industrieländer produziert. Es ist außerordentlich wünschenswert, daß bald einige bindende Beschlüsse gefaßt werden. Der Beschluß des Vertrages von Montreal, die Anwendung und den Ausstoß von FCKW drastisch zu begrenzen, muß endgültig weltweit ratifiziert werden, so daß der Abbau des Ozons in der Stratosphäre gebremst wird. Das könnte auch zur Verzögerung einer Klimaveränderung beitragen, außerdem müssen wir den Kohlendioxid-Ausstoß begrenzen. Des weiteren müssen wir Beschlüsse fassen über eine Form des Technologietransfers in die armen Länder. Die Weltbank hat kürzlich 1,2 Milliarden Dollar für Umweltschutzmaßnahmen in den Entwicklungsländern zur Verfügung gestellt. Das ist an und für sich imponierend, aber wir müssen viel mehr tun, um ein globales Gleichgewicht herzustellen.

Die Forscher des IPCC repräsentieren eine breite Kompetenz. Sie stellen ein Bindeglied zwischen der Forschung und den internationalen politischen Gremien her, und das ist eine ebenso schwierige wie wichtige Aufgabe. Das IPCC ist bereit, spätestens 1995 eine neue Auswertung der Klimafragen durchzuführen. Wir werden uns auch mit wirtschaftlichen Fragen beschäftigen, um zu sehen, wie Ökologie und Ökonomie zusammenwirken. Aber das ist nicht so einfach, gewisse Länder wollen zum Beispiel schlichtweg bestimmen, welche Wirtschaftswissenschaftler wir hinzuziehen dürfen. Bereits zu präzisieren, welche Fragen wir in diesem Zusammenhang aufgreifen werden, wird außerordentlich wichtig sein.

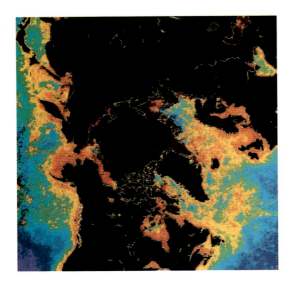

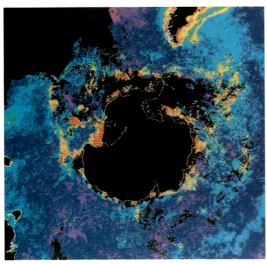

8 Die Phytoplanktonblüte findet in der Polarregion in der wärmeren Jahreszeit statt, wenn ausreichend Licht und Nahrung vorhanden sind. Rot und Gelb zeigen eine hohe Phytoplanktonaktivität an, Blau und Violett eine niedrige.
Bilder: Coastal Zone Color Scanner auf dem amerikanischen Satelliten Nimbus 7.
Bild: NOAA/GSFC

*Wissen wird Politik*

Das IPCC hat eine gewisse Vermittlerfunktion. Wir sollen Wissen mit Hilfe der Wissenschaft an die Politik weitergeben. Unsere Mittlerrolle ist wichtig, wir müssen eine sehr stringente wissenschaftliche Linie einhalten und gleichzeitig mit den politischen Vertretern zusammenarbeiten können. Wir müssen den Konsens in der Sache suchen, aber wir dürfen natürlich eine Steuerung von Seiten der Politiker nicht akzeptieren.

Die Risiken einer eventuellen Klimaveränderung sind groß. Zum Beispiel Südeuropa, Nordafrika, Südchina und Kalifornien werden vielleicht von der Trockenheit besonders betroffen werden. Es ist unsicher, wie lange es dauern kann, bis dieses eintrifft. Aber es wäre gleichzeitig unklug, mit Maßnahmen zu warten, bis klare Zeichen für eine vor sich gehende Klimaveränderung zugänglich sein werden.

Es gibt dabei immer noch viel zu entdecken. Es gilt, sich Kenntnisse über die Veränderungen, die die Natur von sich aus durchläuft, zu verschaffen und gleichzeitig zu sehen, was der Mensch angerichtet hat und wohin das auf lange Sicht führen kann. Das IPCC hat klar gemacht, daß wir eine zukünftige Klimaveränderung nicht im Detail voraussehen können. Das klimatische Zusammenspiel ist so kompliziert, daß wir mögliche zukünftige Überraschungen nicht ausschließen können. Vielleicht ist die Rolle des Meeres in diesem Zusammenhang besonders bedeutungsvoll. Wir wissen, daß die Trägheit des Meeres aufgrund seiner großen Wärmekapazität Klimaausschläge auf einer Zeitskala von mehreren hundert Jahren verursachen kann. Einige Forscher stellen dar, daß das vor rund 10000 Jahren geschah, als das Inlandeis sich zurückzog. Eine fortgesetzte Erwärmung könnte vielleicht in der Zukunft den Wasseraustausch mit der Tiefsee stoppen, der jetzt im nördlichen Teil des Atlantiks, der Norwegischen See, stattfindet. Es ist schwierig vorauszusehen, was eine solche Entwicklung mit sich bringen könnte. Insgesamt stimmt uns diese Unsicherheit in gewisser Weise demütig angesichts unserer Möglichkeiten, die weitere Entwicklung richtig zu steuern, wenn die Aktionen und die Versäumnisse der Menschen im globalen natürlichen System Veränderungen verursachen, die schneller und größer sein werden als die natürlichen Klimavariationen.

*Den Kohlendioxid-Ausstoß um mindestens 60% verringern*

Der IPCC-Bericht spricht über die Trägheit der Gesellschaft. Die Trägheit betrifft vor allem den Energieverbrauch und da müssen unsere Maßnahmen in erster Linie ansetzen.

Es ist erforderlich, den Kohlendioxid-Ausstoß weltweit zwischen 60% und 80% zu verringern, um den Kohlendioxid-Gehalt der Atmosphäre zu stabilisieren. Es geht also um unerhört schwierige Verpflichtungen.

Was die Bevölkerungsfrage angeht, haben wir die Verantwortung dafür zu tragen, daß die armen Länder zu gleichen Bedingungen an der Diskussion beteiligt werden. Nimmt man zum Beispiel die Situation in Bangladesh – in dieser Hinsicht eines der am stärksten betroffenen Länder. Fast 20 Millionen Menschen leben heute in Regionen, die in einem Zeitraum von hundert Jahren häufig überschwemmt werden könnten beziehungsweise schlichtweg bereits unter Wasser liegen. Und dann werden – bedingt durch den gegenwärtigen schnellen Bevölkerungszuwachs – mehr Menschen davon betroffen sein als jetzt dort wohnen.

Die Verhandlungen, die bislang geführt worden sind, um sich einer Klimakonvention zu nähern, zeigen mit großer Deutlichkeit die großen Unterschiede zwischen den Industrie- und den Entwicklungsländern und ihren Möglichkeiten dazu beizutragen, eine Klimaveränderung aufzuhalten.

Es ist eine Tatsache, daß mehr als 80% der durch die Verwendung von fossilen Brennstoffen erzeugten gesamten Emissionen von Kohlendioxid seit dem Beginn des 19. Jahrhunderts ein Resultat der Entwicklung der Industrieländer in dieser Zeit war, während ihre Bevölkerung heute weniger als 25% der Weltbevölkerung stellt. Der relativ hohe Lebensstandard, der in den Industrieländern erreicht worden ist, ist eng

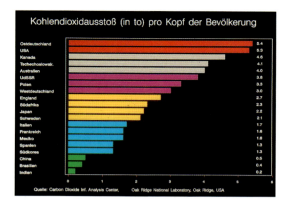

9 Der Ausstoß von Kohlendioxid von einer Auswahl von Ländern im Jahre 1988, ausgedrückt in Tonnen Kohle pro Kopf.
Quelle: Carbon Dioxide Information Analysis Center, Oak Ridge National Laboratory, Oak Ridge, USA

verknüpft mit der Tatsache, daß die historischen Kohlendioxidemissionen im Verhältnis zur heutigen Bevölkerung zwanzig mal höher waren als der bisherige Ausstoß in den Entwicklungsländern. Ich verstehe, daß diese die Auffassung vertreten, daß die Industrieländer heute den Entwicklungsländern die Möglichkeiten verschaffen müssen, die Lebensverhältnisse für ihre notleidende Bevölkerung zu verbessern. Es sollte sogar in ihrem eigenen Interesse sein, daß neue Techniken in den Entwicklungsländern zur Anwendung kommen, so daß diese nicht unsere Fehler wiederholen.

Und es ist wichtig, daß die Gegensätze zwischen Industrie- und Entwicklungsländern nicht größer werden.

Wir haben keine Zeit zu verlieren. Die Forschung zeigt, daß es gewichtige Gründe dafür gibt, bereits jetzt Umweltschutzmaßnahmen zu treffen, um zu versuchen, eine unwiderrufliche Klimaveränderung unabsehbaren Ausmaßes zu verhindern.

Die Forschung spielt in diesen Zukunftsfragen eine delikate Rolle. Sie muß auf ihre Unabhängigkeit gegenüber den politischen Machtstrukturen achten. Die Forscher müssen daneben offen sein für neue Erkenntnisse, die früheres Wissen ersetzen. Und sie müssen sich mit langfristigen globalen Prozessen auseinandersetzen, bei denen sich Beweisketten über mehrere Generationen erstrecken.

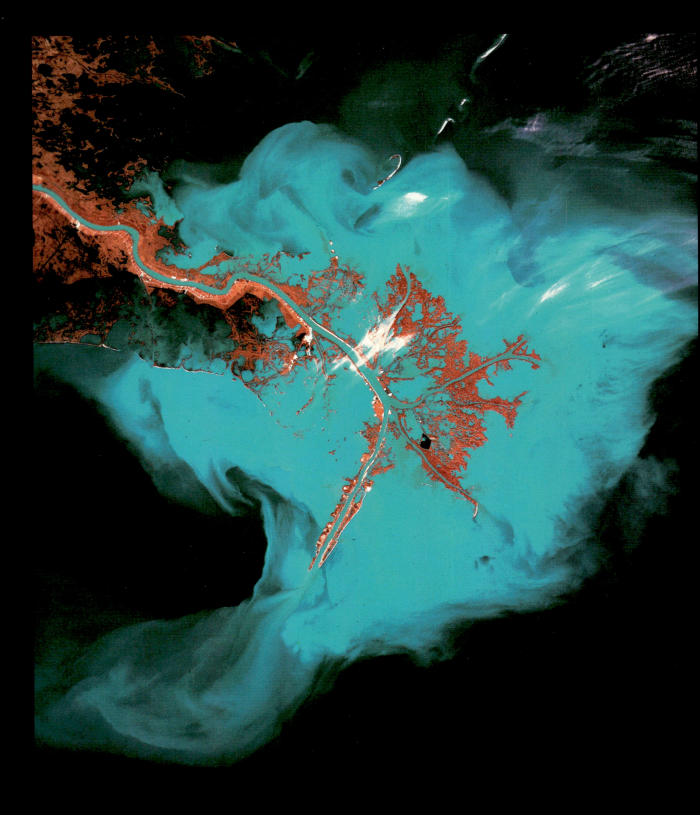

10 Die beiden Satellitenbilder des Mississippi-Deltas wurden 1973 und 1989 aufgenommen. Es ist ein fruchtbares, tiefgelegenes und dichtbesiedeltes Gebiet, das bereits jetzt vom Meer bedroht wird und das bei einer Erhöhung des Meeresspiegels durch schwere Stürme unter Wasser gesetzt werden würde. Rot zeigt die gesunde Vegetation.
Bild: NASA /USGS

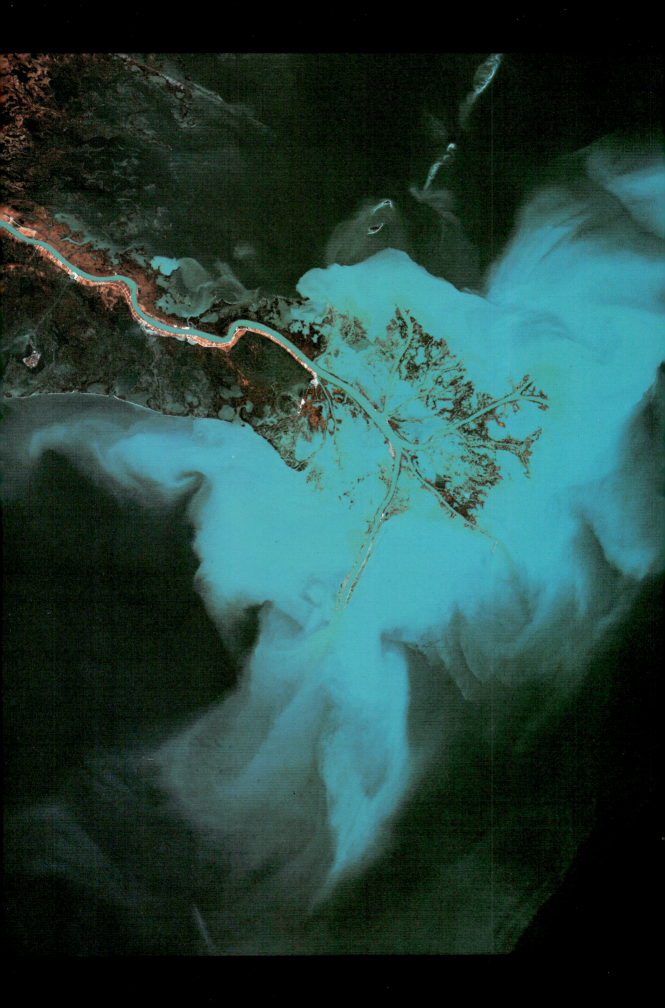

11 Das schnelle Wachstum von Kairo zeigt sich in zwei Satellitenbildern vom 10. Mai 1973 und vom 18. Juli 1987. Während dieser Zeit ist ein dramatischer Bevölkerungszuwachs von etwa 7 Millionen in 10 Jahren zu verzeichnen. Vegetation und Ackerbau erscheinen in Dunkelrot, die dichtbevölkerten Gebiete in Hellblau.
Bild: NASA, USGS, Landsat MSS

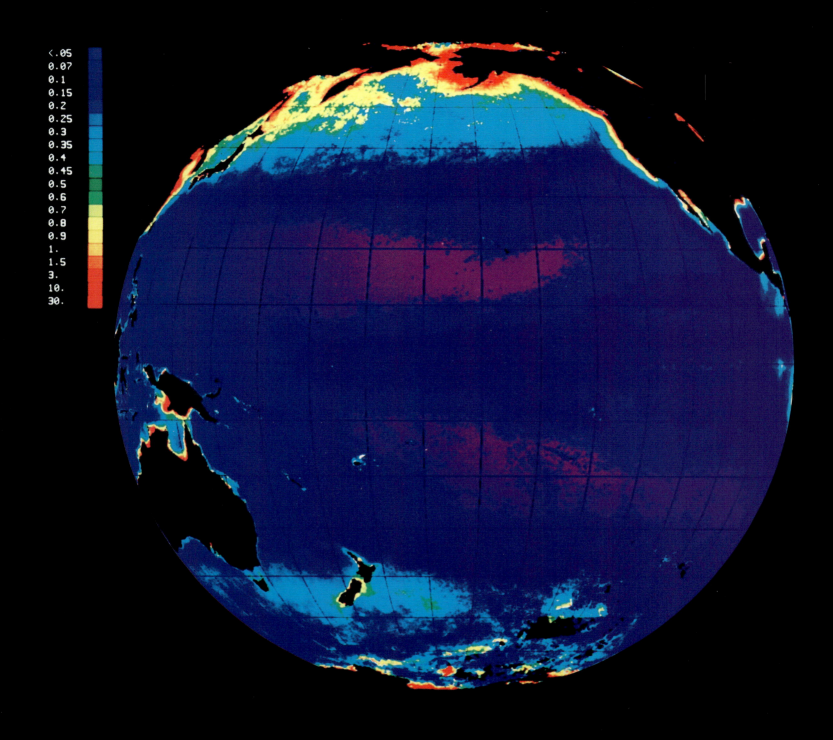

1 Der Pazifische Ozean, wie er durch die elektronischen Augen des ›Coastal Zone Color Scanner‹ erscheint, eines Meßinstrumentes an Bord des amerikanischen Satelliten Nimbus 7. Das Gerät registriert die Aktivität von Phytoplankton im Meer. In der Mitte des Ozeans, wo der Nährstoffgehalt gering ist, weisen die Farben Blau und Violett auf einen niedrigen Phytoplanktonanteil hin. Die Küstengewässer mit ihrem großen Nährstoffangebot bergen indes hohe Konzentrationen an Phytoplankton (Gelb und Rot). Die grünen Wasserpflanzen bilden die Ausgangsbasis für die Nahrungskette im Meer und spielen obendrein eine wichtige Rolle in den chemischen Reaktionen des Ozeans: Phytoplankton nimmt Kohlendioxid auf und produziert daraus organische Moleküle und Sauerstoff.
Bild: NASA/GSFC, Nimbus 7

# Europa im Treibhaus

Hartmut Graßl
Reiner Klingholz

Eines Tages vor langer, langer Zeit stieg ein etwa 35jähriger Mann, gehüllt in wetterfeste Lederkleidung und bewaffnet mit Handaxt, Steinmesser und einem guten Dutzend Pfeilen in die Berge. Dort, wo heute am Tiroler Similaun-Gletscher die Grenze zwischen Italien und Österreich verläuft, auf 3200 Meter Höhe, starb er auf bislang ungeklärte Weise. Bald wurde er von Schnee und Eis begraben.

Mehr als 5000 Jahre später fanden Wanderer den Leichnam – mumifiziert, vollständig erhalten und mit kompletter Ausrüstung. Eine Sensation für die Archäologen, die das Relikt aus der Steinzeit gleich in das Kühlhaus am gerichtsmedizinischen Institut der Universität Innsbruck überführten.

Ein großer Fund freilich auch für die Klimaforscher. Denn die Mumie lag in einem plateauartigen Gebiet in der Nähe der Wasserscheide. An einer Stelle also, wo das ›ewige‹ Eis nicht wie in Gletscher-Tälern fließt und schon nach Jahrzehnten, allenfalls Jahrhunderten, durch von oben nachdrängendes Eis ersetzt wird und letztlich in der Gletscherzunge abschmilzt. Es hatte einer ungewöhnlich warmen Klimaperiode bedurft, um die Leiche aus dem Gletscher freizulegen. Ganz offensichtlich war es in den Tiroler Bergen schon sehr lange nicht mehr so warm gewesen wie in der jüngsten Vergangenheit.

Daß alpine Gletscher Zeugnisse der Vorzeit preisgeben, ist seit einigen Jahren keine Seltenheit mehr. So haben Wissenschaftler am Ende des Schweizer Aletsch-Gletschers zwischen dem Berner Oberland und dem Wallis unlängst Bäume geborgen, die aus der Zeit um Christi Geburt stammen. Am Märjelen-See, in 2600 Meter Höhe, stießen sie auf neu freigelegte meterdicke Torfschichten und Reste eines Lärchenwaldes aus dem sogenannten Klima-Optimum vor rund 6000 Jahren. Damals lagen die Temperaturen auf der Erde im Mittel 0,8 °C bis 1 °C höher als vor der Zeit der Industrialisierung.

Vieles deutet darauf hin, daß wir all diese Funde dem anthropogenen, dem vom Menschen gemachten Treibhauseffekt verdanken. Er erwärmt die erdnahen Luftschichten über das natürliche Maß hinaus und droht die Atmosphäre in naher Zukunft noch weiter aufzuheizen. Die Folgen können für viele Regionen der Erde katastrophal sein, denn es könnte so warm werden, wie noch nie, seit es den Menschen gibt.

*Auf dem Weg in das Treibhausjahrhundert*
Das Intergovernmental Panel on Climate Change (IPCC), ein von den Vereinten Nationen organisierter Zusammenschluß der führenden Klimaforscher, hat die warme Welt von morgen in insgesamt vier verschiedenen Szenarien beschrieben. Aus ihnen geht hervor, wie sie sich das globale Klima während der kommenden 100 Jahre in Abhängigkeit von dem Spurengas-Ausstoß verändern könnte.

Die wahrscheinlichste Prognose, das ›Business-as-usual-Szenario‹ geht davon aus, daß bei einer auf zehn Milliarden Menschen wachsenden Weltbevölkerung und steigendem Energieverbrauch die Emissionen der wichtigsten anthropogenen Treibhausgase weiter zunehmen, jene der besonders klimaschädlichen FCKW allerdings aufgrund der internationalen Abmachungen langsam zurückgehen. Unter diesen Rahmenbedingungen wird die mittlere Temperatur auf der Erde in hundert Jahren um 2 °C bis 5 °C höher liegen als heute (Abb. 2, oben). Selbst bei einer weltweiten umweltpolitischen Kehrtwende (bei der die Emissionen der Treibhausgase ab sofort sinken müßten) würde der atmosphärische Gehalt an Treibhausgasen wegen deren langer Lebenszeit bis zum Jahr 2060 weiter wachsen und die Temperaturen um mindestens ein Grad steigen (Abb. 2, unten).

Der Laie kann sich unter einer mittleren globalen Erwärmung von ein paar wenigen Graden kaum etwas vorstellen. Trotzdem wird er diese scheinbar geringe Differenz

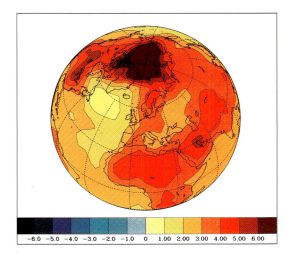
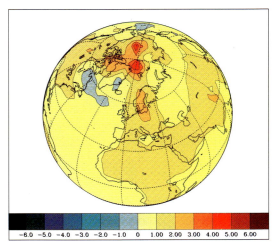

2 Computermodelle, die von einem ungebremsten Spurengasanstieg ausgehen, sagen für das Jahrzehnt zwischen 2075 und 2085 eine regional unterschiedlich starke Erwärmung der bodennahen Atmosphäreschichten von wenigen Zehntel Grad bis zu 8° C voraus (oberes Bild). Bei stark verminderten Emissionen und einer entsprechenden Mäßigung des zusätzlichen Treibhauseffektes kommt es nur zu einer geringen Erwärmung, stellenweise sogar zu einer Abkühlung (unteres Bild). Die Skala gibt die Temperaturänderung in Grad Celsius an.
Gekoppeltes Ozean-Atmosphäre-Modell des Max-Planck-Institutes für Meteorologie (Cubasch und andere).

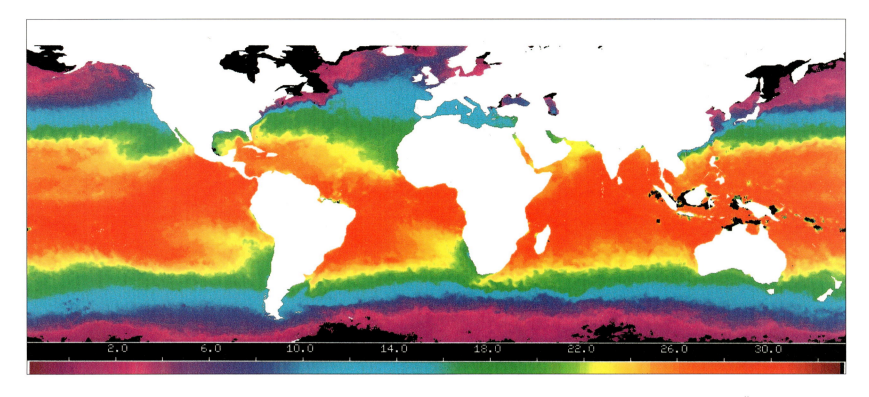

3 Die Satellitenaufnahme vom März 1984 zeigt die mittlere Ozeanoberflächentemperatur entsprechend der Farbskala in Grad Celsius: Deutlich sichtbar sind die ständig bewölkten Bereiche (schwarz) im Norden der Erdkugel und um Indonesien (nach Schlüssel und anderen).

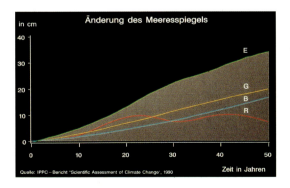

4 Sollte sich der Kohlendioxidgehalt in der Atmosphäre im Vergleich zur vorindustriellen Zeit verdoppeln, wird sich durch die Ausdehnung des aufgewärmten Meerwassers der Meeresspiegel in verschiedenen Regionen der Welt unterschiedlich erhöhen.
E = Nordwest-Europa, G = Global, B = Golf von Bengalen, R = Rossmeer.
Quelle: *Vorsorge zum Schutz der Erdatmosphäre*, der Enquetekommission des deutschen Bundestages.

zu spüren bekommen. Denn das Klima und damit die natürlichen Ökosysteme wie auch die Kulturlandschaften werden sich in fast allen Regionen der Welt merklich verändern.

Wenn auch nicht überall auf gleiche Weise. So erwärmt sich in der Welt von morgen die Luft über den Kontinenten in den höheren Breitengraden – also auch in Europa – stärker als in den Tropen. Das liegt daran, daß in Äquatornähe aufgrund der zusätzlichen Wärme vor allem Wasser verdampft, somit die überschüssige Energie den erdnahen Luftschichten größtenteils entzogen wird. In hiesigen Breiten indes, wo die Durchschnitts-Temperaturen tiefer liegen, verdampft pro Grad Erwärmung weniger zusätzliches Wasser und der anthropogene Treibhauseffekt macht sich stärker bemerkbar. Da im Winter obendrein weniger Schnee fällt und sich im hohen Norden weniger Meereis bildet, erwärmen sich Boden und Ozean auf schnee- und eisfreien Gebieten im Sonnenlicht leichter als zuvor. Aus diesem Grund werden die Europäer den zusätzlichen Treibhauseffekt im Winter aller Voraussicht nach heftiger erleben als im Sommer: Einer sommerlichen Erwärmung um 2° bis 3°C dürfte in den Gebieten zwischen dem 40. und dem 60. Breitengrad – von Sizilien bis Mittelschweden – eine von 5°C im Winter gegenüberstehen.

Generell wird die Erwärmung im Innern der Kontinente stärker ausfallen als an den Küsten, wo sich über einen Zeitraum von Jahrhunderten der kühlende Effekt der Meere auswirkt. Der Temperaturanstieg wird nur über jenen Ozeangebieten ausbleiben, wo die atmosphärische und ozeanische Zirkulation das Meerwasser gut durchmischen oder die aufgetankte Wärme rasch von der Oberfläche in großen Mengen in die Tiefsee transportiert wird. Dies ist freilich nur an den dafür typischen Regionen der Fall, die nicht direkt vor Europa liegen, sondern im Umkreis der Antarktis, im Nordpazifik nahe der Aleuten und im Nordatlantik südwestlich von Island.

*Stürmische Zeiten für Europas Küsten*

Wenn auf einer wärmeren Erde die Temperaturunterschiede zwischen Äquator und höheren Breiten zurückgehen, müßte prinzipiell auch die Luftzirkulation in der Atmosphäre nachlassen. Denn Hoch- und Tiefdruckgebiete und damit Windströmungen und Stürme entstehen erst durch diesen Temperaturkontrast. Die Computermodelle zeigen jedoch, daß bei steigendem Spurengasgehalt keinesfalls Ruhe im Wetter-

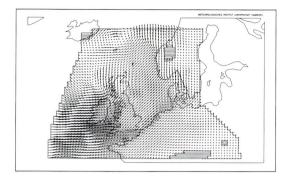
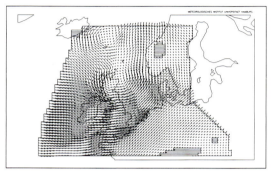
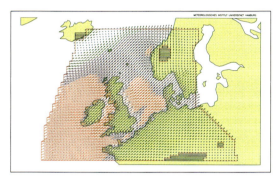

5  Das Bodenwindfeld in sechsstündigem Abstand – um 0 Uhr und um 6 Uhr morgens – am 26. Februar 1990 mit dem Orkan ›Vivian‹, abgeleitet aus allen Bodenbeobachtungen des Windes und des Luftdruckes an Land, auf Schiffen und Plattformen (nach Luthardt). Außerdem ist die mittlere Geschwindigkeit im Februar 1990 hinzugefügt (unten). Hellblau bezeichnet weniger als 3 m/s, Rot mehr als 11 m/s.

6  Am 26. Februar 1990 verursachte der Wintersturm ›Vivian‹ ernsthafte Schäden in Nordeuropa. Zwei Tage später traf ›Wiebke‹ Nordeuropa. Bild: US Wettersatellit NOAA-11 aus 870 km Höhe. Datenverarbeitung: DLR

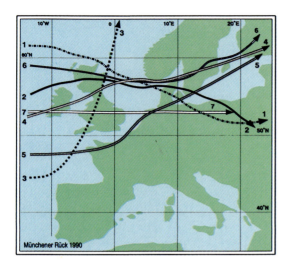

7 Im Januar und Februar 1990 zog eine Serie von insgesamt acht Winterstürmen über West- und Mitteleuropa hinweg und verursachte hier die größten Sturmschäden aller Zeiten. Die Graphik zeigt die Zugbahnen der ersten und der letzten zwei Orkane, unter denen ›Daria‹ mit Abstand am schlimmsten war, sowie von drei anderen großen Orkanen der letzten Jahrzehnte. Die jeweiligen Sturm- und Orkanfelder liegen in der Regel rechts, das heißt südlich der Zugbahn.

1 31. 01. – 02. 02. 1953 ›Holland‹-Orkan
2 02. 01. – 04. 01. 1976 ›Capella‹
3 15. 10. – 16. 10. 1987 ›Westeuropa‹-Orkan
4 25. 01. – 26. 01. 1990 ›Daria‹
5 03. 02. – 04. 02. 1990 ›Herta‹
6 25. 02. – 27. 02. 1990 ›Vivian‹
7 28. 02. – 01. 03. 1990 ›Wiebke‹
Die Namen der Orkane stammen vom Institut für Meteorologie der Freien Universität Berlin.
Bild: Münchener Rück 1990

8 Durch Computerbearbeitung von Infrarotaufnahmen läßt sich ein tropischer Wirbelsturm über dem Norden Floridas dreidimensional sichtbar machen.
Bild: NOOA, bearbeitet von Hasler & Palaniappan, NASA/GSFC

geschehen einkehrt. Es dauert Jahrhunderte, bis die Weltmeere auf die atmosphärische Erwärmung reagiert haben, das Wasser umgewälzt ist und in einem neuen Gleichgewicht strömt, und sich die Temperaturunterschiede zwischen Äquator und hohen Breiten tatsächlich verringert haben.

Deshalb werden die Stürme nicht einschlafen, sondern vor allem nördlich des 50. Breitengrades erst einmal zunehmen – in Regionen, wo sich die Ozeane kaum erwärmen. Besonders im Herbst und Winter stoßen dann insbesondere vor Labrador zwei unterschiedlich warme Luftmassen aufeinander, an deren Grenze großräumige Tiefdruckwirbel entstehen.

Detaillierte Simulationen am Hamburger Klimarechenzentrum zeigen (ausgehend von einem ungebremsten Spurengasanstieg), daß die Tiefdruckgebiete vor Schottland und Südskandinavien in Stärke und Anzahl zu-, südlich dieser Regionen allerdings abnehmen werden. Für den Wetterbericht bedeutet das: mehr und heftigere Herbst- und Winterstürme, die von Westen her gegen die Küsten von Großbritannien, Skandinavien, Holland und Deutschland toben. Möglicherweise brechen die ersten Orkane der Sturmsaison dann auch früher, also bereits Anfang September los – was aus meteorologischen Überlegungen naheliegend wäre. Modellrechnungen können diese Prognose allerdings noch nicht bestätigen, denn sie sind für solch präzise Voraussagen nicht genau genug.

Einen Vorgeschmack auf die stürmischen Zeiten bekamen die Mittel- und Westeuropäer in der Nacht vom 28. Februar auf den 1. März des Jahres 1990. Über den Süden Deutschlands raste ein Orkan von einer Stärke, wie es die Meteorologen sonst nur aus den Tropen kennen. ›Wiebke‹ so der Name des Ungetüms, zog eine Schneise der Verwüstung von der französischen Küste über Belgien bis in die Schweiz und nach Österreich. Zwischen dem Saarland und Bayern knickten die Naturgewalten mehr Bäume, als die Förster sonst während eines ganzen Jahres einschlagen. Über 70 Tote forderte das Unwetter. Die bis dato teuerste Naturkatastrophe der Welt brachte selbst große Versicherungsgesellschaften in ernste Schwierigkeiten.

Dabei war ›Wiebke‹ nicht der erste Sturm des Winters gewesen. Seit Mitte Dezember waren bereits vier außergewöhnliche Orkane mit hohen Windgeschwindigkeiten über Europa gezogen. Immer kamen sie aus Westen und fast immer trafen sie mit voller Wucht die britische Westküste.

Das alles geschah in einem jener unmäßig warmen Winter, wie sie in der jüngsten Vergangenheit gang und gäbe sind. 1989/90 stiegen die Temperaturen zur traditionell kältesten Jahreszeit in Deutschland schon einmal auf 22 Grad. Der Februar war so warm wie seit Beginn der Aufzeichnungen nicht. Überall zwischen dem schneefreien Moskau und Neapel erreichten die Temperaturen Rekordwerte.

Natürlich hat es in der Vergangenheit immer wieder brutale Stürme gegeben. Auch überdurchschnittlich warme Winter sind in der Klimageschichte dokumentiert. Doch was Meteorologen ebenso wie Versicherungsgesellschaften beunruhigt, ist deren Häufung in den letzten Jahren – vor allem weil sich die Realität verblüffend genau mit den Vorhersagen der Computermodelle deckt.

*Schnee von Gestern*

Deshalb müssen auch die übrigen Prognosen der Klimaforscher ernst genommen werden. Unter anderem glauben sie, daß sich der Winter in den Alpen und Mittelgebirgen dramatisch verändern wird. Bereits mit ½ °C Erwärmung verlagert sich die durchschnittliche Schneefallgrenze um bis zu 100 Meter nach oben. Bei 3 °C wären das schon 600 Meter. Wenn, wie abzusehen, die winterlichen Temperaturwerte gegen Ende des kommenden Jahrhunderts sogar um 5 °C steigen, bedeutet dies das wirtschaftliche Aus für alle Liftbesitzer am Alpenrand, im Allgäu, im Schwarzwald und im Bayerischen Wald. Selbst in der Höhenlage der meisten alpinen Kurorte, um 1500 Meter, droht der Skiwinter bei einem Temperaturanstieg von 3 °C um mindestens einen Monat zu schrumpfen. Da bei höheren Temperaturen auch Schneekanonen ihren Dienst versagen, läßt sich nicht einmal mit technischer Hilfe eine weiße Ersatzpracht produzieren.

Für die Wintersport-Branche wird sich vor allem der Schneeausfall im Frühwinter auswirken. Denn wenn es im November und Dezember zu warm ist (wie oft in den letzten Jahren), dann fehlt die stabile Unterlage für die ganze Saison. Je später der Schnee dann doch noch kommt, desto unwahrscheinlicher ist es, daß er lange liegen bleibt. Mit steigendem Sonnenstand heizt die Strahlung jeden dunklen Flecken an den Berghängen auf und begünstigt die Schneeschmelze. Da Schnee in unseren Breiten ohnehin meist in der Nähe seines Schmelzpunktes von 0 °C fällt, genügen schon minimale Klimaveränderungen, um aus einer Abfahrtspiste einen Grashang zu machen.

Wie die Schneefallgrenze werden sich auch die Gletscher weiter zurückziehen. Im Vergleich zum letzten allgemeinen Gletscherhochstand am Ende der ›kleinen Eiszeit‹ um 1850 sind die alpinen Eismassive bereits um rund 100 Meter in die Höhe entrückt. Ihre Gesamtfläche schwand in den Ostalpen um ein Drittel. Viele der kleineren Gletscher sind vollständig zerronnen. In Deutschland existieren mit dem Höllentalferner und dem Blaueis nur mehr zwei maßgebliche Gletscher, und auch deren Zukunft ist bedroht: Österreichische Glaziologen haben berechnet, daß bei einer Temperaturerhöhung um 3 °C in den Alpen (was einer globalen Erwärmung von nur 1,5 °C entspricht) die Zahl der verbleibenden Alpengletscher von heute 925 auf 300 zurückginge.

9 Der Gletscher von Chamonix vor 100 Jahren und heute.
Erosion hat das Profil der Berge verändert, der Gletscher ist abgeschmolzen und die veränderte Vegetation zum Vorschein gekommen.
Radierung: W. Pars, Foto: José Dupont

*Der Rückzug des ewigen Eises*

Genau wie das Eis, wird sich der Permafrost aus den Alpen verabschieden. Dieser dauernd gefrorene Boden gilt vielen Geologen als Zeitbombe in den Bergen. Bis zu 50 Meter dick sind diese Erdschichten, die teilweise bis zu 90 % aus eingelagertem Eis bestehen. An Nordhängen sind sie oberhalb von 2000 und an Südhängen oberhalb von 3000 Metern zu finden. Tauen sie auf, dann können Muren aus Geröll und Schlamm abgehen und ganze Steilhänge wie eine zähflüssige Masse zu Tal rutschen. Der einige 1000 Kilometer weiter nördlich gelegene Permafrostgürtel Skandinaviens und Rußlands könnte noch schneller dahinschmelzen. Weil in diesen nördlichen Breiten der Temperatursprung drastischer ausfallen wird als in gemäßigten Breiten, werden weite Tundrengebiete sich in Moore und Sümpfe verwandeln. Wenn Bakterien dann die lange im Eis gespeicherte torfartige Biomasse zersetzen, entweichen große Mengen der Treibhausgase Methan und Kohlendioxid, die eine globale Erwärmung noch beschleunigen können.

Da die meisten Permafrostböden in Rußland liegen, erhoffen sich manche Klimaforscher durch das Auftauen einen Zugewinn an landwirtschaftlichen Nutzflächen. Ein Wunsch, der kaum in Erfüllung gehen kann. Denn zum einen eignen sich derart magere Böden kaum für den Ackerbau. Zum anderen wird sich das Gelände vielerorts während der jahrzehntelangen Auftauphase erst einmal in einen Sumpf verwandeln. Weil es ungleichmäßig absinkt, werden auch noch bestehende Straßen, Gebäude, aber auch Gas- und Ölpipelines beschädigt. Aus dem gleichen Grund ist es in diesem Zeitabschnitt kaum möglich, größere Neubauten zu errichten.

*Bäume auf dem Marsch nach Norden*

Doch immerhin: Wo Eis, Schnee und Permafrost zurückgehen, kann sich eine neue Vegetation breitmachen. Immer wenn in der Klimageschichte die Temperaturen stiegen, dann zogen die Pflanzengemeinschaften (und mit ihnen die entsprechende Tierwelt) von Süden nach Norden beziehungsweise aus den Tälern in die Höhe. Fraglich allerdings, ob die Natur das vom Menschen vorgegebene Tempo einhalten kann, denn was unter natürlichen Bedingungen in Jahrhunderten oder Jahrtausenden vonstatten geht, vollzieht sich unter dem anthropogenen Treibhauseffekt binnen Jahrzehnten. Zwar könnte beispielsweise der Weiden-, Fichten- und Birkenwald der Taiga in das freiwerdende Permafrostgebiet vordringen, doch die Taiga selbst hat dort, wo sie heute wächst, bei einer Erwärmung von bis zu 10 °C kaum eine Überlebenschance.

Paläobiologen wissen aus ihren Untersuchungen, daß sich Buchen, wenn sie neues Terrain besiedeln, mit einer Wanderungsgeschwindigkeit von 20 km in einem Jahrhundert verbreiten. Andere Baumarten kommen etwas schneller voran, doch kaum eine wird bei der zu erwartenden Vegetationsverschiebung von bis zu 1000 km in einem Jahrhundert mithalten können. Vor allem, weil natürliche Waldgebiete in der durch Strassen, Ortschaften und Ackerbau zersiedelten Kulturlandschaft Europas nur noch in inselartigen Flecken bestehen. Die Fichte beispielsweise, die Hauptbaumart im deutschen Forst, hat an ihrem natürlichen Standort auf Dauer keine Überlebensmöglichkeit, wenn die Temperaturen im Juli um durchschnittlich 3 °C ansteigen. Theoretisch könnte sich dann dort die Kiefer ansiedeln. Doch weil es mindestens 100 Jahre braucht, bis ein geschlossener Hochwald gewachsen ist und sich das Klima in diesem Zeitraum bereits mehrfach geändert haben kann, ist auch die Zukunft eines solchen Kiefernbestandes ungewiß.

Der Umbau der Wälder wird sich allerdings so schleichend vollziehen, daß kaum ein Großstadt-Bürger ihn bemerken wird. Ein Wald stirbt nicht von heute auf morgen, sondern Einzelbäume oder kleinere Bestände fallen letztlich einer Krankheit, einer Insektenplage oder einem Waldbrand zum Opfer. Die Forstleute lassen kranke Bäume ohnehin rechtzeitig einschlagen, damit sie wenigstens das Holz nutzen können. Allenfalls in Naturschutzgebieten oder Nationalparks wird sich der klimabedingte Zusammenbruch und eine – wie auch immer geartete – Sukzession ungeschminkt zeigen.

10 Europas Wälder sind vielfachen Belastungen ausgesetzt, Autoabgase und Industrieemissionen haben mancherorts, wie hier in Böhmen, ganze Baumflächen absterben lassen. Jede zusätzliche klimatische Veränderung kann das angeschlagene Ökosystem Wald weiter gefährden.
Foto: Kjell Fredriksson.

*Landwirtschaft im Treibhaus*

Weit besser als die Bäume können sich die Landwirte an die kommende Warmzeit anpassen. Viele Nutzpflanzen gedeihen in der Wärme besser, das zusätzliche Kohlendioxid in der Atmosphäre läßt einige Feldfrüchte sogar besser wachsen. Damit werden sich die Anbauzonen verschieben – etwa von Italien nach Deutschland, von Deutschland nach Skandinavien oder von der westlichen Ukraine nach Mittelrußland.

Je höher entwickelt eine Agrarwirtschaft ist, desto leichter fällt es den Bauern, von einem Jahr auf das nächste andere Sorten anzupflanzen, neue Pestizide oder angepaßte Maschinen einzusetzen und Bewässerungsanlagen zu bauen. Möglichkeiten, die Europas Bauern – anderes als ihre Kollegen in der Dritten Welt – ohne Zweifel haben. Doch selbst die hochtechnisierten EG-Landwirte sind nicht vor unliebsamen Überraschungen gefeit.

Vor allem die Trockenheit im Sommer (wie sie im Mittelmeerraum seit Jahren und jüngst auch im Süden Deutschlands zu beobachten ist) kann große Probleme mit sich bringen. Selbst wenn durch die Zunahme des Wasserdampfes in der Atmosphäre im Sommer die Niederschläge zunehmen sollten, bedeutet das nicht unbedingt mehr Bodenfeuchte. Denn bei höheren Durchschnittstemperaturen verdunstet das Wasser aus der Krume auch schneller. Trotz mehr Regen kann somit der Boden trockener werden.

*Die dicke Luft von morgen*

Eine Grundregel der Meteorologen sagt: Je wärmer der Planet Erde, desto mehr Wasser verdampft (vor allem aus den Ozeanen) und desto mehr Wasser muß aus den Wolken auch wieder zur Erde zurückfallen. In Zahlen: Je Grad Erwärmung steigt die absolute Luftfeuchtigkeit um rund 10 % und damit die globale Niederschlagsmenge. Das Mehr an Regen wird allerdings vor allem in den inneren Tropen niedergehen, einer Region, die nicht gerade unter mangelndem Niederschlag leidet und wo die Erosion schon heute große Probleme bereitet. Feuchter wird es ebenfalls in den typischen Zonen mit wandernden Tiefdruckgebieten – zwischen dem 35. und dem 70. Breitengrad, also auch in Europa und vor allem im Winter.

Vermutlich nehmen dadurch in unseren Breiten die Starkniederschläge im Sommer zu und das sind abermals schlechte Nachrichten für die Alpenregion. Die Wolkenbrüche gehen dort auf ein Ökosystem nieder, das mittlerweile unter vielfachem Streß steht. Dadurch kann es zu allen möglichen unangenehmen Rückkopplungen kommen: Massive Regenfälle im Sommer führen zu plötzlichem Hochwasser, zu Muren und Hangrutschen. Die kahl gewordenen Hänge bieten den Pioniergehölzen einen schlechten Untergrund zum Wachstum. Wo dem Wald junge Pflanzen fehlen oder das Wurzelsystem der Bäume gelitten hat, da kann ein starker Regen nicht mehr gedämpft werden und der Boden nicht wie ein Schwamm die Feuchtigkeit aufsaugen. Die Folge: Mehr Wasserabfluß in kürzerer Zeit, mehr Erosion, mehr über die Ufer tretende Bäche, mehr Hochwasser in den Tälern und im Unterland. Aus dem durch Ozonbelastung, sauren Regen, übermäßigen Wildbestand und falschen Waldbau ohnehin schwer angeschlagenen Wald gehen immer mehr Schnee- und Geröll-Lawinen ab, neue Blößen entstehen, zusätzlich zu jenen, die der Mensch bewußt für Skipisten, Forstwege und Erschließungsstraßen angelegt hat.

Damit nehmen lokale, regionale und globale, natürliche wie anthropogene Einflüße den Gebirgswald in die Zange. Sie bedrohen ihn auf die verschiedensten Arten, so daß eine direkte Ursache-Wirkungs-Verkettung überhaupt nicht mehr sichtbar ist, demnach auch kein unmittelbar Schuldiger gefunden werden kann. Von allen europäischen Landschaftsformen ist das Ökosystem Alpen im kommenden Treibhausjahrhundert vermutlich das am meisten gefährdete.

Zu diesem Ökosystem gehören fatalerweise auch die menschlichen Bewohner der Alpen. Manche ihrer Siedlungen, der Verkehrswege und touristischen Einrichtungen werden sie schlichtweg aufgeben müssen – andere können sie nur unter enormen Kosten mit Tunnels, Kanalisierungen und Lawinenverbauungen schützen.

Viele Wildbäche und Flüsse sind bereits heute verbaut und entschärft, treten aber dennoch immer wieder über die Ufer. Typisch dafür sind die Winterhochwasser in den deutschen Mittelgebirgen. Zu dieser Jahreszeit fallen die höchsten Niederschläge, gleichzeitig ist wegen der Kälte die Verdunstungsrate niedrig. Auf natürliche Weise gebremst werden die Hochwasser oft durch Kaltlufteinbrüche während einer winterlichen Niederschlagsperiode. Dann fällt Schnee auf die Mittelgebirge – eine Art Zwischenlager für das Wasser. In wärmeren Wintern muß dieses Puffersystem immer häufiger versagen. Am schlimmsten wird es, wenn (wie beispielsweise Anfang 1991 in Deutschland) auf frisch gefallenen Schnee der warme Regen folgt und sich ein regelrechter Wasserschwall in die Niederungen ergießt.

Schnee, der im Winter fällt (vor allem in den Alpen) und im Frühjahr sowie im Sommer schmilzt, füllt Trinkwasserreservoirs und Speicherseen. Die Schneeschmelze liefert zudem einen wichtigen Nachschub für das Wasser der großen europäischen Verkehrswege für die Binnenschiffahrt. Schon heute behindern tiefe Pegelstände immer wieder den billigen und ökologisch sinnvollen Gütertransport auf den Flüssen. Geringfügige Schwankungen bei den Niederschlägen oder der Schneeschmelze können hier gewaltige Folgen haben: Schon wenn im Einzugsgebiet des Rheins im Sommer 10 % weniger Wasser vorhanden ist, dann sinken die Pegelstände im Unterlauf des Stromes so stark, daß eine geregelte Schiffahrt unmöglich wird. Auch die großen Wärmekraftwerke entlang der Flüsse bekommen dann zu wenig Kühlwasser. Im Sommer 1990 mußten deswegen in Frankreich einige Kernkraftwerke gedrosselt beziehungsweise ganz abgeschaltet werden. Im darauffolgenden Jahr litten neben den französischen auch die deutschen Kraftwerksbetreiber unter der Trockenheit.

*Wenn das Watt im Meer versinkt*
Trockene Sommer und warme Winter mögen für den Mitteleuropäer aus seiner begrenzten Sicht noch erträglich erscheinen. Für andere Gebiete der Erde, vor allem für tiefliegende Küstenregionen, bedeutet die globale Erwärmung im wahrsten Sinne des Wortes den Untergang. Denn die hohen Temperaturen lassen nicht nur die Alpengletscher abschmelzen. Auch aus anderen Gebirgsregionen der Welt schmilzt

11 Computermodelle sagen voraus, daß besonders im Herbst und Winter nördlich des 50. Breitengrades die großflächigen Tiefdruckwirbel zunehmen.
Foto: Göran Hansson/N.

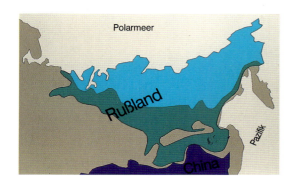

12 Bei einer globalen Erwärmung von 2° C wird die Permafrostgrenze in Rußland um einige hundert Kilometer nach Norden wandern. Das entspricht einer Situation, wie sie während der letzten großen Warmzeit vor 130 000 Jahren geherrscht hat (hellblau). Während der jahrzehntelangen Auftauzeit ist auf der blaugrün markierten Fläche Straßen- und Häuserbau fast unmöglich, weil sich das Gelände unterschiedlich absenkt. Bestehende Bauwerke und Verkehrswege sind stark gefährdet.
Quelle: Graßl/Klingholz: *Wir Klimamacher*.

13 Ausdehnung des Meereises in der Arktis am 16. Januar 1988 beobachtet aus dem Weltraum mit dem Mikrowellenradiometer (durchdringt fast alle Wolken) an Bord eines Satelliten der amerikanischen Marine (Special Sensor Microwave / Imager (SSM/I) des Defense Meteorological Satellite Program (DMSP)). Das Meereis ist in neues, junges, einjähriges und mehrjähriges unterteilt. Das weiße Gebiet östlich des Poles resultiert aus einem kurzzeitigen Ausfall in der Datenübertragung. Für den schwarzen Bereich existieren keine Meßdaten (nach Taurat).

das im Eis gespeicherte Wasser, gelangt über die Flüsse in die Meere. Die Wärme nagt womöglich auch an dem mächtigen Eisschild Grönlands, das für insgesamt 7 m Meeresspiegelanstieg gut ist. Sie heizt schlußendlich auch die oberste Wasserschicht der Ozeane auf, die sich dadurch thermisch ausdehnen und so den Meeresspiegel weiter anheben.

10 bis 30 cm könnten es schon in den nächsten drei Jahrzehnten werden, was viele der kleinen, flachen Inselstaaten in der Karibik, dem Indischen Ozean oder in der Südsee, wie auch die seichten Schwemmlandzonen in Bangladesch oder im Nildelta in arge Bedrängnis bringen wird.

Weit besser geschützt sind die Küsten der reichen europäischen Länder. Vor deren Deichen liegen meist nur unbewohntes Land sowie die Reste einer fruchtbaren Schlickzone, das größte Wattenmeer der Welt. Es konnte sich einst bilden, weil hier eine Marschniederung in einer Gegend mit hohem Tidenhub liegt: eine ideale Sedimentfalle, die über weite Flächen zweimal am Tag trockenfällt. Das ist die Voraussetzung für das ungemein nährstoff- und artenreiche Ökosystem, das unter anderem als Laichplatz und Kinderstube für viele Fischarten der Nordsee dient.

Das Watt ist freilich auch ohne Klimaveränderung bedroht: Gifteinleitungen in die Nordsee verändern das natürliche Gleichgewicht der Arten; die Deiche im Hinterland verhindern eine Regeneration beziehungsweise eine Ausbreitung der seichten Gewässer. Viele Gebiete wurden in der Vergangenheit trockengelegt oder zur Landgewinnung genutzt.

Steigt nun der Meeresspiegel (was seit Jahrzehnten schleichend der Fall ist), sinkt die Küste an der Deutschen Bucht weiter ab (was sie aus geologischen Gründen tut), steigt das mittlere Hochwasser noch mehr an (was eine Folge des höheren Meeresspiegels sowie von Eindeichungen und einer Vertiefung der Fahrrinnen von Weser und Elbe ist) und nehmen auch noch die Herbst- und Winterstürme an Häufigkeit und Stärke zu (was sich in Ansätzen bereits abzeichnet) – dann wird das Wattenmeer mit seinen Schlickzonen schlicht und einfach fortgespült.

Holland ist wahrscheinlich das Land, wo sich die Menschen im Laufe der Geschichte am besten auf die Fluten eingestellt haben und in vielen Gebieten sogar unter dem Meeresspiegel siedeln. Selbst wenn die Nordsee um einen Meter steigen sollte (was selbst die düstersten Klimaprognosen bestenfalls in 100 Jahren erwarten), stünde das Land hinter den wehrhaften Deichen noch nicht unter Wasser. Doch mit dem Meer steigt auch der Grundwasserspiegel: Salz dringt durch den Boden und droht die Felder unfruchtbar zu machen. Vorsichtshalber müssen mittlerweile alle holländischen Müllkippen in Küstennähe gegen das steigende Grundwasser abgeschottet werden. Pumpwerke schöpfen das Wasser aus den Kanälen aufwärts in Richtung Meer – vor allem im Winter, wenn viel Regen auf das Land fällt. Im wärmeren Sommer indes müssen die Landwirte schmutziges Flußwasser und salzhaltiges Grundwasser auf ihre Felder pumpen.

Andere Länder wie Großbritannien und Deutschland haben nicht so gut vorgesorgt wie die sturmgeprüften Niederländer. So sind die Deichanlagen in der Millionenstadt Hamburg, die am Ende des flutgefährdeten Elbtrichters liegt, niedriger ausgelegt als an der Küste und längst nicht so sicher wie jene in Holland. Inzwischen macht sich der Hamburger Senat Gedanken über ein Elbsperrwerk, das bei bedrohlichen Pegelständen wie ein Riegel vor die anstürmenden Wogen geschoben werden soll. Ähnliche Multimilliarden-Projekte erwägen auch die Verwaltungen von London, Rotterdam und St. Petersburg.

Dabei muß noch nicht einmal der Meeresspiegel steigen, damit solche Bauwerke notwendig werden. Es genügt schon, wenn sich die Windrichtung bei Stürmen ändert und dadurch Regionen bedroht werden, die sonst nie unter schweren Sturmfluten zu leiden hatten.

14 Der Wassergehalt in der Atmosphäre läßt sich mit Mikrowellenmeßgeräten vom Satelliten aus registrieren. Normale Bewölkung erscheint weiß, schwere Regenwolken gelb-orange.
Bild: NASA/GSFC

*Der Strom der Ökoflüchtlinge*

Eine letzte Auswirkung der globalen Klimaveränderung bekommen die Europäer schon jetzt in Ansätzen zu spüren – auch wenn kaum ein Bürger dieses Problem mit dem Treibhauseffekt in Verbindung bringt: Immer mehr Menschen aus fernen Ländern, von Ghana bis Pakistan, drängen in den reichen Norden, suchen Arbeit und Asyl oder einfach nur einen Platz zum Leben. Dort wo sie herkommen, herrscht meist politische, ökonomische und ökologische Not. Eine Zwangslage, die sich in Zukunft noch verschärfen wird – mit der wachsenden Weltbevölkerung, mit jeder Dürre im Sahel, mit jedem Zyklon in Bangladesch und jeder Überschwemmung in Südostasien. Keine Regierung der Welt erkennt Ökoflüchtlinge als Asylanten an. Dennoch werden sie zu uns kommen, nicht nur zu Zehntausenden, sondern bald schon zu Millionen. Es zieht sie in die wohlhabenden Länder der Europäischen Gemeinschaft und sie werden dort bleiben, auch ohne Erlaubnis und Papiere.

Für die Europäer sind dies die exotischsten, aber vielleicht bedrohlichsten Folgen des anthropogenen Treibhauseffektes. Für die Flüchtlinge aus dem Süden ist der Weg nach Norden die normalste Sache auf der Welt: Sie gehen dorthin, wo der Wohlstand ist. Wo Nahrung und Luxus im Überfluß vorhanden sind. Wo Energie billig ist und Kohle, Öl und Gas im Gigatonnenmaßstab verfeuert werden.

Es ist kein Zufall, daß die Länder, in denen der zusätzliche Treibhauseffekt erzeugt wird, auch die reichsten und sichersten der Erde sind. Daß diese Länder das Ziel der neuen Völkerwanderung sind, kann niemanden verwundern.

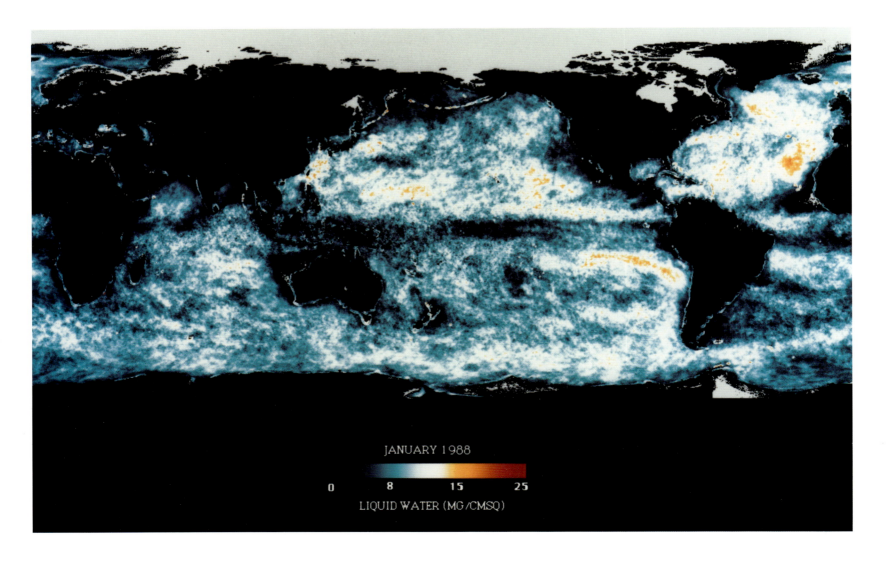

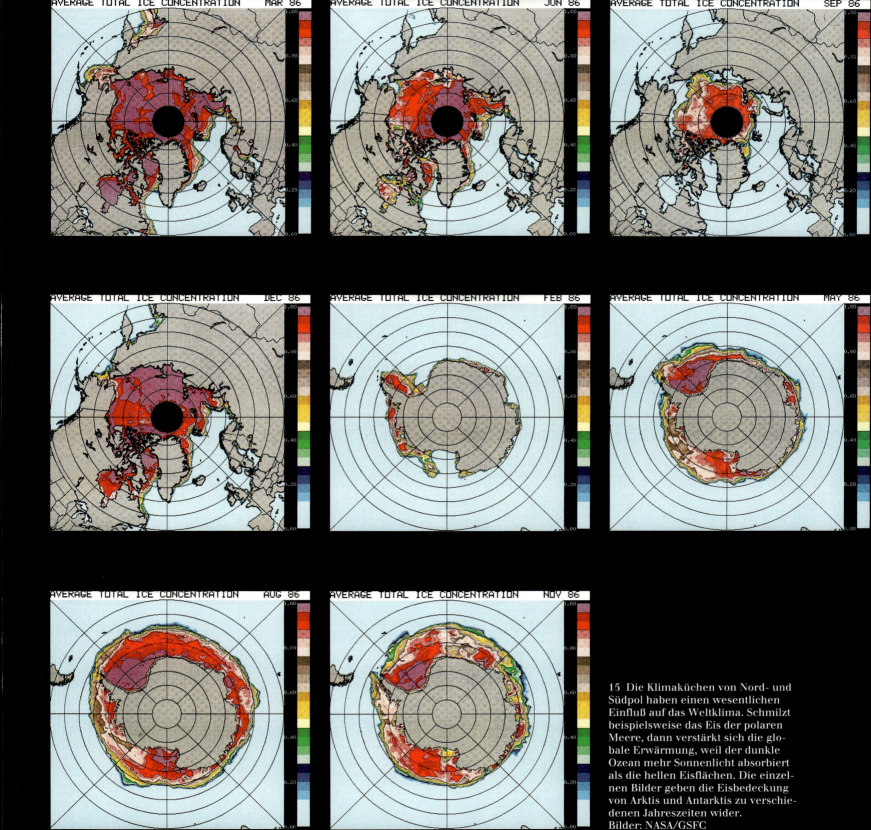

15 Die Klimaküchen von Nord- und Südpol haben einen wesentlichen Einfluß auf das Weltklima. Schmilzt beispielsweise das Eis der polaren Meere, dann verstärkt sich die globale Erwärmung, weil der dunkle Ozean mehr Sonnenlicht absorbiert als die hellen Eisflächen. Die einzelnen Bilder geben die Eisbedeckung von Arktis und Antarktis zu verschiedenen Jahreszeiten wider.
Bilder: NASA/GSFC

# Ozonzerstörung: Ein Globales Umweltproblem

Reinhard Zellner

Der Planet Erde wird von der Sonne erwärmt und mit Energie für das Leben versorgt. Nur weil der Abstand zwischen Sonne und Erde ›richtig‹ ist, konnte sich Leben auf der Erde entwickeln. Die unmittelbaren Nachbarplaneten der Erde, Venus und Mars, empfangen entweder zuviel oder zuwenig Energie, um Leben in der bekannten Form und unter den gegebenen Bedingungen zu ermöglichen.

Sonneneinstrahlung ist ein Gemisch aus Strahlung sehr unterschiedlicher Energien und Wirkungen. Während der energiearme, sogenannte infrarote Anteil Moleküle nur in Schwingungen versetzt und Materie erwärmt, ist der energiereichere, sichtbare Anteil der Strahlung in der Lage, Moleküle zu synthetisieren. So erlaubt die Lichtaufnahme des Chlorophylls der Pflanzen die Bindung von Kohlendioxid aus der Atmosphäre zu Stärke und Zuckermolekülen. Diese Photosynthese ist der eigentliche lebensspendende Vorgang, der erst durch die Sonnenstrahlung möglich wird.

Einige wenige Prozente der Solarstrahlung, der sogenannte ultraviolette Anteil, sind darüber hinaus so energiereich, daß sie chemische Bindungen spalten und Moleküle zerstören. Dies gilt auch für Proteine und Nukleinsäuren, die typischen Bausteine der lebenden Zellen. Nur wenn die energiereichen Anteile herausgefiltert werden und damit die lebenzerstörende Wirkung vermieden wird, kann die lebenspendende Kraft der Sonne wirksam sein. Die Natur hat einen solchen Schutzschirm für das Leben in Form der Ozonschicht ›erfunden‹. Ozon ($O_3$) ist das einzige bekannte Spurengas in der Atmosphäre, das die energiereiche Sonnenstrahlung in Höhen von 20 km bis 30 km absorbiert und damit von der Erdoberfläche fernhält. Der weniger energiereiche Anteil der Sonnenstrahlung dagegen bleibt unbeeinflußt.

Entstehung und Fortbestand des Lebens auf der Erde ohne schützende Ozonschicht sind kaum denkbar. Nur in Gebäuden und unter absorbierenden Glasdächern wären Menschen längerfristig existenzfähig; der direkte Sonneneinfall würde sofort die Haut verbrennen lassen – ein Rösten bei niedrigen Temperaturen. Die Tier- und Pflanzenwelt, die sich nicht vor der Sonne schützen kann, wäre noch schneller betroffen. Dem Menschen würde damit auch bei noch so intelligenten Schutzmaßnahmen die Lebensgrundlage ohnehin entzogen.

Ein vollständiger Verlust der Ozonschicht aufgrund der vom Menschen gemachten Emissionen ist glücklicherweise nicht in Sicht. Aber die Ozonschicht wird dünner und die davon allein ausgehenden Gefahren sind Anlaß zu erheblicher Sorge.

Das wesentliche Risiko beim Menschen ist der Hautkrebs. Selbst bei den derzeit bestehenden Strahlungsintensitäten ist die UV-B-Strahlung für zahlreiche Hautkrebserkrankungen, einschließlich der gefährlichen Melanome, verantwortlich. Dieses Risiko wird von mehreren Faktoren, wie zum Beispiel der Hautfarbe und der Exposition in der Jugend, bestimmt, nimmt aber allemal mit steigender UV-B-Intensität zu. Bei der Abnahme der Ozonschicht um 5 % wird zum Beispiel für die USA eine Erhöhung der jährlichen Neuerkrankungen mit Hautkarzinomen von derzeit 500 000 um weitere 80 000 erwartet. UV-B-Strahlung ist generell auch schädlich für das Auge. Dabei ist als akute Schädigung der Hornhaut die sogenannte ›Schneeblindheit‹ bekannt. Als Langzeiteffekt ist die Entstehung des Katarakts, eine im Alter auftretende bleibende Trübung der Augenlinse, nachgewiesen.

UV-B-Strahlung scheint nach neueren Erkenntnissen auch Auswirkungen auf das Immunsystem der Haut zu haben. Es wird befürchtet, daß durch Viren, Bakterien und andere Parasiten hervorgerufene Infektionskrankheiten bei zunehmender UV-B-Strahlung begünstigt werden. Nur eine positive Eigenschaft der UV-B-Strahlung sei auch nicht verschwiegen: Das lebenswichtige Vitamin D kann in der Haut aus den mit der Nahrung aufgenommenen Vorstufen nur unter dem Einfluß von UV-B-Strahlung synthetisiert werden.

1 Stratosphärische Wolken sind ein recht seltenes Phänomen. Sie spielen eine wichtige chemische Rolle bei der Ozonabnahme. Durch extrem niedrige Temperaturen entstehen zwei Arten: die aus Eiskristallen bestehenden Perlmuttwolken und die aus Salpetersäure gebildeten Dunstwolken. Die Perlmuttwolken wurden in Kiruna vom Boden aus aufgenommen.
Foto: David Hoffman, NOAA, Boulder

*Ozon – Ein ganz besonderes Spurengas*

Daß die Ozonschicht die ultraviolette Strahlung in Bodennähe reduziert, ist nur eine ihrer Wirkungen. Das Ozon hat darüber hinaus noch andere, nicht weniger bedeutende Funktionen.

Die Hauptmenge des Ozons, etwa 90 %, befindet sich in der Stratosphäre, in Höhen zwischen 15 km bis 35 km. Nur etwa 10 % sind in der Troposphäre, den untersten 10 km enthalten. Diese unterschiedliche Mengenverteilung ist verantwortlich für die Temperaturstruktur der Atmosphäre. Während in der Troposphäre die Temperatur mit steigender Höhe ständig abnimmt, ähnlich der Abnahme der Temperatur über einer Heizplatte, nimmt die Temperatur in der Stratosphäre mit wachsender Höhe zu. Die Ursache hierfür ist die Lichtabsorption durch das Ozon, durch die die Strahlungsenergie der Sonne in Wärmeenergie verwandelt wird. Die Temperatur bei 30 km unterscheidet sich kaum von der Temperatur eines kalten Wintertages (–20 °C), während in 10 km Höhe Temperaturen bis zu –50 °C regelmäßig angetroffen werden. Diese Umkehr des Temperaturtrends mit steigender Höhe hat eine wichtige Konsequenz für die Dynamik der Atmosphäre.

Aufsteigende Luftmassen vergrößern ihr Volumen und werden dabei abgekühlt. Umgekehrt heißt dies, daß die Bewegung von Luftmassen, die in Richtung eines Temperaturgefälles, wie in der Troposphäre, erfolgt, von selbst beschleunigt wird. Der Luftmassenaustausch und damit die Durchmischung sind in der Troposphäre sehr effizient. Es ist nur etwa ein Monat erforderlich, um ein Spurengas, das am Erdboden emittiert wird, gleichförmig über die Höhe von 10 km zu verteilen. Anders ist die Situation am Übergang in die Stratosphäre. Hier verhindert die Zunahme der Temperatur mit der Höhe, daß die Spurengase schnell durchmischt werden. Das Ergebnis ist eine Sperrschicht zwischen beiden Teilbereichen der Atmosphäre, die nur langsam, das heißt über mehrere Jahre durchdrungen werden kann. Da das Ozon für den Temperaturanstieg in der Stratosphäre verantwortlich ist, ist es auch die Ursache für die Ausbildung der Sperrschicht. Das Ozon schützt sich also sozusagen selbst vor den Spurengasen der Erdoberfläche. Wenn seine Konzentration abnimmt, wird die Sperrwirkung geringer. Das Ozon gibt sich zunehmend dem schnellen Angriff der Spurengase von unten preis; eine Art nicht umkehrbarer Selbstaufgabe. Von keinen anderen Spurengasen der Atmosphäre kennen wir diese Eigenschaft.

Aber damit sind die Besonderheiten des Ozons noch immer nicht restlos erfaßt. Die 10 % des Ozons, die sich in der Troposphäre befinden, sind klimawirksam, das heißt sie tragen zum Treibhauseffekt bei. Im Vergleich zu den anderen Spurengasen, wie dem Kohlendioxid, ist der Beitrag zwar relativ klein, aber durchaus nicht zu vernachlässigen. Es kommt hinzu, daß die Ozonmenge in der Troposphäre anwächst, obwohl seine Konzentration in den oberen Atmosphärenschichten abnimmt: eine beunruhigende Veränderung in seiner vertikalen Verteilung.

Die unterschiedlichen Trends der Ozonmengen in Stratosphäre und Troposphäre haben ihre Ursachen in unterschiedlichen Mechanismen der Entstehung und des Verbrauchs. Während in der Stratosphäre das Ozon durch fotochemische Spaltung des Sauerstoffs entsteht:

$$O_2 + \text{Licht} \longrightarrow 2\,O$$
$$O + O_2 \longrightarrow O_3$$

ist in der Troposphäre aufgrund der oben beschriebenen Filterwirkung des Ozons kein ausreichend energiereiches Licht für die Spaltung des Sauerstoffs vorhanden. Anstelle dessen wird die Bindung im Stickstoffdioxid ($NO_2$) gespalten:

$$NO_2 + \text{Licht} \longrightarrow NO + O$$
$$O + O_2 \longrightarrow O_3$$

wofür weniger energiereiches Licht erforderlich ist. Da $NO_2$ aus Stickoxiden (NO) entsteht, die in Verbrennungsprozessen wie in Kraftwerken und Kraftfahrzeugen gebildet werden, und diese Emissionen noch immer zunehmen, ist der zeitliche Anstieg des Ozons in der Troposphäre leicht erklärlich.

In der Stratosphäre dagegen gibt es aufgrund des anderen Entstehungsmechanismus des Ozons keine vom Menschen verursachte Zunahme. Im Gegenteil: Die Ozonkonzentration nimmt hier ab, da die Prozesse des Ozonverbrauchs beschleunigt werden. In einer ungestörten Stratosphäre baut sich eine Ozonkonzentration auf, die durch ein Gleichgewicht zwischen Bildung und natürlichem Verbrauch gegeben ist. Unter dem Einfluß der vom Menschen gemachten Emissionen – insbesondere der FCKW und Halone –, die ungeachtet der langen Transportdauer bis in die Stratosphäre gelangen, wird der natürliche Verbrauch des Ozons beschleunigt. Dieser Prozeß ist so effizient, daß jedes Molekül FCKW und Halon mehrere 1000 Moleküle Ozon zerstören kann.

Aufgrund der langen Lebensdauer dieser Moleküle hält der Ozonzerstörungsprozeß viele Jahrzehnte an, auch wenn ihre Emission spontan eingestellt wird.

*Späte Erkenntnis*

Im Jahre 1973 haben die Chemiker F.S. Rowland und M.J. Molina erstmals auf die ozonzerstörende Wirkung der FCKW aufmerksam gemacht. Aber erst seit der Entdeckung des Ozonlochs über der Antarktis im Jahre 1985 durch J. Farman und Mitarbeiter, Meteorologen des British Antarctic Survey (BAS), werden die Warnungen von Rowland und Molina ernst genommen. Ein leichtfertiger Zeitverlust – hätte man uns mit einer schnelleren Reaktion vor größerem Schaden bewahren können?

Die Fluorchlorkohlenwasserstoffe (FCKW) wurden bereits in den frühen dreißiger Jahren in den Laboratorien der General Motors erfunden, um die bis dahin verwendeten Kältemittel (Ammoniak, Schwefeldioxid) abzulösen. Diese waren durch ihre Toxizität in Verruf geraten; ein Einsatz durch Kohlenwasserstoffe schied aufgrund deren Brennbarkeit aus. FCKWs vereinigten, wie keine andere bis dahin und bis heute bekannte Stoffklasse, alle positiven Eigenschaften einer breit anwendbaren Verbindungsklasse auf sich, gemeinsam mit einer zusätzlichen Eigenschaft: ihre enorme Reaktionsträgheit. FCKWs sind chemisch außerordentlich stabile Verbindungen, die in der Luft bei normaler Temperatur nur extrem langsam abgebaut werden.

Zunächst als neues Kältemittel erfunden, begann die Produktion der FCKW nur langsam zu wachsen. Noch im Jahre 1950 betrug die global erzeugte Menge weniger als 70 000 Tonnen pro Jahr. Ihr ›Siegeszug‹ setzte ein mit ihrer Verwendung als Blähmittel bei Kunststoffschäumen. Die Industriechemiker hatten erkannt, daß sich Polymere zu besonders leichten und weichen Schäumen verarbeiten lassen, wenn sie mit FCKWs aufgebläht werden. Andere Schaumstoffe, die sogenannten Hartschäume, schließen die FCKWs während der Herstellung in ihren Poren ein und gewinnen dadurch hervorragende wärmeisolierende Eigenschaften. Auch heute noch sind FCKW-haltige Wärmedämmplatten schwer ersetzbar.

Weitere Bereiche, in denen FCKWs schnell Eingang fanden, waren die Aerosol-Treibgase der Spraydosen und die Lösungsmittel zur Reinigung hochwertiger Metall- und Glasoberflächen. In beiden Fällen wurden die ausgezeichneten Löseeigenschaften von Wirkstoffen und Fetten, beziehungsweise die Nicht-Brennbarkeit, gewürdigt. Die gesamte FCKW-Produktion war bereits 1960 auf 190 000 Tonnen/Jahr gestiegen und wuchs bis 1974 auf über 800 000 Tonnen/Jahr, wobei etwa gleiche Anteile auf die vier Hauptanwendungssektoren Kältemittel, Kunststoffverschäumung, Aerosol-Treibgase und Lösemittel entfielen. Die chemische Industrie als Produzent sowie jeder einzelne von uns als Konsument, konnten mit dem Siegeszug der FCKWs höchst zufrieden sein. Die einen verdienten Geld, was legitim ist, und die anderen gewöhnten sich an zunehmenden Komfort. Von einem ökologischen Problem war weder die Rede, noch wurde darüber nachgedacht.

Es war dem Entwicklungs- und Erfindungsgeist eines Mannes zu verdanken, daß die

2 Salpetersäurewolken, von einem Ballon in 12,3 km Höhe über Kiruna aufgenommen.
Foto: David Hoffman, NOAA, Boulder

Situation in den sechziger Jahren eine gewisse Wende erfuhr. Der Engländer James Lovelock entwickelte in diesen Jahren einen Gaschromatographen mit einem besonderen Nachweissystem, einem Elektronen-Einfangdetektor. Lovelock wußte, daß FCKWs besonders große Einfangquerschnitte für Elektronen haben und dabei negativ geladene Ionen bilden. Er entwickelte dieses Nachweissystem zu einer Reife, die es ihm ermöglichte, FCKWs in der Luft nachzuweisen und ihre Konzentration quantitativ zu bestimmen.

Das überraschende Ergebnis seiner Untersuchungen war die Erkenntnis, daß alle bisher produzierten und emittierten FCKWs noch in der Luft vorhanden waren; ein überzeugender Beweis für die bis dahin vermutete Hypothese der Reaktionsträgheit dieser Verbindungsklasse. Aber wo ist das ökologische Problem, wenn sich FCKWs nur in der Atmosphäre verteilen und gegebenenfalls anhäufen?

Die Erkenntnisse von James Lovelock wären vermutlich ohne jegliche Auswirkung gewesen, wenn man nicht schon früher über die Ozonschicht in der Stratosphäre und wie diese durch den Menschen beeinflußt werden könnte nachgedacht hätte. Die Aeronomen D.R. Bates und M. Nicolet hatten bereits in den frühen fünfziger Jahren das Prinzip des katalytischen Ozonabbaus entdeckt. Die von ihnen postulierten Katalysatoren waren die Radikale OH und $HO_2$, die beide aus $H_2O$-Dampf entstehen, also natürlichen Ursprungs sind. Die eigentliche Problemstellung im Hinblick auf die Frage, wie der Mensch die Ozonschicht der Stratosphäre beeinflussen könnte, begann parallel mit der Entwicklung der Hyperschalltechnologie von hoch fliegenden Flugzeugen, den sogenannten SSTs. Die Chemiker P.J. Crutzen und H.S. Johnston entdeckten Anfang der siebziger Jahre unabhängig voneinander die katalytische Wirkung von Stickoxiden, die in den Triebwerken dieser Flugzeuge gebildet werden. In ihren Modellrechnungen wurden erhebliche Ozonverluste vorausgesagt, falls die SSTs mit einer damals prognostizierten Häufigkeit verkehren würden. Wir wissen heute, daß die mangelnde Akzeptanz und die erheblichen Kosten diese Entwicklung vermieden haben.

Die Frage der SSTs hat aber die Wissenschaftler für die Auswirkungen eines anderen Technologieprojektes auf die Ozonschicht sensibilisiert: die Trägerraketen von Satelliten und Raumtransportern. Diese benutzten Perchlorat als Oxidationsmittel und emittieren erhebliche Mengen als Chlorwasserstoff (HCl), so daß eine weitere Spurenstoffgruppe, die Chlorverbindungen, in die wissenschaftliche Diskussion um die Ozonschicht aufgenommen wurde.

Mit dieser Diskussion war der logische Zusammenhang zu den FCKWs im Prinzip vorbereitet. Es galt aber noch die Frage zu klären, wie die reaktionsträgen FCKWs ihren Chlorgehalt freisetzen. Aus Untersuchungen über ihr fotochemisches Verhalten wußten die Chemiker Rowland und Molina, daß FCKWs durch energiereiches Sonnenlicht zersetzt werden und dabei Chloratome freisetzen. Diese Freisetzung erfolgt in einer Höhe von 15 bis 30 km, in der die Ozonkonzentration hoch ist. Damit war die Rowland-Molina-Hypothese geboren.

Als erste Reaktion auf diese Hypothese wurde in den USA, in Kanada und in einigen skandinavischen Staaten die Verwendung von FCKW in Spraydosen verboten. Als Folge ging die Produktion von FCKW kurzfristig zurück, erreichte aber zwei Jahre später wieder den früheren Wert und begann weiter zu steigen. In anderen Ländern erfolgte keinerlei Reaktion. Welches war die Rechtfertigung für dieses Verhalten? War die Rowland-Molina-Hypothese nicht überzeugend oder gar unglaubwürdig?

Zunächst zu den objektiven Tatbeständen:

Die Ozonmengen der Atmosphäre werden seit dem Beginn der dreißiger Jahre gemessen; seit dem internationalen geophysikalischen Jahr 1957/58 besteht ein Netzwerk von bodengebundenen Meßstationen mit kalibrierten Spektrometern. Die Analyse dieser Meßreihen, die zur Zeit der Rowland-Molina-Hypothese bereits 20 Jahre umfaßte, zeigte keinerlei systematische Trends in den Ozonmengen. Ein FCKW-Effekt war also nicht erkennbar.

Wenn nicht direkt erkennbar, welche Aussagen machten die Modellrechnungen

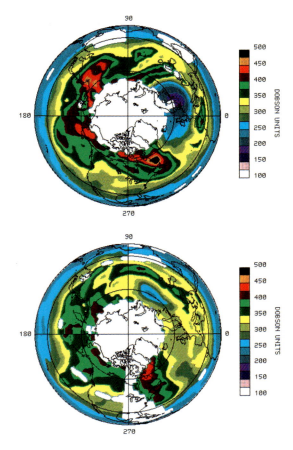

3 Durch die geographischen und atmosphärischen Bedingungen der Arktis entsteht kein stabiles und andauerndes Ozonloch wie über dem Südpol. Es läßt sich aber ein veränderliches Muster von Ozonausdünnungen erkennen. Die Computergrafik zeigt in Blau und Violett ein Ozonloch am 28. Januar 1992 über Nordeuropa (oben), das sich am 3. Februar (unten) über Sibirien befindet.
Bild: NASA/GSFC, TOMS Nimbus 7

dann sowohl für den Ist-Zustand Mitte/Ende der siebziger Jahre als auch für die Zukunft, zum Beispiel im Jahr 2000?

Modellrechnungen der Ozonschicht sind komplexe mathematische Gebilde für Chemie und Transport. Die Zahl der chemisch verschiedenen Teilchen, die in solchen Modellen berücksichtigt wird, war auf über 25 angestiegen, die miteinander nahezu 100 verschiedene Reaktionen eingehen. Jede dieser Reaktionen muß im Laboratorium simuliert und ihre Geschwindigkeitskonstante gemessen werden. Dabei werden Fehler gemacht, die sich naturgemäß in den Berechnungen akkumulieren und bedeutende Fehlerbreiten im Endergebnis erzeugen. Die Folge waren Modellvoraussagen, die den Ist-Zustand Ende der siebziger Jahre als nahezu unverändert beschrieben – im Einklang mit den direkten Beobachtungen – und für das Jahr 2000 Ozonabnahmen wechselnden Ausmaßes im Bereich 0% bis 3% voraussagten.

Die Größenordnung dieser Veränderung und die Tatsache, daß die projizierte Modellvoraussage fluktuierte, waren Anlaß für viele, das FCKW-Problem nicht ernst zu nehmen. Schließlich zeigt die Ozonkonzentration ohnehin natürliche Variationen, wie zum Beispiel durch den Sonnenfleckenzyklus und andere, dynamische Änderungen der Atmosphäre, die in derselben Größenordnung liegen. Einen Grund für Gegenmaßnahmen schien nicht gegeben, weder für freiwillige Produktionseinschränkung der Industrie noch für Verbotsvorschriften. Dabei sei betont, daß die wissenschaftliche Forschung zur Aufklärung der FCKW-Ozon-Problematik massiv durch eine Vielzahl der weltweit größten FCKW-Produzenten im Rahmen eines Forschungsprogramms der Chemical Manufactures Association in Washington unterstützt wurde. Ein finanzielles Engagement kann man der Industrie nicht absprechen.

Dies ist die eine Seite. Die andere Seite war die verbleibende Besorgnis der engagierten Wissenschaftler, die sich etwa folgendermaßen darstellte: Die Veränderung der Ozonmenge durch anthropogene Tätigkeit ist bereits im Prozentbereich ein größerer Eingriff in ein natürliches, stabiles System, der nicht toleriert werden kann. Gemeinsam mit verbleibenden Unsicherheiten birgt sie das Potential erheblicher, langfristiger Veränderungen. Wir wissen heute, daß diese Einschätzung richtig war.

Die Wende der FCKW-Ozon-Problematik vollzog sich 1985 mit der Entdeckung des Ozonlochs über der Antarktis. Das Ozonloch gehört zu den gravierendsten Veränderungen in der Verteilung eines Spurengases der Erdatmosphäre, die jemals zuvor beobachtet wurden. Es hat nicht nur die Öffentlichkeit alarmiert, sondern auch die Wissenschaft selbst überrascht. Eine so drastische Ozonabnahme wie über dem Südpol war weder erwartet noch jemals zuvor gedanklich erwogen worden.

Die Ursachen der Entstehung des Ozonlochs waren unklar. Zwar war durch die Rowland-Molina-Hypothese die Wirkung von FCKWs auf die Ozonschicht grundsätzlich bekannt, doch ließ sich daraus keinesfalls ableiten, daß ein Ozonverlust durch FCKWs über der Antarktis im Oktober, zu einem Zeitpunkt, da die Stratosphäre durch die Frühjahrssonne nur schwach beleuchtet wird, dramatisch verstärkt werden würde. Es war deshalb zunächst naheliegend, auch nach ganz anderen Ursachen, wie zum Beispiel speziellen dynamischen Effekten in der winterlichen Stratosphäre, zu suchen. Die direkten Untersuchungen des Phänomens, die in zwei Kampagnen der NASA mit zuvor kaum gekanntem Einsatz an hoch entwickelten Untersuchungsmethoden vom Boden und aus der Luft durchgeführt wurden, haben uns dann eines besseren belehrt: Das Ozonloch wird verursacht durch FCKWs. Zwar sind die Mechanismen anders als in der Rowland-Molina-Hypothese, aber es steht heute außer Frage, daß der angestiegene Chlorgehalt das Phänomen Ozonloch erzeugt. Die Begrenzung auf die Region der Antarktis ist eine Folge der speziellen meteorologischen Bedingungen: Die Stratosphäre wird hier während des Winters besonders stark abgekühlt. Die Temperaturen fallen auf unter $-80\,°C$, wie in keinem anderen Bereich der Atmosphäre. Als Folge der tiefen Temperaturen werden feste Teilchen gebildet, an deren Oberflächen Chlorverbindungen derart aktiviert werden, daß sie bereits im Licht der aufgehenden Frühjahrssonne zu starken Ozonverlusten führen. Eine unglückliche und unerwartete Kombination von Meteorologie und Chemie. Während die Meteoro-

4  Zeitliche Entwicklung der Oktober-Mittelwerte der Ozongesamtmenge über der Antarktis im Zeitraum 1956 bis 1991. Die längere Meßreihe sind Ergebnisse, die mit einem Dobson-Spektrometer an der Antarktisstation Halley Bay des ›British Antarctic Survey‹ gewonnen wurden. Aus dieser Meßreihe haben Farman und Mitarbeiter erstmals 1985 das ›Ozonloch‹ erkannt. Gezeigt sind auch die Ergebnisse des Satelliten-Instrumentes TOMS, das seit 1978 auf dem NIMBUS 7 Satelliten betrieben wird (A.J. Krueger, R.S. Stolarski, NASA, 1991). Nach beiden Meßreihen hat sich der abnehmende Trend ständig fortgesetzt; im Oktober 1991 betrug die Ozonmenge weit weniger als die Hälfte ihrer Werte im Vergleichsmonat 1970. Die Ozongesamtmenge ist angegeben in Dobson-Einheiten.

5  Satellitenaufnahmen der Oktober-Monatsmittelwerte des Ozons im Südpolarbereich in den Jahren 1979 bis 1991. Die Daten stammen von dem TOMS-Instrument auf NIMBUS 7 (A.J. Krüger, R.S. Stolarski, NASA, 1991). Es ist deutlich die im Laufe der Jahre erfolgte Vertiefung des Ozonlochs zu erkennen. Ebenso hat sich die Flächenausdehnung leicht vergrößert. Sie umfaßt heute den gesamten antarktischen Kontinent. Die Ausbildung des Ozonlochs ist aber zeitlich begrenzt. Sie beginnt in jedem Jahr Ende August/Anfang September, erreicht im Verlaufe des Oktobers die größte Tiefe und wird Ende Oktober bis Mitte November durch Einfließen ozonreicher Luftmassen wieder aufgefüllt.
Bilder: NASA/GSFC

logie aber immer so agierte, ist die chemische Reaktion durch die zunehmende FCKW-Konzentration verändert worden.

Die Erkenntnisse über die Ursachen des Ozonlochs haben die ozonzerstörende Wirkung des FCKWs – lange nach der Rowland-Molina-Hypothese – endlich vollends in das Bewußtsein der Öffentlichkeit und der Politik getragen. In der Folge begann eine bemerkenswerte Aktivität um die Regulierung der FCKW-Produktion. Bereits im März 1985 wurde ein vom Umweltprogramm der Vereinten Nationen (UNEP) erarbeitetes Übereinkommen zum Schutz der Ozonschicht in Wien unterzeichnet. Die ersten konkreten Maßnahmen wurden aber erst 1987 im Rahmen des sogenannten Montrealer Protokolls vereinbart. Dieses Protokoll sah im wesentlichen eine Reduktion der FCKW-Produktion um 50% bis zum Jahr 2000 vor. Sein Inkrafttreten wurde zum 1. Januar 1989 vollzogen, nachdem 11 Parteien, die mehr als 66% der globalen Produktion repräsentierten, dieses Protokoll ratifiziert hatten. Es war aber bereits zu diesem Zeitpunkt deutlich, daß die vereinbarten Reduktionsquoten unzulänglich sein würden, um weitere Schäden an der Ozonschicht zu vermeiden. Die erste vereinbarte Revision des Protokolls in London 1990 hat dann auch zu stärkeren Reduktionsquoten von -95% bis zum Jahre 2000 geführt. Einige Länder, wie zum Beispiel die Bundesrepublik Deutschland, die Schweiz und einige skandinavische Staaten, haben verkürzte Zeitskalen der Reduktion oder gar ein totales Verbot von FCKWs beschlossen.

Was hat dies zu bedeuten?

Das Montrealer Protokoll ist trotz seiner Unzulänglichkeiten ein wichtiges Instrumentarium. Mit ihm ist es erstmals gelungen, eine globale Umweltfrage gemeinsam zu regulieren; eine Novität in der internationalen Politik. Regelmäßige Revisionen, entsprechend der wachsenden wissenschaftlichen Kenntnisse, sind vorgesehen.

Es ist viel – vielleicht zu viel – Zeit nach der Rowland-Molina-Hypothese vergangen, bis dieses Protokoll zustande kam. Mit dem Ozonloch werden wir noch viele Jahrzehnte – vermutlich bis zur Mitte des nächsten Jahrhunderts – zu leben haben. Eine Auswirkung in anderen Bereichen, wie zum Beispiel über dem Nordpol und der gesamten Nordhemisphäre, zeichnet sich ab. Die Erkenntnis kam zu spät!

*Das Ausmaß der Zerstörung*

Die Erdatmosphäre wird nicht gleichförmig mit Energie versorgt. Sie hat deshalb keine einheitliche Struktur und Dynamik. Die Atmosphäre über den Polen ist anders geschichtet als über dem Äquator; ebenfalls unterscheiden sich die Temperaturen. Es ist deshalb grundsätzlich nicht überraschend, daß das Ausmaß der Ozonzerstörung über den Polen anders aussieht als im globalen Bereich.

Die Ozonkonzentration in der Stratosphäre ändert sich unter menschlichem Einfluß am stärksten in den Polarregionen. Jedoch sind die Ozonverluste auch hier keinesfalls symmetrisch in beiden Bereichen: Die Stratosphäre des Südpols ist als Folge ihrer besonderen meteorologischen Bedingungen am stärksten gestört.

Das Ozonloch über der Antarktis ist die gravierendste Veränderung des Ozons in der Stratosphäre, die bis heute beobachtet wurde. Dabei wird die Ozonschicht jährlich wiederkehrend in den Monaten September/Oktober drastisch verdünnt.

Das Ozonloch wurde von Wissenschaftlern des British Antarctic Survey (BAS) an der Station Halley Bay entdeckt. Der BAS betreibt dort seit Ende der fünfziger Jahre ein Dobson-Spektrometer zur Beobachtung der Gesamtsäulendichte des Ozons. Auffällig wurden die Oktober-Meßreihen. Diese zeigten seit Mitte der siebziger Jahre einen abfallenden Trend (Abb. 4), der sich bis 1985, als diese Beobachtungen zum ersten Mal publiziert wurden, auf Abnahmen von rund 40%, bezogen auf die langjährigen Mittel vor 1970, verstärkt hatte. Schon in ihrer ersten Publikation zeigten Farman und seine Mitarbeiter, die Entdecker des Ozonlochs, daß der Abwärtstrend des Ozons etwa parallel mit dem Anstieg der FCKW-Konzentration in der Atmosphäre verlief.

Seither hat sich das Ozonloch weiter verstärkt. In den Jahren 1987, 1989, 1990 und 1991 betrugen die Ozonverluste ungefähr 65% der Gesamtmenge. In gewissen

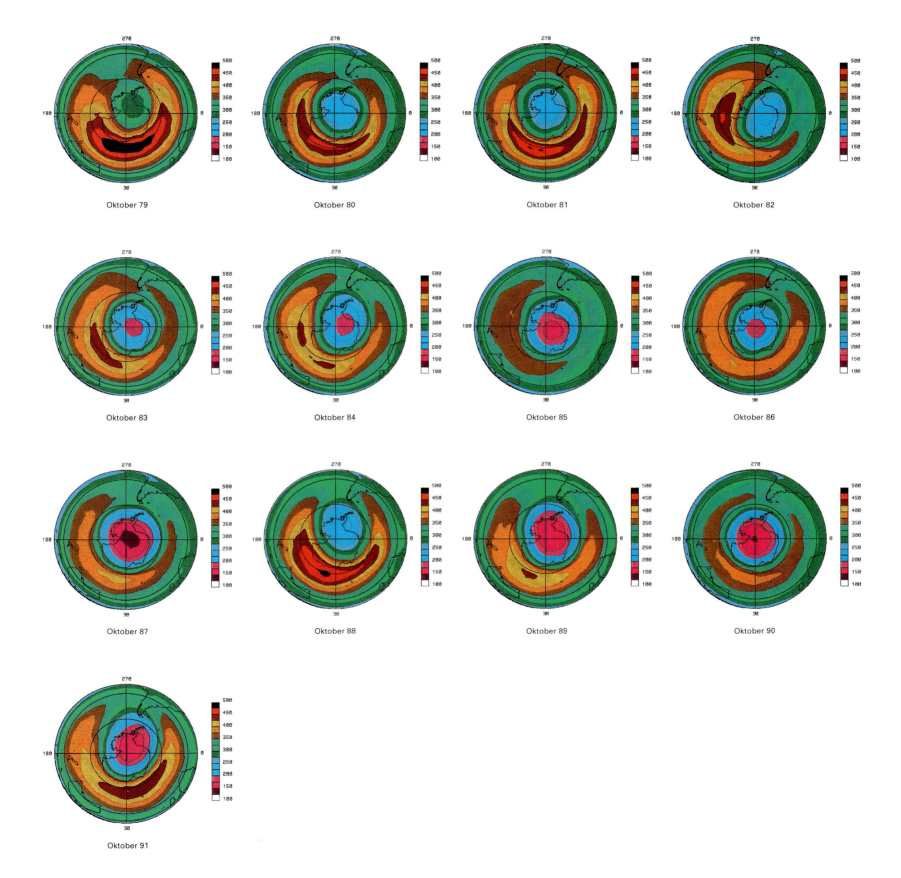

6 Satellitenaufnahmen der März-Monatsmittelwerte des Ozons im Nordpolarbereich in den Jahren 1979 bis 1991, ebenfalls aufgenommen mit dem TOMS-Satelliteninstrument. Im Gegensatz zur Südpolarregion zeigt die Nordpolarregion große Variationen in der geographischen Verteilung des Ozons, aber (noch) kein Ozonloch. Lediglich in manchen Jahren treten lokal stark begrenzte hohe Ozonverluste auf. Diese haben aber vermutlich dynamische Ursachen.
Bilder: NASA/GSFC

Höhen gingen sogar bis zu 90 % der sonst üblichen Konzentration verloren. Eine drastische Änderung eines natürlichen Systems.

Das Ozonloch ist zeitlich und räumlich begrenzt. Seine Ausbildung beginnt etwa Ende August jeden Jahres, verstärkt sich im Laufe des Septembers und erreicht seine größte Ausprägung Anfang Oktober. Gegen Ende Oktober/Anfang November wird es durch Einströmen von ozonreicher Luft aus nördlichen Breiten wieder geschlossen. Dieser Ablauf wiederholt sich im darauffolgenden Jahr.

Die Flächenausdehnung des Ozonlochs konnte aus den Meßreihen der BAS naturgemäß nicht erkannt werden. Zum Glück gab es aber bereits zu dieser Zeit Satelliten, die Ozonmeßinstrumente tragen und die Ozondichte großflächig sondieren können. Das vielleicht erfolgreichste Instrument ist das TOMS (Total Ozone Mapping Spectrometer) auf dem NIMBUS 7 Satelliten, das seit 1987 in Betrieb ist. Dieses Instrument liefert seither täglich Daten der Ozonmenge von jedem Punkt der Erde. Die Voraussetzung ist, daß dieser Punkt von der Sonne beschienen ist, denn das TOMS-Instrument analysiert die vom Boden oder aus niedrigen Atmosphärenschichten stammende Streustrahlung der Sonne. Im Winter über den Polen kann TOMS keine Daten liefern.

Es gehört zu den kleinen ›Pannen‹ dieses High-Tech-Instrumentes, daß es das Ozonloch übersehen hat, einfach weil in der Datenauswertung niedrige Ozonwerte als Fehlmessungen gedeutet und nicht akzeptiert wurden. Seither aber hat sich TOMS als das bislang wertvollste Instrumentarium zur Analyse der Ozonschicht und ihrer Veränderungen erwiesen. Neue Satelliteninstrumente, wie die auf dem im Oktober 1991 ins All beförderten UARS (Upper Atmosphere Research Satellite), sollen künftig das TOMS-Instrument ablösen. Aber noch ist TOMS – auch über seine von den NASA-Experten erwartete Lebensdauer hinaus – ein aufmerksamer Beobachter der Ozonschicht.

TOMS hat eine horizontale Auflösung von etwa 40 km. Damit ist es möglich, räumliche Strukturen der Ozonverteilung deutlich zu machen und die Ausdehnung des Ozonlochs zu erkennen. Die Ergebnisse der langjährigen Ozonbeobachtungen für den Monat Oktober über der Antarktis sind in Abbildung 5 dargestellt. Gezeigt ist ein Blick auf alle Bereiche der Südpolarregion südlich von 60 °S; die Kontinente Südamerika und Australien sind gerade noch in den Darstellungen erkenntlich. Die Farbskala zeigt Bereiche gleicher Ozongesamtmengen, ausgedrückt in Dobson-Einheiten (DU). 100 Dobson-Einheiten entsprechen einer Ozonmenge, die, komprimiert auf den Luftdruck an der Erdoberfläche, eine Höhe von 1 mm hat. Die größten im Südpolarbereich vorkommenden Ozonmengen entsprechen einer Schichtdicke von etwa 4,5 mm, die niedrigsten, die zum Beispiel während des Ozonlochs im Oktober 1991 erreicht wurden, betragen nur etwa 1,5 mm.

Die Sequenz der einzelnen Darstellungen der Abbildung 5 zeigt die Entwicklung des Ozonlochs seit Ende der siebziger Jahre. Es ist die Sequenz einer zunehmenden Verstärkung. Es kommen aber auch Jahre vor, wie zum Beispiel 1988, in denen weniger Ozon zerstört wurde als im vorangegangenen Jahr. Diese sogenannte zweijährige Periodizität der Tiefe des Ozonlochs hat nach heutiger Kenntnis dynamische Ursachen. Seit 1989 scheint die Periodizität aber verloren gegangen zu sein zugunsten der ausschließlich chemisch dominierten Ursachen.

Die Flächenausdehnung des Ozonlochs hat sich mit der Zeit ebenfalls vergrößert, aber nicht im gleichen Ausmaß wie seine Verstärkung in der Tiefe. In den letzten Jahren war der gesamte Kontinent vom Ozonloch erfaßt. Dies bedeutet einen ganz substantiellen Ozonverlust für die Südhemisphäre, was auch nach Auffüllen des Ozonlochs gegen Ende Oktober/November an entsprechenden Ozonverlusten in niederen Breiten zu erkennen ist.

Warum ist das Ozonloch auf den Bereich der Antarktis begrenzt und warum sind die Verluste quasi symmetrisch um den Pol? Beide Fragen sind verknüpft mit den speziellen meteorologischen Bedingungen des Südpols im Winter. Die Luftmassen der Stratosphäre über dem Pol werden zu Beginn des Winters symmetrisch eingeschnürt

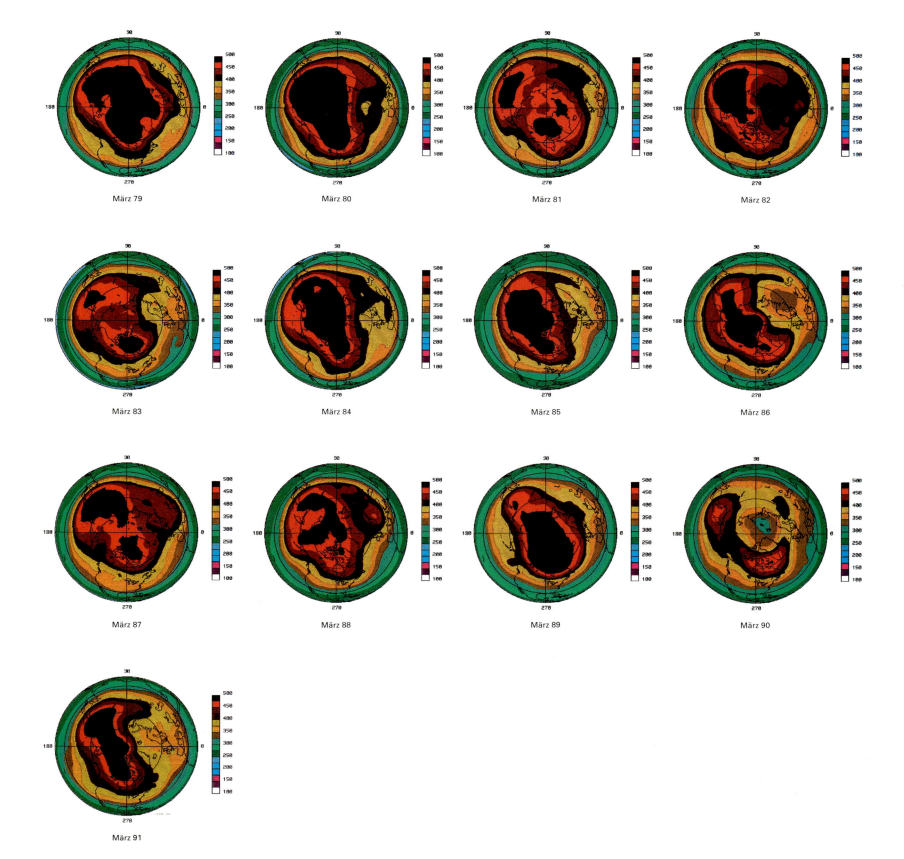

und durch Energieabstrahlung gekühlt. Es bildet sich ein Polarwirbel aus. Ein Austausch mit Luftmassen niederer Breiten findet nicht mehr statt: Die Stratosphäre am Südpol führt während des Winters und im Frühjahr sozusagen ein Eigenleben. Das Ausmaß der räumlichen Abtrennung von der restlichen Südhemisphäre ist so gut wie identisch mit der räumlichen Ausdehnung des Ozonlochs.

Die Verteilung des Ozons im Winter/Frühjahr in der Nordpolarregion hat ein vollkommen anderes Erscheinungsbild. Abbildung 6 zeigt die entsprechende Sequenz der TOMS-Aufnahmen jeweils für den Monat März der Jahre 1979 bis 1991. Im Gegensatz zu den Darstellungen der Südpolarregion zeigen diese Abbildungen keinen systematischen Ozonverlust und auch (noch) keinen Trend.

Charakteristisch ist aber die mangelnde Symmetrie in der Ozonverteilung. Diese ist das Ergebnis einer vollkommen anderen meteorologischen Voraussetzung. Über dem Nordpol wird die Stratosphäre im Winter zwar auch eingeschnürt und gekühlt, die Einschnürung ist aber weitaus weniger stark. Die Folge ist, daß sich die Luft der Polarregionen auch im Winter mit Luft aus niederen Breiten mischt, der Polarwirbel aufbricht und häufig schon im Januar oder Februar schnell erwärmt wird. Durch diese hohe dynamische Aktivität ist der Nordpolarbereich bislang von einem Ozonloch wie über dem Südpol verschont geblieben.

Ist deshalb der Nordpolbereich von anthropogenen Störungen des Ozons durch die FCKW unbeeinflußt? Die bereits jetzt vorliegenden Kenntnisse über die chemischen Abläufe in dieser Region haben gezeigt, daß Störungen ganz ähnlichen Ausmaßes wie im Südpolarbereich auch hier auftreten. Die Chemie allein macht grundsätzlich keinen Unterschied zwischen den beiden Polarregionen. Es sind lediglich Unterschiede in der Dauer der Einwirkungen unter den speziellen meteorologischen Bedingungen. Die Kenntnisse über die chemischen Vorgänge im Winter des Nordpolarbereichs stammen im wesentlichen aus einer einzigen Forschungskampagne im Winter 1988/89. Damals hat die NASA das von ihr vorangehend im Südpolarbereich so erfolgreich eingesetzte Forschungsinstrumentarium nach Stavanger/Norwegen verlegt und auf mehreren Meßflügen eingesetzt. Neben einer Reihe von neuen Erkenntnissen wurden aber auch viele neue Fragen, wie zum Beispiel die Ursachen der begrenzten Stabilität des Polarwirbels oder der Luftaustausch über die Wirbelgrenze hinaus, aufgeworfen. Diese Fragen weiter aufzuklären war Gegenstand einer gemeinsamen europäischen Ozonforschungskampagne (EASOE, European Arctic Stratospheric Ozone Experiment) im Winter 1991/92. Diese Kampagne gehörte zu den größten gemeinsamen Forschungsprojekten der europäischen Atmosphärenwissenschaftler. Ihre Ergebnisse werden im Laufe des Sommers 1992 verfügbar sein.

Als unmittelbare Folge der Entdeckung des Ozonlochs hat sich das wissenschaftliche Interesse auch auf die möglichen Veränderungen des Ozons im globalen Bereich außerhalb der Polarregionen konzentriert. Aus Modellrechnungen unter Einschluß der Rowland-Molina-Hypothese war ja bereits bekannt, daß das Ozon global um einige Prozent über einen Zeitraum von etwa 30 Jahren abnehmen könnte. Jeglicher Nachweis dafür fehlte allerdings noch.

Mit der Analyse der langjährigen Ozonmeßreihen wurde ein speziell einberufenes Gremium von mehr als 100 Wissenschaftlern, das International Ozone Trends Panel (IOTP), beauftragt. Dieses Gremium stand vor der schwierigen Aufgabe, die Datensätze einer Vielzahl von Meßstationen, die sich in Qualität der Daten und Länge der Zeitreihen deutlich unterschieden, zu wichten und mit statistischen Methoden auf mögliche zeitliche Trends zu untersuchen. Hinzu kamen die Ergebnisse von Satellitenbeobachtungen, die seit 1978 vorlagen und die, soweit die Zeitreihen überlappten, im Prinzip mit den Bodenbeobachtungen identisch sein müßten, was nicht in allen Fällen erfüllt war. Jegliche Trendanalyse des Ozons ist darüber hinaus durch natürliche periodische Änderungen, wie zum Beispiel der typische Jahresgang oder der elfjährige Sonnenfleckenzyklus, und durch natürliche episodische Ereignisse, wie Vulkanausbrüche, erschwert. Unter Berücksichtigung dieser natürlichen Variationen kam das IOTP im Jahre 1988 zu dem Ergebnis, daß auch das Ozon außerhalb der Polarbereiche einen negativen Trend zeigt.

Dieser Trend ist aber keinesfalls einheitlich, sondern er ist regional und jahreszeitlich verschieden. Das IOTP hat für die Nordhemisphäre drei separate Breitenbänder (30° bis 39°N, 40° bis 52°N und 53° bis 64°N) ausgewählt. Die Analysen der Zeitreihen zwischen 1970 bis 1986 hatten folgendes Ergebnis: Die Ozonkonzentrationen haben sich in diesem Zeitraum im Jahresmittel um –2,3 % verändert. Bei alleiniger Mittelung über die Sommermonate beträgt der Trend –1,3 %.

In den Wintermonaten sind die Ozonabnahmen verstärkt. Sie betragen im Mittel –4,4 % und erreichen –6,2 % im nördlichsten der analysierten Breitenbänder.

Das vollständige globale Bild der Ozonabnahmen ist aus der alleinigen Analyse der Bodenmeßstationen nicht zu gewinnen, da diese naturgemäß auf die mittleren Breiten der Nordhemisphäre konzentriert sind. Hier können wiederum nur die Satellitenbeobachtungen hilfreich sein. Es sei allerdings angemerkt, daß die solide Auswertung der Ergebnisse der Bodenmeßstationen eine wichtige Voraussetzung für die Akzeptanz der Trends aus Satellitenmessungen war, da die Satelliteninstrumente eine eigene Drift haben, die nicht ohne Kalibrierungsmessung korrigiert werden kann.

Die NASA-Wissenschaftler haben die Analysen der TOMS-Daten durch Einführung zunehmend zuverlässiger Driftkorrekturen ständig weiter verbessert. Anfang 1991 wurde die bislang letzte Analyse der TOMS-Daten mit regionaler und jahreszeitlicher Auftrennung vorgelegt. Das Ergebnis war erneut in hohem Maße überraschend, wurden doch Ozontrends bestimmt, die die vorangehende IOTP-Analyse deutlich übertrafen. Während das IOTP von maximalen Verlusten von –6,2 % in einem Zeitraum von 17 Jahren berichtete, zeigt die NASA-Trendanalyse bis zu –10 % und mehr allein in 10 Jahren. Der von diesen hohen Trends betroffene Bereich ist die mittlere und nördliche Nordhemisphäre in den Winter- und Frühjahrsmonaten. Eine alarmierende Erkenntnis. Noch stärkere Ozonverluste wurden nur in der südlichen Südhemisphäre als Folge des Ozonlochs über der Antarktis beobachtet.

Welches ist die Ursache der starken Ozonverluste außerhalb der Polarregionen? Die Wissenschaftler stehen hier vor einer noch ungeklärten Frage. War ihnen durch aufwendige Untersuchungen deutlich geworden, daß die anthropogen induzierte Chemie in den Polarregionen eine besondere Verstärkung erfährt, muß jetzt spekuliert werden, daß ähnliches auch außerhalb der Polarbereiche passiert. Da dafür feste Teilchen notwendig sind, die in den Polarregionen durch Ausfrieren entstehen, fällt nun der Verdacht auch auf das globale Schwefelsäure-Aerosol, das durch Vulkanausbrüche, wie den des Pinatubo im Juni 1991, verstärkt wird.

*Was muß getan werden?*

Es ist heute unzweifelhaft, daß die Ozonzerstörung in der Stratosphäre nach Ausmaß und Auswirkung ein globales Umweltproblem ersten Ranges darstellt. Die Veränderungen des Ozons sowohl in den Polarbereichen als auch in den mittleren Breiten, in denen ein Großteil der Weltbevölkerung lebt, sind bereits zur Zeit so gravierend, daß ernsthafte Schäden für Menschen, Tiere und Pflanzen innerhalb der nächsten Jahrzehnte nicht auszuschließen sind. Und es ist zu erwarten, daß das Ausmaß des Ozonabbaus weiter zunehmen wird, unabhängig davon, welche Maßnahmen zur Zeit oder in naher Zukunft bezüglich der Reduktion des FCKWs ergriffen werden. Die Stratosphäre reagiert zunächst auf die bereits akkumulierte Menge an FCKWs in der Troposphäre. Als Folge wird der Chlorgehalt der Stratosphäre auf alle Fälle weiter ansteigen. Modellrechnungen sagen voraus, daß der derzeitige Chlorgehalt von 3,3 ppb (parts per billion = Teile in einer Milliarde) auf rund 4 ppb bis zum Jahre 2000 ansteigen wird. Die Veränderungen des Ozons in der Stratosphäre bis zum Jahre 2000 könnten noch erheblich gravierender ausfallen als heute.

Es gehört zu den besonderen Eigenschaften der Stratosphäre, daß sie den Chlorgehalt auch bei Einfrieren aller Emissionen nur langsam wieder preis gibt. Die Zeitkonstanten für den Verlust des Chlors durch Rücktransport in die Troposphäre betragen viele Jahrzehnte. Es wird vorausgesagt, daß erst etwa um 2060 das Chlorniveau den Wert von 1970, also vor Ausbildung des Ozonlochs, wieder unterschreiten wird. Mit dem Phänomen Ozonloch werden also noch mehrere Generationen zu leben haben.

Daß die Emissionen von FCKWs reduziert und schließlich ganz eingefroren werden müssen, ist heute gängige Erkenntnis der Wissenschaft und der Politik. Die politische Auseinandersetzung konzentriert sich im wesentlichen immer noch auf die Frage, zu welchem Zeitpunkt und mit welchen Ersatzlösungen. Die Industrieländer sind auf dem Wege, Alternativstoffe und Alternativtechnologien für die Verwendung von FCKWs zu entwickeln. Mit einem technisch möglichen vollständigen Ersatz von FCKWs ist bis spätestens Mitte der neunziger Jahre zu rechnen. Dies bedeutet jedoch neuen Forschungsaufwand für die ökologische und toxikologische Bewertung von Ersatzstoffen und nicht zuletzt den Bau neuer Produktionsanlagen. Der Ausstieg aus den FCKWs ist, wie jeder Ausstieg aus einer etablierten Technologie, nur mit erheblichem finanziellen Aufwand zu erreichen.

In diesem Zusammenhang spielt das Verhalten der Dritt- und Schwellenländer eine entscheidende Rolle. In den Verhandlungen der Vertragspartnerstaaten des Montrealer Protokolls bezüglich der Reduktionsquoten haben sich diese Länder, soweit sie Vertragspartner sind, zurückhaltend geäußert, denn die Mehrkosten des FCKW-Ausstiegs sind von diesen Ländern kaum aufzubringen.

Aus demselben Grunde haben noch nicht alle Dritt- und Schwellenländer, einschließlich der Volksrepublik China und Indien, das Montrealer Protokoll unterzeichnet. Es ist eine der vordringlichen politischen Aufgaben, diese Länder in die Vereinbarung des Montrealer Protokolls einzubinden. Ein globales Umweltproblem kann auch nur in globalem Konsens gelöst werden. Die Durchsetzung eines solchen Konsenses im Rahmen der FCKW-Problematik ist auch als Instrumentarium für die Lösung anderer Umweltprobleme, wie zum Beispiel die bevorstehenden Klimaveränderungen, von entscheidender Bedeutung.

Warum geht auch in Kenntnis der drohenden Gefahr soviel Zeit verloren? Die Rowland-Molina-Hypothese war bereits 10 Jahre alt, als auf Initiative der UNEP das erste Übereinkommen zum Schutz der Ozonschicht in Wien unterzeichnet wurde. Die ersten konkreten Maßnahmen wurden 4 Jahre später beschlossen, der FCKW-Ausstieg ist für das Jahr 2000 vorgesehen. Kann eine überzeugende Hypothese erst dann ernst genommen werden, wenn die Schäden bereits erkennbar sind?

Diese Frage zu beantworten, kann nur auf der Basis eines Spannungsverhältnisses zwischen Industrie/Konsument einerseits und der Wissenschaft andererseits versucht werden. Dazwischen steht die Politik.

Es darf nicht bestritten werden, daß Handlungsmaßnahmen der Politik ein solides wissenschaftliches Fundament brauchen. Insofern ist die Investition in wissenschaftliche Aufklärung eine wesentliche Prämisse. Aber auch diese benötigt nicht unerhebliche Finanzmittel, die vom Parlament, also auf Kosten des Steuerzahlers, zur Verfügung gestellt werden müssen. Dazu bedarf es einer Mehrheit und einer drängenden öffentlichen Meinung. Der Wille zur Erforschung globaler Umweltprobleme ist immer auch der Wille der Öffentlichkeit.

Warnungen der Wissenschaftler vor dem Eintreten von nachweislichen Schäden Akzeptanz zu verleihen und industriell und politisch umzusetzen, gehört gerade in Fragen der globalen Ökologie zu den verbleibenden Herausforderungen unserer Zeit.

Wie sehr war dies erst der Fall zur Zeit der Rowland-Molina-Hypothese, in der die ökologische Sensibilität viel weniger entwickelt war. Es kommen insbesondere zwei Schwierigkeiten hinzu: Erstens die Wissenschaft selbst; obwohl sie vom gleichen Kenntnisstand ausgeht, artikuliert sie sich nicht einheitlich. Damit wird in der Öffentlichkeit der Eindruck unzureichender Kenntnis erweckt, begleitet von einem Vertrauensverlust.

Zweitens ist die Einschätzung und Bewertung wissenschaftlicher Voraussagen im globalen Bereich nach wie vor die Sache nationaler Politik. Damit wird die notwendige globale Einheitlichkeit geschwächt.

Folgende Empfehlungen lassen sich ableiten:

1. Die Wissenschaft muß ihre Einheitlichkeit in der Aussage verbessern. Damit ist nicht gemeint, verbleibende Unsicherheit nicht auszudiskutieren, sondern das Problem muß von Öffentlichkeit und Politik – den Empfängern von wissenschaftlichen Erkenntnissen in Umweltfragen – gleichermaßen aufgenommen werden. Eine Falken/Tauben-Strategie kann nicht der gängige Weg sein.
2. Durch sein persönliches Verhalten und Engagement kann der Einzelne zur Lösung von Umweltproblemen beitragen. Insbesondere der Verzicht auf Produkte, die entsprechende Stoffe enthalten oder mit diesen hergestellt worden sind, ist ein vorzügliches Regulativ für die industrielle Herstellung.
3. Die Industrie muß lernen und erkennen, daß globale Umweltfragen ernst zu nehmen sind, auch wenn noch keine Verbotsvorschriften existieren. Nur so kann der Verzicht auf eine Technologie rechtzeitig auf den Weg gebracht werden. Die Handlungsmaßnahme aufgrund von Verbotsvorschriften der Politik allein, kann und muß kostspieliger und schmerzhafter werden.
4. Die Politik ist gehalten, zwischen berechtigten öffentlichen Interessen und verbleibenden Vorbehalten der Industrie zu vermitteln. Manchmal gehört auch der Mut dazu, auf der Basis von wissenschaftlichen Grauzonen politische Entscheidungen zu treffen und durchzusetzen.

Die Weltbevölkerung

# Weltbevölkerungswachstum und Stellung der Frau

Kaval Gulhati

*Meine Großmutter wurde mit zwölf Jahren verheiratet, brachte vierzehn Kinder zur Welt, von denen sieben das Erwachsenenalter erreichten – vier Mädchen und drei Jungen. Sie hatte zahlreiche Fehlgeburten. Sie hat Glück gehabt, daß sie überlebt hat. Ihre Schwester starb bei einer Entbindung. Mein Großvater war Arzt; er sorgte dafür, daß seine Frau medizinischen Beistand erhielt. Ihr Vater, auch ein Arzt, schickte sie sieben Jahre zur Schule. Ihre drei Brüder erhielten dagegen eine Berufsausbildung – einer wurde Arzt, einer Ingenieur, einer Hochschullehrer.*

Frauen sind das Herz des Bevölkerungswachstums. Von Geburt an sind sie zum Gebären und Aufziehen von Kindern determiniert. Die Fortpflanzung, ein bestimmender Faktor im Frauenleben, stand früher im Mittelpunkt der Bevölkerungspolitik. Stets neigte man dazu, die wirtschaftliche Rolle der Frau und ihre Bedürfnisse auf dem Gebiet der Gesundheitsvorsorge wie auch in anderen Bereichen herunterzuspielen und zugleich ihre Rolle bei der Fortpflanzung zu stärken. Erst im von den Vereinten Nationen so deklarierten Jahrzehnt der Frau von 1975 bis 1985 setzte sich die Erkenntnis durch, daß der wichtige Part, den Frauen in Bevölkerungs- und Entwicklungsstrategien spielen, bisher vernachlässigt worden war. Überall auf der Welt füllen Frauen zwei Berufe aus: einen zu Hause, den anderen – oft unbezahlt – außerhalb des Hauses. Doch in Entwicklungsländern haben sie kaum eine andere Wahl, außer zu heiraten und Kinder zu gebären. Sie haben oft große Familien, weil das von ihnen erwartet wird. Wenn man die Stellung der Frauen verbessern will, müssen sie mehr Wahlmöglichkeiten zur Lebensgestaltung erhalten, und die Bedeutung der Kinder für ihren Status und ihre Unterstützung im Alter ist zu verringern. In Abbildung 1 sind die hohe Wachstumsrate der Bevölkerung (2 bis 3 %) und die beträchtliche Familiengröße (4 bis 6 Kinder pro Frau) in Ostafrika und Südasien dargestellt. Zum Vergleich werden die Wachstumsraten (0,2 %) und Familiengrößen (1,8 Kinder pro Frau) für Nordeuropa angegeben.

*Meine Mutter, die zweite von vier Töchtern, besuchte ein Mädchengymnasium in Lahore und wurde als einundzwanzigjährige mit meinem Vater, einem vierundzwanzigjährigen Ingenieur, verheiratet. Meine Mutter bekam drei Kinder innerhalb von sieben Jahren, zwei Mädchen und anschließend einen Jungen.*

Die Beziehung zwischen Geburtenziffern und der Stellung der Frau ist kompliziert, denn es gibt kein Maß für den Status, das allgemein angewandt werden könnte. Jedoch gibt es Beweise dafür, daß die Abnahme der Geburtenrate durch die Ausbildung der Frau beeinflußt wird. In den Entwicklungsländern setzt sich die Stellung der Frau aus verschiedenen Faktoren zusammen, die auf den weiblichen Status einwirken, zum Beispiel demografische, sozioökonomische, rechtliche und kulturelle Gegebenheiten in der Gesellschaft. Eine hohe Geburtenrate geht einher mit hoher Kinder- und Müttersterblichkeit, geringem Verbrauch von Verhütungsmitteln, früher Verheiratung von Mädchen und Bevorzugung von Söhnen. Kulturelle Traditionen, die Frauen eine untergeordnete Stellung zuweisen und eine ablehnende Einstellung gegenüber ihrem gesellschaftlichen Aufstieg unterstützen, beschränken die Frau auf ihre gegenwärtige Situation, die gekennzeichnet ist durch die ungeschützte Mutterschaft, Mangel an Gesundheitsvorsorge und Empfängnisverhütung sowie wenig Aussichten auf ein besseres Leben. Die Abnahme der Geburtenrate wird durch Faktoren wie eine größere Entscheidungsfreiheit der Frau beeinflußt, die zum Beispiel durch Ausbildung der Mädchen, den unbeschränkten Zugang zu empfängnisverhütenden Mitteln und Gesundheitsfürsorge ermöglicht wird.

Hohe Müttersterblichkeit hängt eng mit der niedrigen Stellung der Frau zusammen. Nur wenige Frauen in der westlichen Welt können sich vorstellen, bei der Geburt eines Kindes zu sterben. Doch für die Mehrheit der Frauen in der Dritten Welt gehört

1 Quelle: *The State of the World Population Report* UNFPA, 1990

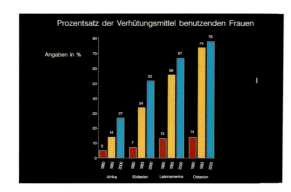

2 Prozentzahl von Frauen im gebährfähigen Alter, die Verhütungsmittel benutzen.
Quelle: *UN Population Division*

3 Das ägyptische Nildelta zeigt dramatische Veränderungen durch das schnelle Bevölkerungswachstum. Die aus sechs Szenen zusammengesetzten Satellitenbilder, aufgenommen von Landsatsatelliten mit MSS und TM Sensoren, geben den Stand von 1972 und 1990 wider. Wüstengebiete mit nun städtischer Bebauung erscheinen rot, bebautes Ackerland gelb und Land, das zur Wüste wurde, dunkelblau. Durch Bewässerung kultivierte Wüste ist türkis markiert und Veränderungen des Wasserstandes aquamarinblau. Die Stadt Kairo liegt am Beginn des Deltas.
Bearbeitet von: Earth Satellite Corp.

innerhalb eines Jahrzehnts halbieren. Trotz dieser eindeutigen statistischen Aussage unterstützen die Frauenorganisationen keineswegs einmütig die Beratungseinrichtungen für Familienplanung, die sich an Frauen und Mädchen wenden. Die Kritiker der Familienprogramme stellen sowohl die Sicherheit moderner Verhütungsmittel als auch die Qualität der Beratungsdienste in Frage. Daneben sind das Eintreten für die Gleichstellung der Geschlechter und für Menschenrechte häufig geäußerte Kritikpunkte. Frauenorganisationen, die Familienplanungsprogramme durchführen, teilen einige dieser Besorgnisse. Doch sie haben ein anderes Verhältnis zu Nutzen und Risiko der Verteilung von Verhütungsmitteln an Frauen.

Zum Beispiel stehen einige feministische Gesundheitsdienste den Depotinjektionen (Monats- oder Drei-Monats-Spritzen) kritisch gegenüber, aber viele Frauen in der Dritten Welt bevorzugen Depo-Provera oder orale Verhütungsmittel. Aus Bangladesh wird berichtet, daß Frauen Depo-Provera aus soziokulturellen und persönlichen Gründen akzeptabler finden. In der Tat empfinden sie das Ausbleiben der Monatsblutungen, eine häufige Nebenwirkung von Depo-Provera, als nützlich, da der Islam menstruierenden Frauen das Beten und den Geschlechtsverkehr untersagt. Auch von der hygienischen Seite her ist das Ausbleiben der Regel attraktiv, da die Frauen sich keine Monatsbinden leisten können und stattdessen Lappen oder auch den Saum des Saris, mit dem sie bekleidet sind, verwenden müssen, um die Menstruationsblutung aufzufangen. Gleichermaßen steht der Mangel an sanitären Einrichtungen und an Privatsphäre dem Gebrauch von Methoden entgegen, die das Sperma am Eindringen in die Gebärmutter hindern (Diaphragma, Kondom).

Praktisch nirgends in der Dritten Welt können all jene Frauen Verhütungsmittel bekommen, die sie benötigen. Heute, wo Millionen von Frauen in irgendeiner Form verhüten (siehe Abb. 2), ist die Benutzungsquote von Verhütungsmitteln in Afrika am niedrigsten (14%), gefolgt von Südasien (34%) und Lateinamerika (56%). Die höchsten Prozentsätze sind in Europa, Nordamerika und Ostasien zu finden (60% bis 70%), wobei West- und Nordeuropa an der Spitze stehen (78% beziehungsweise 80%). Es überrascht nicht, daß der Weltbericht zur Fruchtbarkeit von 1984 eine bemerkenswert große Versorgungslücke von Verhütungsmitteln in den afrikanischen, asiatischen und lateinamerikanischen Ländern aufdeckte. Möglicherweise endet ein Viertel aller Schwangerschaften in Entwicklungsländern mit einer Abtreibung, einfach weil Verhütungsmittel nicht für diejenigen Frauen verfügbar sind, die sie am meisten benötigen. Falls es allen Frauen, die keinen Kinderwunsch mehr haben, möglich wäre, nicht mehr schwanger zu werden, würde die Geburtenziffer in Afrika um 27%, in Asien um 33% und in Lateinamerika um 35% sinken. Die Müttersterblichkeit, die für gut ein Viertel aller Todesfälle unter Frauen im Alter von 15 bis 49 in den Entwicklungsländern verantwortlich ist, würde halbiert. Daher wird die gesellschaftliche Anerkennung der Frau, hinsichtlich des Gebrauchs von Verhütungsmitteln, Abtreibung und Müttersterblichkeit, entscheidend für das künftige Bevölkerungswachstum sein.

*Meine Großmutter väterlicherseits wurde mit fünfzehn Jahren mit einem Witwer verheiratet, der doppelt so alt war wie sie. Mit Hilfe der Hebamme konnte sie durch mehrere Abtreibungen ihre Fruchtbarkeit in den Griff bekommen ... Fünf Kinder erlebten das Erwachsenenalter. Mit zweiundfünfzig wurde sie Witwe. Danach lebte sie bis zu ihrem Tod im Alter von neunzig Jahren bei meinem Vater, ihrem ältesten Sohn.*

Ein weiteres Zeichen für hohe Geburtenziffern und niedrige Stellung der Frau ist ein frühes Heiratsalter bei Mädchen. Nach Angaben des Weltberichts zur Fruchtbarkeit sind etwa 50% der afrikanischen, 40% der asiatischen und 30% der lateinamerikanischen Frauen im Alter von 18 Jahren bereits verheiratet. Männer dagegen pflegen bei der Heirat älter zu sein. In Pakistan zum Beispiel sind Ehemänner im Schnitt 6 Jahre älter als ihre Frauen, im Sudan sogar 8 Jahre. Solche großen Altersunterschiede haben unterschiedliche Folgen für die Geschlechtergleichstellung (Verständigung zwischen Mann und Frau, Erfahrung, Ausbildung, Entscheidungsfunktion). Was noch wichtiger ist: Die Gefahr, früh Witwe zu werden, ist größer. Ein solches Unglück kann

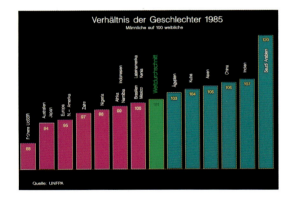

4 In Indien ist ein Sohn mehr wert als drei Töchter.
Quelle: ›Vaidyanathan 1988‹, in: *Investing in Women*, UNFPA 1990

5 Aus dem Zahlenverhältnis der Geschlechter zueinander ist die Stellung der Frau in einem Land zu ersehen.
Quelle: *The Population Challenge*, UNFPA (ohne Jahr)

diese Möglichkeit zum Alltag. Einem Bericht der WHO zufolge stammen 99% der 500000 Frauen, die jährlich an den Folgen einer Schwangerschaft sterben, aus Ländern der Dritten Welt. Wenn es gelänge, den betroffenen Frauen in der Dritten Welt empfängnisverhütende Mittel zur Verfügung zu stellen, könnte man die Sterbeziffer die Abhängigkeit der Frau von ihren Kindern erhöhen, da es keine andere wirtschaftliche Absicherung gibt. In Afrika beispielsweise stellen Witwen etwa 25% der erwachsenen weiblichen Bevölkerung. Schätzungen haben ergeben, daß eine Frau, die im ländlichen Nigeria mit 15 einen 25jährigen Mann heiratet, in einem von zwei Fällen mit 50 schon verwitwet sein wird.

Heirat und Schwangerschaft hängen im Teenageralter eng zusammen. Nach Schätzungen sind 40% aller heute lebenden 14jährigen Mädchen zumindest einmal schwanger gewesen, bevor sie ihr 20. Lebensjahr erreichen. In Bangladesh, wo das durchschnittliche Heiratsalter bei 11,6 Jahren liegt, sind 4 von 5 weiblichen Jugendlichen Mütter. Afrika weist die höchste Geburtenziffer bei sehr jungen Müttern auf: 40% der Teenagermütter sind unter 18, verglichen mit 39% in Lateinamerika, 31% in Asien und 22% in Europa. In den Industrieländern ist eine hohe Zahl von Entbindungen im Alter zwischen 12 und 20 Jahren auf vorehelichen Sexualverkehr zurückzuführen – 3 von 4 zum Beispiel in Dänemark und Schweden. In den Vereinigten Staaten, England und Wales befanden sich bei 50% aller unehelichen Geburten im Jahr 1982 die Mütter im Teenageralter. Ein Hauptgrund für diese weltweit hohen Ziffern ist, daß junge Mädchen unter 16 oder 18 kaum Zugang zu Familienplanungsangeboten oder entsprechenden Informationen haben. In den Industrieländern kommt es zu unehelichen Schwangerschaften im jugendlichen Alter meist, weil die Programme größtenteils auf verheiratete Frauen abzielen. Das Verhalten dieser eingegrenzten Gruppe – der unter 18jährigen – wird in Zukunft entscheidend für die weltweite Geburtenrate und das daraus folgende Bevölkerungswachstum sein.

*Während meiner Studienzeit in Delhi sammelte ich für eine Forschungsarbeit Daten zur weiblichen Sterilisation. Ich wurde mit der Verzweiflung und Machtlosigkeit junger, schwangerer Ehefrauen konfrontiert, die illegale Abtreibungen wegen ungewollter Schwangerschaft wünschten.*

Die meisten Jungverheirateten in den Entwicklungsländern sehnen sich nach ihren ersten Schwangerschaften und heißen sie als Beweis ihrer Fruchtbarkeit willkommen. Doch frühe Entbindungen können für die junge Mutter und ihr Kind lebensgefährlich sein. Säuglinge, deren Mütter im Teenageralter waren, sterben in ihrem ersten Lebensjahr mehr als doppelt so häufig wie Kinder älterer Gebärender. Die ohnehin hohen Risiken, die mit Entbindungen im Abstand von weniger als 2 Jahren verbunden sind, verdoppeln sich. Die junge Mutter muß mit noch größeren Risiken rechnen. Zu den häufigsten Ursachen für die Müttersterblichkeit zählen Blutungen, Infektionen und gehemmte Wehen. Seit 1987 wird die Aufmerksamkeit durch die Initiative für geschützte Mutterschaft auf die Frau selbst gelenkt. Diese Initiative will die durch Schwangerschaft verursachte Sterblichkeit senken, indem sie Notentbindungsdienste und vor- und nachgeburtliche Fürsorge anbietet. Durch die Verteilung von Verhütungsmitteln sollen die gefährlichsten Schwangerschaften, wie die von Mädchen, von denen erwartet wird, daß sie Kinder gebären, obwohl sie selbst noch Kinder sind, verhindert werden. In ihrer Autobiographie beschreibt Rama Rao, Gründerin der Indischen Familienplanungsvereinigung und Gründungsmitglied des Internationalen Bundes für geplante Elternschaft, ihre Verzweiflung und ihr Entsetzen, als sie 12jährige Jungvermählte unter extrem unhygienischen und unsicheren Bedingungen in Bombay entbinden sah. Tragischerweise liegt in Indien die Zahl der Todesfälle in der Gruppe der 15- bis 19jährigen Mädchen immer noch wesentlich höher als bei gleichaltrigen Jungen. Heute ist die Abtreibung in Indien legalisiert, doch gibt es deutliche Hinweise darauf, daß die Fruchtwasseruntersuchung zur Selektion männlicher Föten benutzt wird, während weibliche Embryos selbst unter großen Risiken für die Mutter abgetrieben werden. Eine Studie ergab, daß von 8000 abgetriebenen Föten nur einer männlich war.

*Meine Großmutter väterlicherseits war das jüngste von vier Kindern – drei Jungen und ein Mädchen. Sie sagte, ihre Mutter hätte die Hebamme angewiesen, keine Lebendgeburten weiblicher Säuglinge ›zuzulassen‹, bis sie drei Söhne hatte. Während ihrer fruchtbaren Jahre brachte sie mehrere Mädchen zur Welt ... doch nur eines, meine Großmutter, erlebte das Erwachsenenalter.*

Eine landesweite Umfrage in Indien (Abb. 4) zeigt, daß ein starker Wunsch nach Söhnen, nicht aber nach Töchtern besteht. Beispielsweise betreiben Eltern mit einem oder mehreren Söhnen häufiger Familienplanung als Eltern, die nur Töchter haben. Auf dem Land betreiben Eltern mit drei oder mehr Söhnen mehr als doppelt so häufig Familienplanung wie Eltern mit nur einem Sohn. Eltern investieren mehr in ihre männlichen Nachkommen und vernachlässigen ihre Töchter. In Ländern wie Pakistan und der Arabischen Republik Jemen besuchen mehr als dreimal soviele Jungen wie Mädchen eine weiterführende Schule. 1985 besuchten in den Entwicklungsländern insgesamt 65% der Mädchen, aber 78% der Jungen eine Grundschule. Eltern mit geringem Einkommen investieren weniger gerne in die Ausbildung der Töchter. Diejenigen, die ihre Töchter ausbilden lassen, hält man für exzentrisch, unklug oder unglücklich, weil man vermutet, sie hätten nicht genügend Söhne. Warum sollten sie sonst so etwas Dummes tun?

*Meine beiden Großväter hielten eine Ausbildung für Mädchen für richtig, nicht unbedingt aber eine berufliche Laufbahn.*

Die großen asiatischen Länder, allen voran China und Indien, blicken auf eine lange Tradition des Ungleichgewichts der Geschlechter zurück. Diskriminierung von Mädchen läßt sich leicht durch einen Blick auf das Zahlenverhältnis zwischen Männern und Frauen in einer Bevölkerung aufdecken. Unter normalen Umständen müßten in einem Land mehr Frauen als Männer leben, da Frauen aus biologischen Gründen meist älter werden als Männer. Die Länder in Nordeuropa und Nordamerika weisen ein Geschlechterverhältnis von 95 Männer auf 100 Frauen auf (siehe Abb. 5). Ein Blick auf Afrika und Lateinamerika gibt Anlaß zur Besorgnis, denn dort steigt das Verhältnis auf 99 beziehungsweise 100 Männer auf 100 Frauen. Doch in Asien deutet eine durchschnittliche Relation von 105 zu 100 auf schwerwiegende Ungleichheit der Geschlechter hin. Aus der Tabelle geht klar hervor, daß China und Indien mit 106 beziehungsweise 107 auf 100 sehr hohe Geschlechterverhältnisse aufweisen, von Saudi-Arabien gar nicht zu reden. Umfragen zeigen, daß in 8 von 9 Kulturen, in denen eine Geschlechterbevorzugung angegeben wurde, mehr Söhne als Töchter gewünscht werden. Eltern ›investieren‹ nicht in Töchter, da sie damit rechnen, daß Mädchen heiraten, ihr Haus verlassen und zur Familie ihres Mannes ziehen. In diesen Kulturen beginnt die Diskriminierung der Frau in der Kindheit und prägt ihr ganzes Leben.

*Als ich im Anschluß an die medizinische Hochschule Sozialwissenschaften studierte, fertigte ich meine Doktorarbeit über die Sterilisation von Frauen an.*

*Gutmeinende Ältere aus der Gemeinde rieten mir ab, für Mädchen ›unpassende‹ Fächer zu studieren.*

Geschlechterdiskriminierung steht am Beginn eines Spektrums, in dem es eine Entwicklung zum Positiven gibt, bevor am Ende die totale Gleichstellung von Mann und Frau erreicht ist. Studien, von Frauenrechtlerinnen durchgeführt, zeigen, daß es bislang kein einziges Land auf der Welt gibt, das vollkommen frei von jedweder Benachteiligung von Mädchen ist. Die Theorie der geschlechterspezifischen Sozialisierung besagt, daß Mädchen in jeder Gesellschaft zu Gehorsamkeit und Erfüllung einer pflegenden und ernährenden Funktion aufgezogen werden, während Jungen ermutigt werden, forsch und stark zu sein. Überdies pflegen Mädchen und Frauen auf den Gebieten Erziehung, Berufswahl, Karriere und Einkommen weniger Anleitung, Gelegenheiten und Unterstützung zu bekommen. Jüngst erklärte ein ranghoher politischer Führer auf einer Konferenz in Nairobi über bessere Lebensbedingungen für Mädchen seine Ablehnung, jungen Mädchen Verhütungsmittel zur Verfügung zu stellen, indem er sagte, diese Mädchen sollten einfach ›nein‹ sagen. In der Antwort auf

6 Die beiden Satellitenaufnahmen vom 1. Februar 1973 und vom 12. Januar 1989 zeigen, daß das Flußdelta des in den Ostafrikanischen Turkana-See mündenden Omo von 772 km² auf 1800 km² angewachsen ist. Überweidung entlang des Flußes und ein Rückgang in der Niederschlagsmenge während der letzten 25 Jahre haben zu einer starken Bodenerosion geführt. Der nicht mehr durch Wurzeln gehaltene Boden wird in den Fluß gespült und weggeschwemmt.
Bilder: NASA/USGS, Landsat MSS

7 Industrieländer
Die obersten 20 Länder auf der Rangliste bei HDI und geschlechtsbezogenem HDI

1990

| Land | Rang | HDI-Wert |
|---|---|---|
| Japan | 1 | 0,993 |
| Kanada | 2 | 0,983 |
| Island | 3 | 0,983 |
| Schweden | 4 | 0,982 |
| Schweiz | 5 | 0,981 |
| Norwegen | 6 | 0,978 |
| USA | 7 | 0,976 |
| Niederlande | 8 | 0,976 |
| Australien | 9 | 0,973 |
| Frankreich | 10 | 0,971 |
| Großbritannien | 11 | 0,967 |
| Dänemark | 12 | 0,967 |
| Finnland | 13 | 0,963 |
| Deutschland | 14 | 0,959 |
| Neuseeland | 15 | 0,959 |
| Belgien | 16 | 0,958 |
| Österreich | 17 | 0,957 |
| Italien | 18 | 0,955 |
| Luxemburg | 19 | 0,954 |
| Spanien | 20 | 0,951 |

| Land | Rang | geschlechts-bezogener HDI |
|---|---|---|
| Finnland | 1 | 0,902 |
| Schweden | 2 | 0,886 |
| Dänemark | 3 | 0,878 |
| Frankreich | 4 | 0,849 |
| Norwegen | 5 | 0,845 |
| Australien | 6 | 0,843 |
| Österreich | 7 | 0,843 |
| ČSFR | 8 | 0,830 |
| Kanada | 9 | 0,813 |
| USA | 10 | 0,809 |
| Schweiz | 11 | 0,794 |
| Deutschland | 12 | 0,792 |
| Großbritannien | 13 | 0,783 |
| Neuseeland | 14 | 0,776 |
| Niederlande | 15 | 0,770 |
| Belgien | 16 | 0,768 |
| Japan | 17 | 0,764 |
| Italien | 18 | 0,750 |
| Island | 19 | 0,688 |
| Portugal | 20 | 0,673 |

Entwicklungsländer
HDI-Werte und geschlechtsbezogener HDI in 10 Ländern

1990

| Land | HDI-Wert | Land | geschlechts-bezogener HDI |
|---|---|---|---|
| Hongkong | 0,934 | Hongkong | 0,654 |
| Costa Rica | 0,876 | Costa Rica | 0,612 |
| Korea | 0,884 | Korea | 0,600 |
| Singapur | 0,879 | Singapur | 0,568 |
| Paraguay | 0,667 | Paraguay | 0,486 |
| Sri Lanka | 0,685 | Sri Lanka | 0,484 |
| Philippinen | 0,613 | Philippinen | 0,475 |
| El Salvador | 0,524 | El Salvador | 0,395 |
| Myanmar (Birma) | 0,437 | Myanmar (Birma) | 0,289 |
| Kenia | 0,399 | Kenia | 0,205 |

Quelle: UNDP Human Development Report, 1991, S. 15–17.

diesen Ratschlag äußerte sich eine Soziologieprofessorin verwundert darüber, wie diese Mädchen plötzlich ›nein‹ sagen können sollen, wo ihnen doch beigebracht wurde, immer folgsam zu sein und höflich ›ja‹ zu sagen.

In Abbildung 7 sind Werte für den ›Menschlichen Entwicklungsindex‹ (Human Development Index = HDI) und den geschlechtsbezogenen HDI angegeben. Der HDI wurde vom UNDP (Entwicklungsprogramm der Vereinten Nationen) als verläßliche Meßgröße für den sozio-ökonomischen Fortschritt geschaffen. Er basiert auf den Indikatoren: Lebenserwartung, Ausbildung (Alphabetismus unter Erwachsenen, Schulunterricht) und Wohlstand (Einkommen). Der geschlechtsbezogene HDI dient als genauere Meßgröße für die Bewertung von Unterschieden zwischen den Geschlechtern. Dieser Index wurde auf 20 Industrie- und 10 Entwicklungsländer angewandt, für die, nach Geschlechtern aufgeschlüsselt, Daten über Lebenserwartung, Lesefähigkeit/Schulunterricht und Löhne zur Verfügung standen. Nach dieser Untersuchung weisen alle 30 Länder niedrigere Werte beim geschlechtsbezogenen HDI auf. In den Entwicklungsländern sind die Unterschiede zwischen Männern und Frauen ziemlich groß, während in den Industrieländern mehr Gleichheit herrscht, aber auch hier bestehen immer noch einige Unterschiede. In Schweden beträgt zum Beispiel der weibliche HDI 90 % des allgemeinen HDI-Wertes, in Italien 79 %. Die zwei Spalten oben zeigen den Rang eines Landes auf der HDI-Skala und im Vergleich dazu auf der Skala des geschlechtsbezogenen HDI. Dabei fällt Japan, das beim HDI die erste Stelle unter den 20 Industrieländern einnimmt, auf Rang 17 zurück, und Finnland steigt von Rang 13 auf Rang 1. Unter den Entwicklungsländern (vergleiche die Spalten unten) ist bei Kenia der geschlechtsbezogene Index nur halb so hoch wie der Gesamt-HDI, und bei der Republik Korea schrumpft er auf zwei Drittel des Gesamtwertes.

*Mein Vater hat die Mädchen dazu erzogen, ›wie Jungen zu denken‹ – analytisch, unabhängig, anspruchsvoll ... Er sagte, er glaubte nicht an grundsätzliche Unterschiede zwischen den Geschlechtern. Die anderen kritisierten seine liberale Einstellung in bezug auf die Ausbildung und Erziehung seiner Töchter.*

Im Zentrum jeder Strategie zur Anhebung des Status der Frau muß die Ausbildung der Mädchen stehen. Bildung führt oft zu einer Horizonterweiterung und gibt ein Gefühl der Kontrolle über Entscheidungen, die über die anerkannte Tradition hinausgehen. Der Einfluß der Bildung auf Fruchtbarkeit und Familienplanung läßt sich gut nachweisen. Frauen mit siebenjähriger Schulbildung pflegen im Durchschnitt fast 4 Jahre später zu heiraten als solche, die keine Schule besucht haben. Diese Frauen haben im Schnitt 2,2 Kinder weniger als diejenigen ohne jegliche Bildung. Doch ist es eine traurige Tatsache, daß fast zwei Drittel der erwachsenen Analphabeten in den Entwicklungsländern Frauen sind. 1985 konnten nur 51 % der Frauen lesen; bei den Männern waren es 72 %. Frauen mit Schulbildung benutzen im Durchschnitt etwa zweieinhalbmal so oft Verhütungsmittel wie Frauen, die nicht lesen und schreiben können, in Regionen wie Afrika sogar viermal so häufig. In Abbildung 8 ist die Beziehung zwischen der Lese- und Schreibfähigkeit der Frauen und dem Bevölkerungswachstum dargestellt. Länder wie Kolumbien, Sri Lanka oder Thailand, wo 90 % bis 96 % der Frauen lesen und schreiben können, weisen niedrige Bevölkerungswachstumsraten auf (1,2 % bis 1,8 %). Länder wie Afghanistan, Mali und Pakistan dagegen, wo nur 9 % bis 16 % der Frauen lesen und schreiben können, haben ein hohes Bevölkerungswachstum (2,9 bis 4,5 %).

*Durch die freiwillige Arbeit meiner Mutter bei einer Organisation für geplante Elternschaft erfuhr ich von dem Zwang zur Fruchtbarkeit.*

Die meisten Familienplanungsprogramme und auch die meisten Umfragen zur Einstellung gegenüber der Familiengröße haben sich auf Frauen konzentriert. Jüngste Umfrageergebnisse zeigen eine Veränderung gegenüber dem letzten Jahrzehnt – die heutigen Mütter wollen weniger Kinder. Doch kann man das gleiche nicht von den heutigen Vätern sagen. Das ist sehr ernst zu nehmen, denn in den Entwicklungsländern trifft in der Regel der Mann die Entscheidung über den Gebrauch von Verhü-

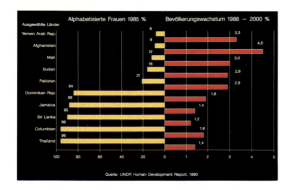

8 Zwischen Bildung und Fruchtbarkeit besteht eine enge Verbindung: Höher qualifizierte Frauen haben häufig kleinere Familien.
Quelle: *UNDP Human Development Report*, 1990

tungsmitteln, Fortpflanzung und Familiengröße. Häufig entscheidet er für seine Frau mit. Forschungen haben gezeigt, daß eines von vier Paaren in den Entwicklungsländern eine Methode wählte, bei der der Mann beteiligt war oder mitarbeitete. Traditionelle Methoden wie Enthaltung oder Coitus Interruptus erfordern die Initiative und Motivation des Mannes. War es fehlende Information oder fehlende Motivation, die Männer in der Dritten Welt bisher davon abgehalten hat, eine aktivere Rolle bei der Familienplanung zu spielen?

In Westeuropa sind es weitgehend die Männer gewesen, die zusammen mit ihren Frauen die Familiengröße geplant haben. Der Übergang von hoher zu niedriger Geburtenrate im Frankreich des ausgehenden 18. Jahrhunderts wurde größtenteils durch die konsequente Anwendung des unterbrochenen Geschlechtsaktes durch den französischen Mann als Methode der Geburtenkontrolle erzielt. Die bemerkenswerte Abnahme der Geburtenrate in Japan nach dem Zweiten Weltkrieg kam durch den wirkungsvollen Gebrauch von Kondomen zustande, unterstützt durch die Legalisierung der Abtreibung. Noch heute ist das Kondom in Japan populärer als irgendwo sonst; 70 % der verheirateten Paare verlassen sich zu gewissen Zeiten auf diese Methode.

Das Interesse für weibliche Verhütungsmethoden wuchs in den zwanziger Jahren, als sich Margaret Sanger in New York und Marie Stopes in London Gedanken über die Gesundheit junger Mütter machten, die häufige und frühe Entbindungen erdulden mußten. Sie fanden heraus, daß die Partner der meisten dieser Frauen keine Verhütung einsetzten oder sie zu sorglos betrieben. Durch Margaret Sangers Anfangserfolge ermutigt richteten Freiwilligengruppen in mehreren Ländern Kliniken für geplante Elternschaft ein, um notleidende Frauen mit Diaphragmen und anderen Verhütungsmitteln zu versorgen. So liegt der Schwerpunkt erst seit vergleichsweise kurzer Zeit auf den ›weiblichen Methoden‹. Die traditionellen ›männlichen‹ Methoden (Coitus interruptus, Kondome) sind seit Hunderten von Jahren in vielen Teilen der Welt bekannt und vielfach praktiziert worden. Doch das Problem der Beteiligung des Mannes an Bevölkerungs- und Familienplanungsprogrammen in der Dritten Welt ist schwer zu lösen, da nur wenige traditionelle Kulturen vom Mann erwarten, daß in erster Linie er die Verantwortung für die Verhütung übernimmt. Von den Männern, die insgesamt auf der Welt Kondome benutzen, leben weniger als 1 % in Afrika, nur 3 % in Lateinamerika und 13 % in Asien ohne Japan. Dort sind es 27 % und in China 18 %.

Oft bestimmen Armut und Lebensstandard die Einstellung der Männer gegenüber Verhütungsmitteln. Untersuchungen in Städten haben gezeigt, daß die Bereitschaft zum Gebrauch von Kondomen mit Bildung und Wohlstand eines Mannes verknüpft ist. Weniger gebildete, arme Männer auf dem Land pflegen den Gedanken an eine kleine Familie zurückzuweisen. Ebenso hindert die schlechte wirtschaftliche Lage die Frau daran, ihren Partner zur Mitarbeit bei der Familienplanung zu gewinnen. Doch die Erfahrung zeigt, daß Einstellungen geändert werden können und müssen. In Korea zum Beispiel wurde die Senkung der Geburtenrate durch ›männliche Rollenvorbilder‹ beeinflußt, die eine geringe Fruchtbarkeit zum Statussymbol und große Familien zu einem negativen Attribut machten. In Indien hat sich trotz der Armut des Landes, der patriarchalischen Traditionen und der Bevorzugung von Söhnen gezeigt, daß Männer sich sterilisieren lassen, wenn es einen guten Gesundheitsdienst gibt. Bei den meisten Familienplanungsprogrammen liegt derzeit der Schwerpunkt auf den ›weiblichen Methoden‹. Dies ergibt sich unter anderem aus der Tatsache, daß die weibliche Fortpflanzung weit besser erforscht ist als die männliche. Der erste Schritt zu einer Veränderung wäre vielleicht getan, wenn auf allen Ebenen der Gesellschaft anerkannt würde, daß der Mann verantwortlicher Vater und gewissenhafter Benutzer von Verhütungsmitteln sein muß.

Traditionelle Gesellschaften, in denen die Geburtenrate oft besonders dringend gedrosselt und das Bevölkerungswachstum verlangsamt werden müßte, müssen erkennen, daß die völlige Dominanz des Mannes dank ›Machismo‹, Patriarchentum,

9 Während der sechziger Jahre war der Tschadsee, an den die Länder Niger, Nigeria, Kamerun und Tschad grenzen, noch voller Wasser. Die Satellitenaufnahmen von 1972 und 1987 zeigen, daß in dieser Zeit der See von 25 000 km² auf 2000 km² geschrumpft ist. Die anhaltende Dürre der Sahelzone betrifft auch den Chari-Fluß, der den Tschadsee zu 80 % speist. Alte Dünen und Uferverläufe werden sichtbar. Dunkle graublaue Zonen zeigen Sumpfgelände.
Bilder: NASA/USGS, Landsat MSS

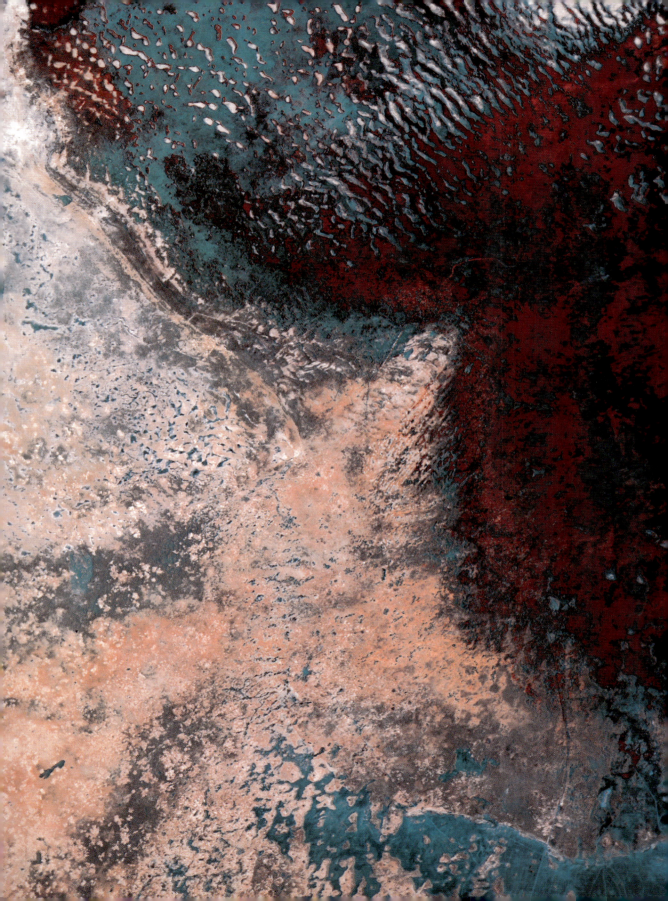

Polygamie und anderen Faktoren ihm auch die Macht gibt, größere Verantwortung zu übernehmen und eine Veränderung im Fortpflanzungsverhalten herbeizuführen. Es besteht ein klarer Gegensatz zwischen weiterhin hohen Geburtsziffern in einigen Ländern und abnehmenden Geburtenzahlen in Ländern mit vergleichbarem sozioökonomischen Entwicklungsstand. Einer der Hauptunterschiede zwischen den beiden Gruppen besteht in der Stellung der Frauen, entweder zueinander oder in bezug auf die Männer. Frauen, denen es gelungen ist, ein gewisses Maß an Selbstbestimmung zu erlangen, pflegen kleinere Familien zu haben als Frauen ohne solche Vorteile. Auf dem Forum der regierungsunabhängigen Organisationen auf der UN-Frauenkonferenz in Nairobi 1985 erklärten Beteiligte aus 26 Ländern: »Wir Frauen der Dritten Welt fordern Zugang zu allen Methoden der Familienplanung einschließlich der Abtreibung als letztem Ausweg und machen unser Recht geltend, selbst zu entscheiden, was für uns in unserer Situation am besten ist.« Im November 1989 riefen Teilnehmer des Internationalen Bevölkerungsforums im 21. Jahrhundert – durch den Bevölkerungsfonds der Vereinten Nationen unterstützt – alle Länder auf, »bemüht zu sein, die Rolle und Stellung der Frau in allen Lebensbereichen zu verbessern und sicherzustellen, daß Frauen aktiv an allen Aktivitäten der Bevölkerung und Entwicklung teilnehmen und aus ihnen Nutzen ziehen.«

*1978, einige Jahre nachdem ich geholfen hatte, CEDPA zu gründen, eine private, regierungsunabhängige Organisation mit Sitz in Washington D.C., entschied ich mich, einen Management-Trainingskurs für Frauen aus der Dritten Welt ins Leben zu rufen, die in den Bereichen Gesundheit und Familienplanung tätig sind.*

Verschiedene Familienplanungsprojekte werden von Frauengruppen, privaten Initiativen und anderen regierungsunabhängigen Organisationen vor Ort durchgeführt. Ziel ist ein gutes Dienstleistungsangebot, das die Privatsphäre und die Würde der Frauen respektiert. Diese Projekte helfen Frauen, ihre Bedürfnisse auf Gebieten wie Gesundheit, Ernährung, Erlernen von Lesen und Schreiben sowie der Berufsausbildung zu erfüllen. Nicht um die Bevölkerung an sich geht es hier im wesentlichen, sondern um die gesteigerte Lebensqualität der einzelnen Frau dank verringerter Geburtenrate und verbesserten Möglichkeiten ihres beruflichen Fortkommens. Offensichtlich besteht ein Bedarf nach Ausbildung von Frauen für Führungspositionen, denn die Gesundheits- und Familienplanungsprogramme beschäftigen viele Frauen in der Arbeit vor Ort, und sie bringen daher vor allem ihnen Nutzen. Dennoch sind nur wenige Frauen an der Planung und Durchführung dieser Programme beteiligt. So zielte das Pionier-Trainingsprogramm des Zentrums für Bevölkerungs- und Entwicklungsaktivitäten (CEDPA) darauf ab, Frauen mit Fähigkeiten zur Übernahme leitender Funktionen auszustatten, um ihnen eine Karrierechance zu geben und die Programme wirkungsvoller durchführen zu können. Heute beweist ein dichtes Netz von ehemaligen Schülerinnen der CEDPA in der Dritten Welt, daß Frauen erfolgreich leitende Funktionen übernehmen können, wenn sie eine Chance erhalten.

*1986 startete CEDPA ein neues Projekt über ›Chancen für ein besseres Leben für Mädchen und junge Frauen‹. Als dieses Projekt in Katmandu begann, gab ich folgende Stellungnahme ab: »Uns allen ist bekannt, daß Schwangerschaft und Entbindung in jugendlichem Alter sowohl für die Mutter als auch für das Kind Gesundheitsrisiken bedeuten, insbesondere bei unteren sozioökonomischen Schichten. Doch Herabsetzung der Geburtenrate und Verringerung von Säuglings- und Frauensterblichkeit sind nicht unsere einzigen Ziele. Wir wollen auch die Möglichkeiten für junge Frauen verbessern, eine Ausbildung zu erhalten, einen Beruf zu erlernen und ein produktives und erfülltes Leben zu führen.«*

Allzuoft werden in Entwicklungsplänen die Frauen vergessen – die Hälfte der Bevölkerung, die an diesen Plänen teilhaben und von ihnen profitieren soll. Eines der großen Versäumnisse der Bevölkerungspolitik in den meisten Ländern der Dritten Welt war die Vernachlässigung auf seiten der politischen Entscheidungsträger, für die Bedürfnisse der Frauen zu planen. Dies muß sich ändern. Wenn man erfolgreich dem Bevölkerungswachstum begegnen will, dann ist die Beteiligung der Frauen an

10 Ein Satellitenmosaik aus zwei MSS-Landsatbildern zeigt den Norden der Baja California, Mexiko. Oben verläuft die Grenze zur USA mit San Diego auf amerikanischer und Tijuana auf mexikanischer Seite nahe des Pazifiks. In den Golf von Kalifornien mündet der Colorado Fluß in einem Delta, rechts die Altar Wüste.
Bild: NASA

der Leitung von Bevölkerungsprogrammen von größter Bedeutung.

*Mein Leben und meine Karriere sind nur ein Beispiel für die Veränderungen, die seit der Zeit meiner Großmutter stattgefunden haben. Meine Mutter, die gebildet war und ein starkes soziales Gewissen hatte, beeinflußte meine Wertvorstellungen durch ihre Freiwilligenarbeit. Ich heiratete mit zweiundzwanzig Jahren einen fünfundzwanzigjährigen Wirtschaftswissenschaftler. Wir haben keine Kinder. Meine Berufslaufbahn in der Arbeit mit Frauen hat unser Leben stark beeinflußt. Wir haben eine kleine Stiftung (›UNNITI‹) eingerichtet, die an Einzelpersonen, vor allem an Frauen und Mädchen in Südasien, Stipendien vergibt, damit sie später in ihren Gemeinden eine Vermittlerposition hinsichtlich notwendiger Veränderungen einnehmen können.*

Der Grad der Emanzipation und der Entscheidungsfreiheit der Frauen könnte der Schlüssel zu einer künftigen Anhebung der Lebensqualität in den reichen und armen Ländern sein. Durch ihre zahlreichen unterschiedlichen Funktionen spielen Frauen eine zentrale Rolle bei der Entwicklung. Eine veränderte Einstellung gegenüber der Frau auf allen gesellschaftlichen Ebenen ist Voraussetzung für die Verbesserung der Stellung der Frau und der sich daraus ergebenden Abnahme der Geburtenrate und des Bevölkerungswachstums. Die Stellung der Frau wird ausschlaggebend sein für die Wachstumsrate der Bevölkerung im nächsten Jahrhundert.

11 © Michael Kidron und Ronald Segal, the New State of the World Atlas, 1991. Swanston Publishing Ltd.

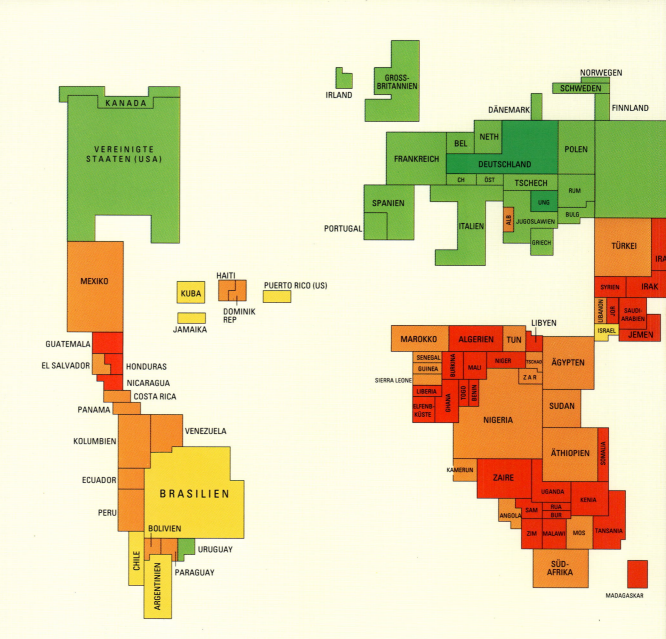

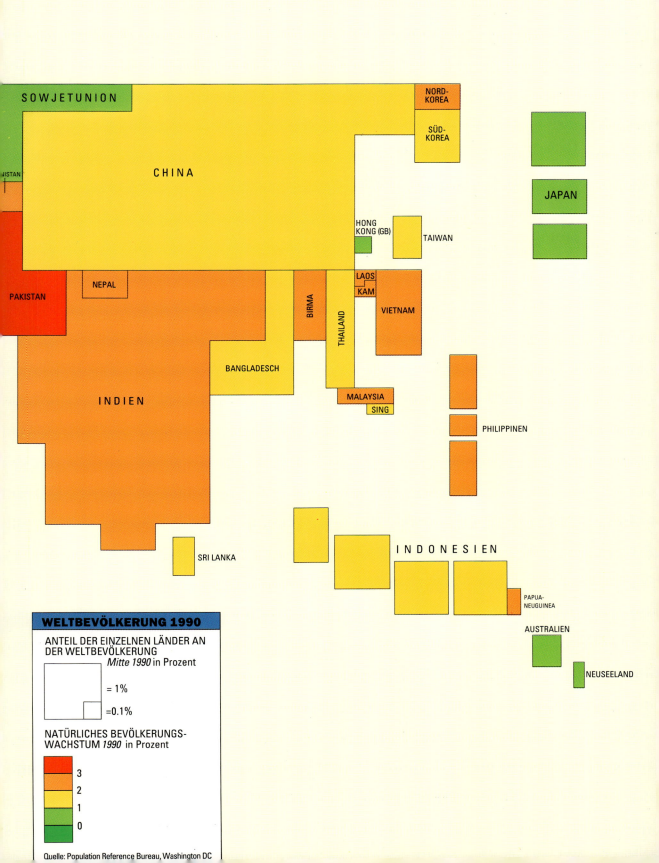

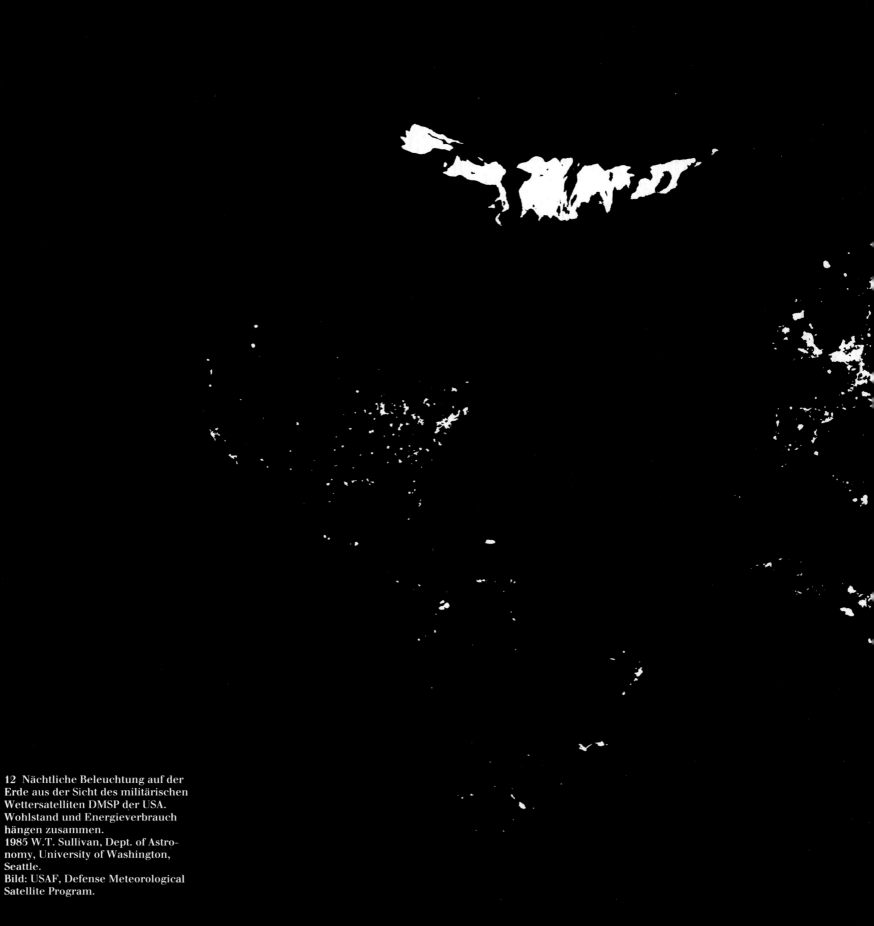

**12** Nächtliche Beleuchtung auf der Erde aus der Sicht des militärischen Wettersatelliten DMSP der USA. Wohlstand und Energieverbrauch hängen zusammen.
1985 W.T. Sullivan, Dept. of Astronomy, University of Washington, Seattle.
Bild: USAF, Defense Meteorological Satellite Program.

**3** Die Forschungssatelliten ›Viking‹ und ›Dynamics Explorer‹ haben das Polarlicht von oben aufgenommen. Dieses Bild wurde aus dem Satelliten ›Viking‹ mit ultraviolettem Licht aufgenommen. Es zeigt die Nordlichtzone um den nördlichen magnetischen Pol, wo das Nordlicht normalerweise zuhause ist. Das gelbrote Gebiet am rechten Rand des Bildes ist ein intensives Nordlicht. Das gelbe Gebiet im oberen Teil des Bildes entstand durch das Sonnenlicht.
Bild: Canadian Space Agency/ J.S. Murphree, Department of Physics & Astronomy, University of Calgary

**4** Ein prachtvolles Nordlicht über Kiruna in Nordschweden (rechts).
Foto: Torbjörn Lövgren

**5** Astronauten und Kosmonauten konnten während ihrer Raumfahrten den nahen Kontakt mit dem Polarlicht erleben. Das Bild des Südlichtes, Aurora Australis, wurde Anfang Mai 1991 über dem Südpol von Bord der amerikanischen Raumfähre Discovery während einer militärischen Mission aufgenommen (nächste Doppelseite).
Foto: Rocketdyne/NASA

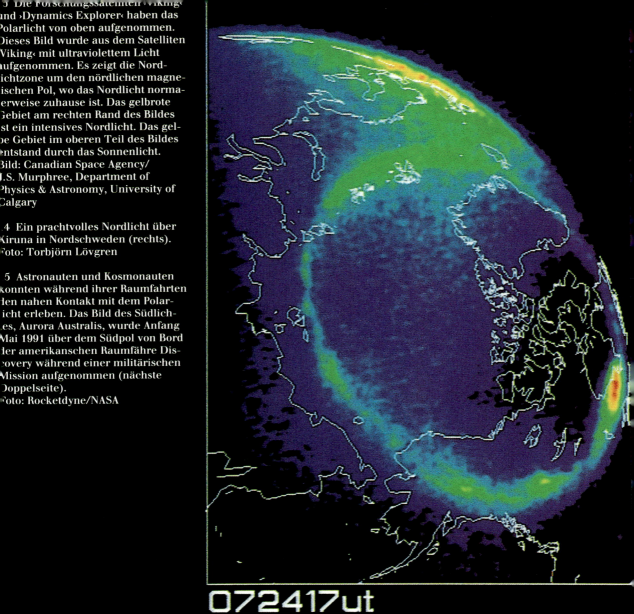

# Die Welt und Europa

Sture Öberg

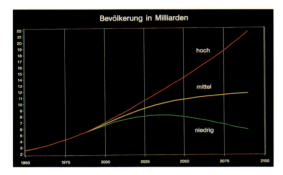

1 Der globale Bevölkerungszuwachs. Der Unterschied zwischen den Berechnungen beruht in erster Linie auf unterschiedlichen Annahmen über Veränderungen der Fruchtbarkeit.
Quelle: W. Lutz, NASA

2 Einwohnerzahl und Bevölkerungszuwachs in reichen und armen Ländern

|  | Anzahl Einwohner in Millionen | | Zuwachs in Prozent pro Jahr |
|---|---|---|---|
|  | 1950 | 2025[1] | 1950-2025 |
| Die reichen Länder | 890 | 1072 | 0,3 |
| Das restliche Asien[2] | 1268 | 4712 | 1,8 |
| Das übrige Amerika[3] | 315 | 1464 | 2,1 |
| Afrika | 222 | 1597 | 2,6 |

[1] Nach der UNO-Prognose
[2] ohne Japan, Singapur, Südkorea und fünf arabische Ölstaaten, die unter den reichen Ländern aufgeführt sind
[3] Südamerika, Lateinamerika und Mittelamerika

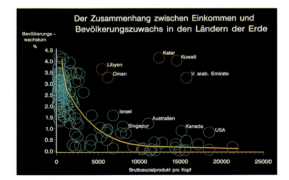

3 Der Zusammenhang zwischen Einkommen und Bevölkerungszuwachs in den Ländern der Erde.

Das reiche Europa hat begonnen, sich immer mehr für Bevölkerungsfragen zu interessieren. Hier führen ethnische Konflikte zu Unruhen und Bürgerkrieg. Außerhalb dieses Teiles der Welt rüsten sich Einwanderer in den armen Nachbarländern zum Aufbruch. Dieser Artikel handelt von demographischen Geschehnissen sowohl auf globaler als auch auf europäischer Ebene.

Es leben jetzt fast 5,5 Milliarden Menschen auf der Erde. Die durchschnittliche Bevölkerungsdichte beträgt 40 Einwohner pro Quadratkilometer. Wenn wir uns über die gesamte Landmasse verteilen würden, könnte jedes Individuum über 25 000 Quadratmeter verfügen und hätte 170 Meter Abstand zu den Nachbarn. Die entsprechenden Zahlen in Europa als Gesamtheit betragen 13 000 Quadratmeter und gut 120 Meter Abstand. In Ländern wie Deutschland oder Großbritannien beträgt der durchschnittliche Abstand zu einem Nachbarn nur circa 70 Meter.

Es gibt mithin bislang noch relativ viel Platz hier auf der Erde, wenn wir Wüsten, Tundren, Regenwälder und andere heute unbewohnte Regionen einschließen. Der Platz schrumpft jedoch langsam aber sicher aufgrund des Bevölkerungszuwachses. Dieser Zuwachs beeinhaltet zwei Probleme. Zum einen geschieht er so schnell, daß er zu einem unerträglichen Gedränge führt, wenn das Wachstum nicht aufgehalten wird, und zum anderen steigt die Zahl in den armen Ländern, die es sich nicht einmal leisten können, den derzeitigen Einwohnern einen erträglichen Standard zu ermöglichen.

Die Geschwindigkeit ist furchtbar. Jeden Tag benötigen eine Viertelmillion mehr Menschen physischen Platz, nicht nur für sich selbst und ihre Wohnungen, sondern auch für alle Versorgungsfunktionen, wie landwirtschaftliche Nutzflächen, und Gemeinschaftsanlagen, wie Energieerzeugungsunternehmen und Straßen. Mit dem Zuwachs geht eine Urbanisierung einher, eine Zusammenballung von vielen Menschen auf kleinem Raum, was wiederum teure technische Lösungen erforderlich macht für das, was früher außerhalb von volkswirtschaftlichen Berechnungen lag, zum Beispiel sauberes Wasser, Kanalisation und frische Luft.

Der Bevölkerungszuwachs ist noch erschreckender, wenn wir ihn langfristig betrachten und zwar sowohl historisch als auch zukunftsbezogen. Vor ungefähr 35 000 Jahren erschienen unsere Vorväter, homo sapiens, auf der Bildfläche. Es sollte noch bis zum Jahre 1830 dauern, bis ihre Anzahl die Milliardengrenze erreichte. Zwei Milliarden wurden bereits im Jahre 1930, ein Jahrhundert später, überschritten, drei Milliarden im Jahre 1960, vier Milliarden im Jahre 1975 und im Jahre 1987 wurden es fünf Milliarden. Zukunftsprognosen in Form alternativer Berechnungen (Abb. 1) zeigen unter anderem, daß wir im Jahre 2100 zwanzig Milliarden Einwohner sein könnten. Diese Jahreszahl scheint unendlich weit entfernt, aber dann leben noch Kinder der heutigen Jugendlichen.

Nun können jedoch Katastrophen unterschiedlicher Art – vorausgesetzt, sie sind groß genug – den Zuwachs verringern. Kleinere Überschwemmungen und Kriege verursachen keinen größeren Ausschlag. Während des Golfkrieges zwischen dem Irak und den alliierten Staaten im Frühjahr 1991 rechnete man mit 100 000 Toten. Verglichen mit dem täglichen Bevölkerungszuwachs entspricht dieser Verlust einem zehnstündigen Aussetzen in der Bevölkerungsentwicklung. Eine Vernichtung der gesamten europäischen Bevölkerung entspräche nicht einmal der Fehlerquote in einer globalen Prognose für die nächsten Jahrzehnte.

Der Bevölkerungszuwachs vollzieht sich fast ausschließlich in den Entwicklungsländern, in Afrika, Asien und Lateinamerika (Abb. 2 und 3). Vier von fünf Bewohnern der Erde leben heute in den Ländern, wo Hunger ein Alltagsphänomen ist. Die Produktion, gemessen am Bruttosozialprodukt (BSP), betrug 1987 in den 71 ärmsten Ländern

4 Bevölkerung und Bevölkerungszuwachs in verschiedenen Teilen der Welt 1990 bis 1995. Die Ziffern geben die jährliche Zuwachsrate an.

5 Die bevölkerungsreichsten Länder der Erde im Jahr 2100.
Der UN-Prognose zufolge werden die zehn Länder die angegebenen Einwohnerzahlen (in Millionen) erreichen.
Quelle: *UN Population Prospect* 1990

weniger als 1000 Dollar pro Einwohner und Jahr. Jeden Tag sterben 25000 Kinder in den Entwicklungsländern an Unterernährung oder leicht zu kurierenden Krankheiten.

In absoluten Zahlen gesehen, vollzieht sich der Bevölkerungszuwachs in Asien am schnellsten. Dort finden wir über 60% des Neuzuwachses, und zwar speziell in den armen Teilen Südasiens, wie Indien, Pakistan und Bangladesh. Betrachten wir die Zuwachsraten in den verschiedenen Erdteilen (Abb. 4), so steht Afrika mit einem derzeitigen jährlichen Zuwachs von 3% an der Spitze, gefolgt von Süd- und Mittelamerika mit 1,9% und Asien mit 1,8%. In Europa beträgt die Zuwachsrate zur Zeit nur zwischen 2‰ und 3‰ pro Jahr. Die Großmächte USA und die ehemalige Sowjetunion, die in der Vergangenheit dieselben Zuwachsraten aufwiesen, unterscheiden sich nun in der Weise, daß die Bevölkerung der USA schneller wächst, und zwar sowohl prozentual als auch in absoluten Zahlen.

Der kleine Klub von Nationen mit mehr als 100 Millionen Einwohnern bestand im Jahre 1950 aus 4 Ländern. Heute hat der Klub 11 Mitglieder. Eines von ihnen, China, hat mehr als 1 Milliarde Einwohner. In absoluten Zahlen ist der Zuwachs in China, Indien und Indonesien am größten. Ein Land, das proportional sehr schnell wächst, ist Nigeria. Gemäß der UNO-Prognose wird das Land die USA im Jahre 2025 bevölkerungsmäßig überholen und dann an vierter Stelle der Liste der bevölkerungsreichsten Staaten der Erde stehen. Seitdem die Sowjetunion in mehrere Teilstaaten aufgeteilt worden ist, steht Nigeria an dritter Stelle (Abb. 5).

Die Zukunft sieht in wirtschaftlicher Hinsicht nicht besonders rosig aus. Die Entwicklung stagnierte in mancher Hinsicht während der achtziger Jahre. Der totale Produktionszuwachs in den Entwicklungsländern betrug nur ein paar Prozent während dieses Jahrzehnts, wenn wir vom starken ökonomischen Zuwachs in China absehen. Gleichzeitig wuchs die Bevölkerung dieser Länder um 2%, so daß das Jahrzehnt durch eine globale ökonomische Stagnation gekennzeichnet ist.

Es gibt bessere Maßeinheiten für Lebensqualität als wirtschaftliche Produktionseinheiten wie beispielsweise das obengenannte Bruttosozialprodukt. Auch in bezug auf einen Teil dieser Einheiten weisen die Länder der sogenannten Dritten Welt eine Stagnation in ihrer Entwicklung während der achtziger Jahre auf. Die heute am meisten akzeptierte Größe ist der sogenannte Human Development Index, HDI. Er setzt sich zusammen aus dem Einkommen, der durchschnittlichen Lebenserwartung und der Fähigkeit zu lesen und zu schreiben. Durch die Beschränkung auf diese drei Aspekte ist es möglich, adäquate vergleichbare Daten zu bekommen. Für die zwei Indikatoren Lebensdauer und Lese- und Schreibfähigkeit konstruiert man eine Skala zwischen 0 und 1 für die niedrigsten und höchsten Werte. Die durchschnittliche Lebenserwartung variiert heute zwischen 42 Jahren (Afghanistan, Äthiopien und Sierra Leone) und 78 Jahren (Japan). Die Fähigkeit zum Lesen variiert bei Erwachsenen zwischen 12% (Somalia) und fast 100% (in vielen Ländernn). Der dritte Indikator, das Einkommen, ist ein geschätztes, an die Kaufkraft angepaßtes BSP. Das variiert zwischen 220 (Zaire) und 4861 US-Dollar (9 Industrieländer) pro Kopf und Jahr. Die Abweichung ist damit kleiner als die des gewöhnlichen BSP. Auch hier verwendet man eine Skala zwischen 0 und 1 für den Logarithmus des Indikators. Den HDI errechnet man aus dem Mittelwert der drei Variablen (UNDP 1990, Abb. 6).

Der HDI kann auch für Männer respektive Frauen berechnet werden (siehe Kaval Gulhatis Kapitel in diesem Buch). Der Index ist leicht zu verstehen, und es gibt Datenmaterial, um ihn zu berechnen – was die beiden wichtigsten Forderungen an einen Indikator dieser Art sind –, aber er berücksichtigt nur ein paar Aspekte unserer Lebensqualität. Andere häufig verwendete Größen untersuchen, ob die Einkommensentwicklung in verschiedenen Ländern zur Polarisierung der Bevölkerung in einen reichen und einen armen Teil führt. Wieder andere Größen messen das Verhältnis zwischen Lehrern und Militärs, um anzugeben, wieviel die Staaten für verschiedene Teilbereiche des öffentlichen Sektors ausgeben.

Es wird als besonders wichtig angesehen, daß gerade die armen Länder versuchen,

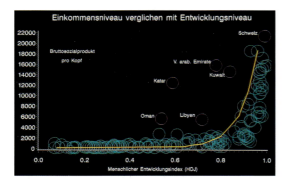

6 Der Zusammenhang zwischen Einkommensniveau und Entwicklungsniveau in verschiedenen Ländern. Das Einkommen wird als Bruttosozialprodukt pro Einwohner gemessen. Die Entwicklung wird mit dem ›Human Development Index‹ der UNO gemessen. Die Schweiz befindet sich ganz rechts oben.

7 Einwohnerzahl und Bevölkerungsdichte in verschiedenen Teilen Europas. Die Einwohnerzahlen in Millionen Nordeuropa 84, Osteuropa 213, Westeuropa 172, Mitteleuropa 105, Südeuropa 144.

die Lebensqualität in bezug auf einige immaterielle Werte zu verbessern, da der traditionelle wirtschaftliche Zuwachs so langsam vonstatten geht.

*Die Entwicklung in Europa*
Europas Anteil an der Weltbevölkerung wird kleiner, zur Zeit wohnt jeder siebte Erdbewohner in den gut dreißig souveränen Staaten dieses Teiles der Erde. Es ist politisch heikel geworden, verschiedene Teile von Europa zu benennen, aber wenn wir uns im großen und ganzen an die Himmelsrichtungen halten, verteilen sich die gut 700 Millionen Einwohner gemäß Abbildung 7.
Um die Entwicklung der Bevölkerungszahlen in Europa zu verstehen, werden wir hier drei wichtige zugrundeliegende Faktoren aufgreifen. Der erste Faktor ist ein höchst augenfällig demografischer, die steigende Lebenserwartung. Der andere ist die gegenwärtige soziale Veränderung, die als Befreiung der Frau bezeichnet werden kann. Der dritte Faktor betrifft die dramatischen geopolitischen Ereignisse, die ursächlich sind für viele Umsiedlungen zwischen Regionen und Ländernn.

*Wir leben immer länger*
Wenn wir die heutige Situation in Europa mit der vergleichen, die vor einigen Jahrhunderten herrschte, so hat sich die Menge der Menschen verfünffacht und die durchschnittliche Lebensdauer verdoppelt. Das ist in erster Linie eine Folge der sinkenden Kindersterblichkeit. Jedes fünfte Kind erlebte in der Mitte des 18. Jahrhunderts seinen ersten Geburtstag nicht. Diese Zahlen gelten für Schweden, wo es seit dieser Zeit Statistiken gibt. Die hohe Sterblichkeit war jedoch eine Tatsache in allen europäischen Ländern. Die, die demgegenüber ein Alter von 5 Jahren erreichten, überlebten im Durchschnitt bis sie 50 Jahre alt wurden. Der Rückgang der Kindersterblichkeit im 19. Jahrhundert wird besseren Kenntnissen im Zusammenhang mit der Entbindung und der Pflege der Neugeborenen zugeschrieben. Für ältere Kinder und Erwachsene waren die Verbesserungen in der Ernährung entscheidend für ein längeres Leben. Auch hygienische Voraussetzungen, vor allem in den dichtbesiedelten Städten, spielten eine Rolle für das Überleben.
Im gegenwärtigen Jahrhundert haben außerdem medizinische Fortschritte dazu beigetragen, daß wir länger leben. Antibiotika und neue Medikamente haben dazu geführt, daß die tödlichen Infektionskrankheiten als Todesursache in Europa fast ganz verschwunden sind. Die letzte größere Epidemie in Europa war die Spanische Grippe in den Jahren 1918 bis 1919, die wahrscheinlich 25 Millionen Todesopfer in der ganzen Welt gefordert hat. Bis heute ist ungewiß, wie die neueste tödliche ansteckende Krankheit, AIDS, die bislang in Europa schätzungsweise 25000 Menschenleben gefordert hat, die Lebensdauer beeinflussen wird.
Die steigende Lebenserwartung führt dazu, daß es immer mehr ältere Europäer gibt. Besonders stark steigt die Zahl älterer Frauen (Abb. 9). Die demografische Veränderung bedeutet ihrerseits, daß an Rentenzahlungen, an den Pflegesektor, den Wohnungsmarkt und viele andere Bereiche der Gesellschaft neue Anforderungen gestellt werden. Immer weniger Jüngere müssen immer mehr Älteren helfen. Der sogenannte Pflegenotstand verschlimmert sich.

*Immer mehr Frauen arbeiten*
Die gestiegene wirtschaftliche Unabhängigkeit der Frauen und die damit verbundenen spürbar lockereren Familienbande bringen offensichtliche Veränderungen in der demographischen Struktur mit sich. Die Kinder werden von immer älteren Frauen geboren. In den Ländern, in denen diese Verschiebung am weitesten fortgeschritten ist, wird das erste Kind durchschnittlich erst dann geboren, wenn die Mutter 27 Jahre alt ist. Viele entscheiden sich auch dafür, zusammenzuleben, ohne verheiratet zu sein. In Schweden, dem Land, wo dieser neue Trend am weitesten fortgeschritten ist, wird derzeit mehr als jedes zweite Kind unehelich geboren (jedoch fast immer von Frauen, die in nichtehelichen Lebensgemeinschaften leben).

8 Zwischen 1973 und 1987 fiel der Wasserspiegel des Aral Sees jährlich um 23 cm. Aus dem weltweit viertgrößten See wurde der sechsgrößte, bei unveränderter Abnahme wird er in 30 Jahren verschwunden sein. Durch einen Beschluß von 1918 waren die Flüsse Amudarja und Syrdarja für die Baumwollproduktion abgeleitet worden, die Kolchosen in Kasachstan und Usbekistan produzierten 90 % der Baumwolle im Common Wealth unabhängiger Statten. Die Umweltbelastung ist erheblich: Das Wasser versalzt, getrocknetes Salz wird auf bewässerte Felder im Umkreis von 400 km geweht. Die Sommer- und Wintertemperaturen sind ebenfalls extremer geworden.
Bilder: NASA/GSFC, Landsat MSS

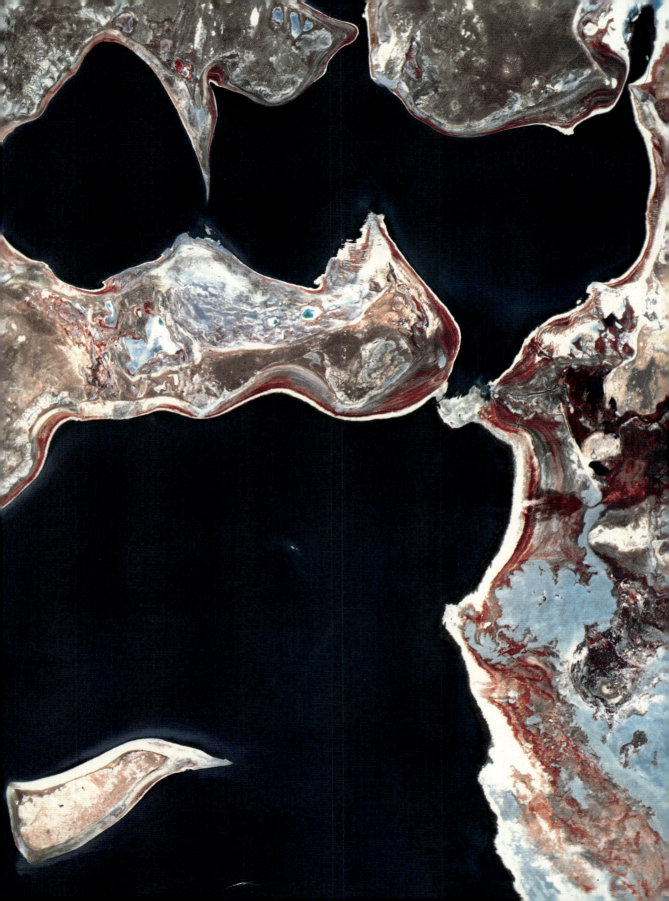

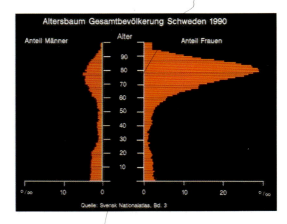

9 Die Personen, die dank der sinkenden Sterblichkeit in den letzten Jahrzehnten überlebt haben. Die Anzahl der Frauen und der Männer in Schweden im Jahre 1990, die nicht am Leben wären, wenn die Sterblichkeitsrate des Jahres 1950 nicht gesunken wäre. Die verbesserten Überlebenschancen haben mithin die Frauen begünstigt. Dieses kann aus Sicht des Mannes ungerecht erscheinen, da die Frauen bereits von einer höheren Lebenserwartung ausgehen könnten. Dieselbe Tendenz gilt auch für andere Staaten in Europa.
Quelle: *Svensk Nationalatlas*, Band 3.

Die auf lange Sicht wichtigste demografische Konsequenz der Befreiung der europäischen Frau ist, daß sie nunmehr weniger Kinder als in irgendeinem anderen Erdteil zur Welt bringt. In manchen Regionen, zum Beispiel Norditalien oder Teilen von Deutschland, bekommt jede Frau nur, statistisch gesehen, ein Kind. Sollte die Geburtenrate weiter sinken, würde sich die Zahl der Kinder pro Frau in einer einzigen Generation halbieren. Die Bevölkerung als Ganzes würde sich dann innerhalb einer Generation um die Hälfte reduzieren, aber die Veränderung würde zunächst nicht bemerkt werden, da immer mehr Menschen immer länger leben. Ein weiterer Faktor, der die niedrige Fruchtbarkeitsrate verschleiert, ist Einwanderung.

Eine niedrige Kinderzahl trägt folglich dazu bei, daß Europas Bevölkerung durchschnittlich immer älter wird. Das Durchschnittsalter in Europa beträgt heute 35 Jahre. In einem Entwicklungsland wie Indien beträgt das Durchschnittsalter nur 20 Jahre. Zusammen mit der sinkenden Sterblichkeit in höherem Alter erzeugt die niedrige Fruchtbarkeit mehr als anderthalb Millionen zusätzliche Rentner jedes Jahr in Europa – in relativen Zahlen.

Die soziale Befreiung der Frauen hängt auch damit zusammen, daß Haushaltsarbeit leichter geworden ist als früher. Die technologische Entwicklung hat zusammen mit gestiegenen Haushaltseinkommen dazu geführt, daß die Beschäftigung mit Essen und Kleidung rationalisiert werden konnte. Auch die geringere Kinderzahl erfordert weniger Hausarbeit. Eine unerhörte Arbeitskapazität wurde auf diese Weise freigesetzt. Dieser Zuwachs an Arbeitskraft ist quantitativ gesehen hundertmal größer als jede Form von Einwanderung. Der Einzug der Frauen auf den Arbeitsmarkt in Europa bringt sowohl eine große ökonomische als auch eine durchgreifende soziale Veränderung mit sich.

*Geopolitik und Volkszugehörigkeit*
Die Begriffe Geopolitik und Volkszugehörigkeit sind vorbelastet. Sie wurden politisch mißbraucht im Zusammenhang mit rassistischen Ideen und der Durchsetzung von Territorialansprüchen. Heute werden sie als neutralere Begriffe wieder benutzt, um die neue Europakarte, die im Entstehen begriffen ist, zu erklären. Die geopolitischen Veränderungen in Europa umfassen unter anderem die Entspannung zwischen Ost und West, die Vorherrschaft von westlich orientierter Politik und Wirtschaftsgemeinschaft sowie verschiedene regionale Unabhängigkeitsbestrebungen sowohl im Osten als auch im Westen. Die ethnischen Konflikte haben ihren Charakter geändert. Gewisse europäische Volksgruppen, die früher Erbfeinde waren, arbeiten nun zusammen, nicht nur über den Handel mit Waren, sondern auch auf einer menschlichen Ebene, so daß Krieg langsam unvorstellbar wird. Andere hassen einander immer noch, mit den dazugehörenden Gewalttätigkeiten. In Europa stehen die geopolitischen Veränderungen in einem eindeutigen Zusammenhang mit der Geschichte der ethnischen Gruppen und ihrer territorialen Ausbreitung.

Ethnisch gesehen ist die Europakarte ein Mosaik. Sowohl die Zusammensetzung der Bevölkerung als auch deren Veränderung unterscheiden sich signifikant vor allem im östlichen und im westlichen Teil des Kontinentes. Im Westen ist die überwältigende Mehrheit christlich, römisch-katholisch oder protestantisch. Mit Ausnahme von Griechenland bedient man sich desselben Alphabetes und einer so gleichgearteten Kultur, daß demographische Erscheinungen wie Familien mit wenigen Kindern, Verstädterung und steigende Lebensdauer in den verschiedenen Ländern ähnlich verlaufen. Ethnische Gegensätze bemerkt man vor allem im Zusammenhang mit regionalen Unabhängigkeitsbestrebungen. Gewalttätigkeiten in größerem Umfang kommen heute unter anderem auf dem Balkan, in kleinerem Umfang in Nordirland und im Baskenland vor. Störende politische Gegensätze sind jedoch weiter verbreitet. In Belgien beispielsweise haben Wallonen und Flamen Schwierigkeiten, zusammenzuarbeiten.

Im östlichen Teil Europas ist die Mehrheit der Bevölkerung slawisch. Dort gibt es auch Grenzgebiete, wo die christliche und die muslimische Bevölkerung aufeinandertrifft. Zusammengenommen werden circa 60 Sprachen in dem Teil Europas, der früher die Sowjetunion war, gesprochen. Tageszeitungen erscheinen in 50 verschiedenen Sprachen. Es gibt wie im Westen zwei verschiedene Alphabete. Wenn wir die Kaukasischen Republiken zu Europa rechnen, gibt es dort vier Alphabete. Der Kampf um geografische Ausdehnung hat sich auch in der Neuzeit fortgesetzt mit gewaltsamen Umsiedlungen verschiedener ethnischer Gruppen. Die ethnischen Spannungen konnten zur Zeit der kommunistischen Diktatur verschleiert werden, aber heute, wo die Zentralmacht in Moskau gebrochen ist, entstehen ständige Konflikte. Die Gewalttätigkeiten sind an einem Dutzend Plätzen in den letzten Jahren ausgebrochen. Zukünftige Umsiedlungen von Volksgruppen kann man voraussehen. Bereits 1991 kamen Russen aus Kleinasien, Kasachstan und dem Kaukasus zurück in die Heimatrepublik Rußland.

*Verschiebungen der historischen Positionen der Kontinente*
Heutige Paläontologen glauben, daß es die ersten menschlichen Gesellschaften in Afrika gegeben hat. Höher entwickelte Zivilisationen entstanden später an verschiedenen Stellen in Asien, zum Beispiel in Mesopotamien, im Indus-Tal und in Nordchina. Es ist schwierig, Macht und Wohlstand zu messen, aber Asien besaß in vieler Hinsicht einen Vorsprung vor anderen Kontinenten während der verschiedenen historischen Epochen, das vorige Jahrtausend eingeschlossen. Vereinfachend kann man behaupten, daß die Erdteile Asien und Europa in der ersten Hälfte des gegenwärtigen Jahrtausends gleichauf lagen, während Europa in den letzten 500 Jahren die Vormachtstellung übernahm.
Bei der Machtübernahme hatten die Europäer drei entscheidende Vorteile: größere Widerstandskraft gegen Krankheiten, Waffen und friedlichen Handel. Die Geschichte ist wohlbekannt. Australien wurde seit dem Ende des 18. Jahrhunderts von den Engländern erobert und bevölkert, und der Kontinent ist immer noch ein europäischer, weil man eine ethnisch selektive Einwanderungspolitik betreibt. Südamerika wurde zuerst von den Spaniern und Portugiesen unterworfen. Die Kolonien befreiten sich jedoch bereits während des frühen 19. Jahrhunderts, und das heutige Südamerika ist eine Mischung von Kulturen mit starkem südeuropäischen Einschlag. Nordamerika wurde in verschiedenen Wellen von den Europäern kolonisiert. Die einheimische Bevölkerung in ganz Amerika, schätzungsweise circa 14 Millionen Indianer zu Beginn des 16. Jahrhunderts, wurde während der folgenden Jahrhunderte stark dezimiert. Erst heute beginnt der Anteil von Indianern in Amerika wieder zu steigen, weil der Bevölkerungszuwachs prozentual in den Staaten mit einem hohen Anteil von Indianern und Mestizen am größten ist.
Nordamerika wird heute von den USA beherrscht. Trotz einer geringen Bevölkerung, gegenwärtig ungefähr 250 Millionen Einwohner, spielen die USA die Rolle des mächtigsten Staates der Erde. Sie haben in dieser Hinsicht die Position Europas im letzten Jahrhundert übernommen. Das Problem in der Zukunft ist unter anderem eine innere Polarisierung zwischen Reichen und Armen, die dazu führen kann, daß immer mehr Ressourcen für die Aufrechterhaltung der Sicherheit und für innere Kontrolle aufgewendet werden müssen. Der spanischsprechende Teil der Bevölkerung wächst schneller als die übrigen Gruppen. Die bisherige Einsprachigkeit kann folglich langsam in Frage gestellt werden. Das Problem der Zweisprachigkeit ist jedoch eine zu vernachlässigende Größe verglichen mit Europas 60-Sprachigkeit.
Die Möglichkeiten für die relativ wenigen Einwohner der USA, die Spitzenposition in bezug auf Macht und Wohlstand zu behaupten, sind augenfällig. Ein großer und gut funktionierender Binnenmarkt gibt Stärke. Neue Einwanderergruppen können zu einem fortgesetzten Wirtschaftswachstum beitragen. Unter anderem hatten die Einwanderer aus Indien und Vietnam größeren Erfolg, sowohl bildungsmäßig als auch wirtschaftlich, im Vergleich zum Durchschnitt des Landes.
Afrika und Asien – wurden nie in der Weise kolonialisiert wie die übrigen Erdteile, aber mit Hilfe von Stützpunkten übernahmen die Europäer die Macht von einheimi-

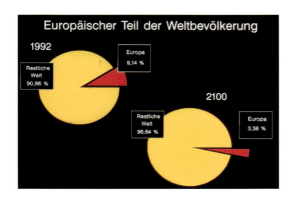

10 Der Anteil Europas an der Weltbevölkerung im Jahr 1992 und nach einer Prognose für 2100.

schen Herrschern über eine Vielzahl von Territorien. In Afrika wurden zunächst im 16. Jahrhundert, dann auch später, die Küsten Gegenstand des Einflusses der Kolonialmächte. Das Binnenland wurde erst vor einem Jahrhundert ausgebeutet. Als Italien 1936 Äthiopien eroberte, war Liberia das einzige afrikanische Land, das eine gewisse Unabhängigkeit von Europa besaß. Europäischer Kolonialismus im Gewand des 19. Jahrhunderts war jedoch ein kurzes Zwischenspiel in der Geschichte Afrikas. Nach dem Zweiten Weltkrieg wurden die verschiedenen Staaten bald selbständig, zuerst Libyen (1951), Tunesien, Sudan und Marokko (1956). Während der sechziger Jahre wurden 35 Staaten selbständig und heute sind es alle 50 afrikanischen Staaten. Nur in Südafrika ist es einer Minderheit von ›Europäern‹ gelungen, die politische und militärische Macht zu behalten.

Ein wichtiger Grund dafür, daß Afrika nicht europäisch wurde, war die Tatsache, daß die weißen Einwanderer bevölkerungsmäßig so offensichtlich in der Minderheit waren. Die Kontrollorgane, Polizei und Militär, rekrutierten sich in der Hauptsache aus der einheimischen Bevölkerung.

In Asien galten dieselben bevölkerungsmäßigen Minderheitsverhältnisse. Im Zusammenhang mit der Entwicklung des Nationalismus in den asiatischen Staaten mußten sich Europäer und Nordamerikaner zurückziehen. Eine Ausnahme bildet immer noch Sibirien, wo die ursprünglichen Volksgruppen heute Minderheiten innerhalb einer hauptsächlich russischen Bevölkerung darstellen.

Afrikas Zukunft ist problematisch. Mit einem dreiprozentigen Bevölkerungszuwachs wird sich die Anzahl der Einwohner zwischen den Jahren 1992 und 2015 verdoppeln. Die Bevölkerung wächst oft schneller als die Wirtschaft. Die Entwicklung ist in vieler Hinsicht rückläufig. Die Ursachen sind vielfältig. Das Ausbildungsniveau ist niedrig. Die ethnische Karte gleicht einem Mosaik und stimmt selten mit willkürlich gezogenen Nationengrenzen überein. Das hat viel innere Streitigkeiten zur Folge. Wenige Regierungen sind mit Unterstützung der Bevölkerung zustandegekommen, und die Demokratie glänzt durch Abwesenheit. Verschiedene Führer und Politiker bereichern sich auf Kosten des Landes. Der Waffenhandel hat einen großen Umfang erreicht und wächst weiter. 27 Länder sind von Lebensmittelimporten und Spenden abhängig, um die gegenwärtige Bevölkerung zu ernähren. Kapitalflucht und geringer Investitionswille sind natürliche Konsequenzen von beispielsweise schlechter Infrastruktur für Unternehmen und einem unsicheren politischen Klima.

Gleichzeitig besitzt der Kontinent ein unerhörtes Entwicklungspotential. Große natürliche Reichtümer und viel Platz trotz des Bevölkerungszuwachses könnte, einen verbreiteten Willen zu Frieden und Entwicklung vorausgesetzt, zu Wohlstand führen.

Es ist schwierig, Asien als homogene Einheit zu behandeln. Den Kontinent bevölkern viele ethnische Gruppen und die ökonomischen Verhältnisse variieren beträchtlich. So hat beispielsweise die muslimische Bevölkerung der Arabischen Halbinsel ein Durchschnittseinkommen von mehr als 14 000 DM pro Jahr, während die verschiedenen hinduistischen Bevölkerungsgruppen Indiens ein bedeutend geringeres Einkommen haben, ungefähr 600 DM pro Jahr. Die japanische Bevölkerung lebt in einem Wohlfahrtsstaat, der in mehrfacher Hinsicht, zum Beispiel in bezug auf die durchschnittliche Lebensdauer, bessere Bedingungen bietet als die USA oder Westeuropa. Die kürzlich industrialisierten Länder Singapur und Südkorea gehören auch zu dem Drittel der Länder der Erde, deren Bevölkerung einen hohen Lebensstandard hat.

Die vielen Menschen und das rasche Wirtschaftswachstum in Teilen Asiens bewirken, daß der Kontinent zweifellos dabei ist, eine internationale Machtposition zu erlangen. Im Vakuum nach dem Zerfall des Sowjet-Reiches gibt es auch Platz für ein neues globales politisches Zentrum. Während Moskaus Macht auf die militärische Kontrolle baute, scheint die, die Tokio errichten wird, auf wirtschaftliche Kontrolle zu setzen. Die sechs größten Banken der Welt sind heute japanisch.

Im Grenzgebiet zwischen Europa und Asien gibt es viele ethnische Konflikte. Unter anderem kämpfen muslimische und christliche Völker um die Kontrolle über einzelne Territorien. Zwischen Aserbaidschanern und Armeniern im Kaukasus gibt es Auseinandersetzungen. Europäer in den asiatischen Teilen der Sowjetunion ziehen in immer größerem Umfang heim nach Europa. Europas derzeitiger Bevölkerungsaustausch mit Asien besteht in erster Linie aus Heimkehrern der früheren Sowjetunion, Asylsuchenden, die vor Krieg und Unterdrückung flüchten sowie Menschen, die aus wirtschaftlichen Gründen ihr Heimatland verlassen. Viele Kurden, Iraner und Vietnamesen suchen eine neue Heimat. Unter denen, die aus beruflichen Gründen umziehen, sind zum Beispiel Angestellte der japanischen Banken und Unternehmen, die sich in Europa etablieren.

Für Europa wird vielleicht die Entwicklung in Nordafrika besondere Bedeutung erlangen. Die gegenwärtige Bevölkerung ist jung und wächst schnell, während Europas Bevölkerung alt ist und stagniert. Für die fünf Länder an der südlichen Küste des Mittelmeeres hat man errechnet, daß die Bevölkerung um circa 100 Millionen bis zum Jahr 2025 anwachsen wird. Ein Bevölkerungsansturm aus Süden ist möglich. Das Mittelmeer wird möglicherweise dieselbe Bedeutung erlangen wie die Grenze zwischen Mexiko und den USA, mit großen Strömen von legalen und illegalen Einwanderern von Süden nach Norden.

Der Bevölkerungsansturm auf Europa ist eine neue Erscheinung in der Geschichte. Früher exportierte Europa Menschen. Während der letzten Jahrhunderte sind Menschen in einer Größenordnung von 65 Millionen aus Europa ausgewandert. Zunächst erforderte die Kolonialisierung abgelegener Länder loyale Europäer vor Ort. Dann zwangen Armut, Hunger und Proletarisierung Europäer, in leicht zu erobernde Gebiete in Nordamerika, Südamerika und Australien zu ziehen.

Heute ist Europa ein Einwanderungsgebiet geworden. In relativen Zahlen gemessen ist die Einwanderung noch gering, ein Einwanderer pro Jahr kommt auf drei bis viertausend Europäer. Sie konzentriert sich geographisch jedoch oft auf große Städte, und wenn die Einwanderer außerdem fremden ethnischen Gruppen angehören, wird der visuelle Eindruck augenfällig. Soziale Spannungen und politische Unruhen sind in mehreren Ländern die Folge.

*Europas demographische Zukunft*

Wie sehen Europas zukünftige Probleme und Möglichkeiten aus? Die heutige Situation ist so, daß der Kontinent während des letzten Jahrhunderts durch innere ethnische und ideologische Gegensätze paralysiert worden ist. Zwei größere Kriege wurden auf heimischem Boden ausgetragen. Ein Eiserner Vorhang machte Handel und Kommunikation zwischen West und Ost unmöglich. Halb Europa hat in einem ineffektiven Produktionssystem gelebt, das Einzelinitiativen nicht zuließ. Ohne diese Erschwernisse während des gegenwärtigen Jahrhunderts wäre der Lebensstandard in Europa wahrscheinlich ungefähr doppelt so hoch. Alternativ wäre die Arbeitszeit nur halb so lang, unter Beibehaltung des gegenwärtigen materiellen Standards.

Das Wohlstandsgefälle zwischen den verschiedenen Teilen Europas und die ethnischen Spannungen im Osten tragen dazu bei, daß Osteuropäer, die die Erlaubnis bekommen, in den Westen umzuziehen, dieses gerne tun. Die ersten größeren Flüchtlingsströme umfaßten Personen, die als Juden und Deutsche in ihrem sowjetischen Paß klassifiziert worden waren oder deren Angehörige. Seit 1986 hat sich die Zahl der Auswanderer aus dem Osten jedes Jahr verdoppelt, um im Jahre 1990 ein Niveau von circa einer halben Million zu erreichen.

*Europa in der Welt*

Europa wird auch in Zukunft seinen Anteil an der Weltbevölkerung verringern (Abb. 10). Die Behauptung gilt natürlich nur, wenn keine größeren, heute undenkbaren Trendveränderungen auftreten. Mit fortgesetzt niedriger Fertilität und zahlenmäßig geringer Einwanderung nach Europa ist es denkbar, daß Nordamerika, mit seinen größeren Familien und seiner größeren Einwanderungszahl, Westeuropa bevölkerungsmäßig schon in der Mitte des nächsten Jahrhunderts überholen wird. Die Bevölkerungsfrage ist ein guter Indikator für die Bereitschaft, die Entwicklung

11 In Nordeuropa herrscht Wald vor und der Abstand zwischen den Häusern ist groß – er beträgt oft mehrere Kilometer.
Foto: Alf Linderheim/N

12 Vor der nordamerikanischen Ostküste trifft der warme Golfstrom aus der Karibik den kalten Labradorstrom aus dem Norden. Die Temperaturunterschiede erzeugen ein lebhaftes Muster mit Mäandern. Dieses Mosaik wurde 1984 von einem Wettersatelliten mit Infrarot aufgenommen. Die Farben geben die Temperaturunterschiede von Warmem und Kaltem wieder in den Abstufungen Rot, Orange, Gelb, Grün, Blau und Violett.
Bild: NOAA/GSFC

der Erde aus einer solidarischen Perspektive zu sehen. Die Europäer scheinen nicht bereit zu sein, zu teilen, weder Ressourcen – die Hilfe für die armen Länder umfaßt ungefähr drei Promille des Produktionsergebnisses der reichen Länder – noch Platz – Einwanderung unterliegt einer Quotierung und wird streng kontrolliert. Trotz der Restriktionen kommt es doch zu einer geringen Einwanderung – ein Einwanderer auf ein paar Tausend Europäer pro Jahr – die sich auf gewisse Länder und Städte konzentriert. Es scheint in den innereuropäischen politischen Diskussionen und für die einzelnen Nationen immer wichtiger zu werden, existierende Territorien gegen friedlich einwandernde Gruppen zu schützen, von denen man glaubt, daß sie den Wohlstand bedrohen. Europa errichtet einen Schutzwall gegen den Bevölkerungsdruck von außen. Die Mauer wird besonders hoch um Westeuropas Wohlfahrtsstaaten gebaut. Dort wird jetzt der alte Eiserne Vorhang durch eine Wohlstandsmauer ersetzt, die arme Osteuropäer davon abhalten soll, in den Westen zu ziehen.

*Friedlicher Einwanderungsdruck ersetzt militärische Bedrohung*
Europas bisherige Probleme sind auch seine Chance. Wenn die ethnischen Konflikte in Osteuropa und an einigen anderen Gebieten auf einem niedrigen Niveau gehalten werden können und wenn eine langsame Einwanderung aus anderen Teilen der Welt von der gegenwärtigen Bevölkerung assimiliert werden könnte, gibt es alle demografischen Voraussetzungen, um einen schnellen Zuwachs an Wohlstand zu erreichen. Die ethnischen Konflikte, die heute oft zu Gewalttätigkeiten und Bürgerkriegen führen, sind jedoch für den Kontinent als ganzen geringfügig, verglichen mit dem Gedanken an einen Krieg zwischen Ost und West in Europa.
Europas bunt zusammengesetzte Bevölkerung wird durch Einwanderung aus anderen Teilen der Welt langsam immer gemischter. Ethnische Konflikte, die bislang die europäische Geschichte bestimmt haben, erscheinen im Vergleich zu früher eher von lokaler Bedeutung zu sein. Die Idee, Territorien von anderen Völkern zu erobern, beginnt in Europa unmodern zu werden. Organisierte Feldzüge zwischen Staaten werden abgelöst durch selbstgebastelte Benzinbomben zwischen Gruppen in Gebieten mit ethnischen Spannungen.

# Die Erwärmung der Erde in der Diskussion: Wird gute Wissenschaft oder schlechte Politik betrieben?

Stephen H. Schneider

1 Zwischen dem Kohlendioxidgehalt und der Temperatur der Atmosphäre läßt sich für die letzten 160 000 Jahre (oben) und, in geringerem Maße, für die letzten 100 Jahre (unten) ein enger Zusammenhang herstellen. Untersuchungen von Bohrkernen aus dem antarktischen Eis durch Glaziologen aus Grenoble zeigen, daß Temperatur und Kohlendioxidgehalt der Atmosphäre beinahe gleichzeitig anstiegen, als vor ungefähr 130 000 Jahren eine Eiszeit endete, fast zugleich abnahmen, als ein neues Glazial begann und wiederum anstiegen, als sich das Eis vor rund 10 000 Jahren zurückzog. Die Temperaturmessungen der jüngeren Zeit zeigen eine leichte, weltweite Erwärmung, wie Mitarbeiter der Klimaforschungsgruppe an der Universität von East Anglia herausgefunden haben. Ein heißer Streit ist um die Frage entbrannt, ob die Erwärmung um $½°$ C durch die gleichzeitige Zunahme von Kohlendioxid in der Atmosphäre verursacht wurde.
Quelle: Schneider, S.H.: ›The Changing Climate‹, in: *Scientific American* 261, 1989.

Während der letzten 10 000 Jahre, dem Zeitraum also, in dem sich die menschliche Zivilisation entwickelte, war es auf dem Planeten Erde niemals mehr als 1 °C oder 2 °C wärmer als heute. Eine Zunahme der Oberflächentemperatur um 4 °C kommt annähernd dem Temperaturunterschied zwischen dem Ende der letzten Eiszeit und der interglazialen Epoche der Gegenwart gleich. In dieser Zeitspanne hat sich die Ökologie der Erdoberfläche von Grund auf gewandelt. Im Normalfall dauert es 5000 bis 10 000 Jahre, bis sich derartig bedeutende globale Veränderungen bemerkbar machen. Ein Klimaumschwung mit einer weltweiten Temperaturzunahme von mehreren Grad Celsius in einem Jahrhundert würde mindestens zehnmal, vielleicht hundertmal so schnell ablaufen wie die bisherigen, natürlichen Vorgänge. Weltweite Erwärmung – verursacht durch eine Zunahme der Treibhausgase in der Atmosphäre – läßt erhebliche Störungen des natürlichen ökologischen Systems und beträchtliche Probleme für Landwirtschaft und Wasserversorgung befürchten. Ein Anstieg des Meereswasserspiegels droht ebenso wie verstärktes Auftreten von Wirbelstürmen. Auch mit bisher unbekannten Auswirkungen auf die Gesundheit von Mensch und Tier ist zu rechnen.

So erstaunt es nicht, daß die Erwärmung der Erde zum beherrschenden Thema der Umweltdiskussion geworden ist. Dabei ist die Klimaveränderung nur ein Aspekt des weltweiten Umschwungs. Gewöhnlich verwendet man diesen Ausdruck, um eine Reihe von unterschiedlichen Umweltveränderungen zu umschreiben. Dazu zählen die Ozonzerstörung, Zersiedelung, Artensterben, Verunreinigung natürlicher Systeme und Ressourcen, Saurer Regen. Heute kann noch niemand genau vorhersagen, inwieweit ein weltweiter Temperaturumschwung sich regional unterschiedlich auswirken würde. Doch reichen die Schätzungen von durchaus vorteilhaften Folgen für Natur und Mensch bis hin zu katastrophalen Schäden. Daraus resultieren beträchtliche Meinungsverschiedenheiten. Sollte die Menschheit sofort Maßnahmen ergreifen, um sich vor den möglichen, wenn auch nicht mit Gewißheit vorhersehbaren Schäden zu schützen? Oder ist es angebracht, noch einige Jahrzehnte abzuwarten, bis man mehr über die Auswirkungen der Klimaveränderung weiß? (Ausabel 1991).

## Der Treibhauseffekt

Seit mehr als 150 Jahren ist bekannt, daß atmosphärische Gase wie Wasserdampf, Kohlendioxid, Methan und Stickoxid die wärmeliefernde Infrarotstrahlung der Erde an der Oberfläche zurückhalten können. Man weiß, daß der natürliche Treibhauseffekt für eine Erwärmung der Erdoberfläche um etwa 33 °C sorgt. Seit Ende des 19. Jahrhunderts hat es Spekulationen über eine Zunahme des Treibhauseffekts gegeben, verursacht durch die Energiegewinnung aus fossilen Brennstoffen. Bei dieser entsteht das Gas Kohlendioxid ($CO_2$), das in der Atmosphäre angesammelt werden könnte.

Allgemein wird angenommen, daß menschliche Aktivitäten wie Energiegewinnung aus fossilen Brennstoffen und Abholzung seit der industriellen Revolution zu einem Anstieg der $CO_2$-Konzentration in der Atmosphäre um 25 % geführt hat (bei Methan sind es um 100 %), und es sind auch synthetische Verbindungen, wie Fluorchlorkohlenwasserstoffe, in die Atmosphäre gelangt. Letztere spielen zudem bei dem Schwinden der Ozonschicht in der Stratosphäre und der Entstehung des Ozonlochs eine zentrale Rolle. Die Wissenschaftler sind sich im großen und ganzen darüber einig, daß die Gase seit der industriellen Revolution ungefähr 2 bis 3 Watt der durch Infrarotstrahlung erzeugten Energie zusätzlich an der Erdoberfläche festgehalten haben, was der Energie einer kleinen Weihnachtsbaumkerze auf jedem der 500 Billionen Quadratmeter der Erde entspricht.

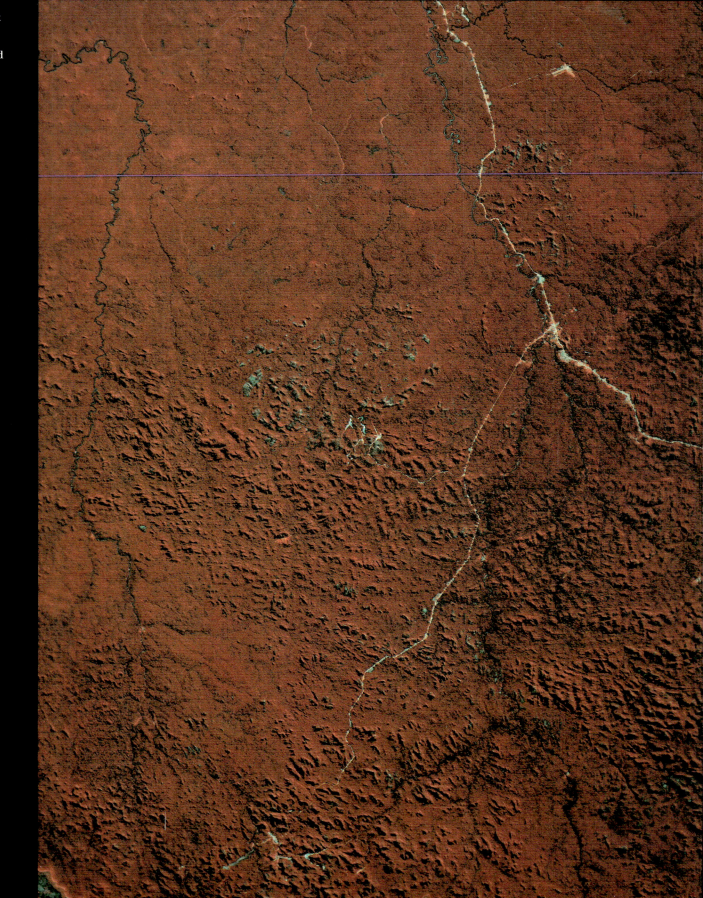

2 Der Brasilianische Regenwald, gezeichnet von Zerstörung durch Abholzung und Verbrennung, 1975 und 1986 aufgenommen von Landsat MSS. Bild: NASA/USGS

Noch keine Einigkeit wurde darüber erzielt, wie die zusätzlichen 2 oder 3 Watt mit einem genau definierten Temperaturanstieg in Verbindung zu bringen sind. In dieser Frage stützt man sich bisher noch auf Vermutungen über die Auswirkungen des Umschwungs auf Temperatur, Verdunstung, Eisschmelze, Bodenfeuchtigkeit und Bewölkung; die Beweise aber fehlen. Unsere Schätzungen in bezug auf die Temperaturerhöhung durch Anreicherung von Treibhausgasen bergen daher eine gewisse Unsicherheit, die etwa mit dem Faktor 3 zu bemessen ist. Die meisten Bewertungen – so auch die des internationalen Ausschusses IPCC (1990), an dem mit Unterstützung der Vereinten Nationen 200 Wissenschaftler teilnehmen – kommen zu dem Ergebnis, daß eine Erwärmung um mehrere Grad Celsius bis zur Mitte des nächsten Jahrhunderts ziemlich wahrscheinlich ist. Eine Erwärmung um mehr als 4 °C bis zum Ende des kommenden Jahrhunderts wird durchaus für möglich gehalten.

Ich selbst habe in einer Veröffentlichung (Schneider 1990) die Ansicht geäußert, daß die Wahrscheinlichkeit einer Erwärmung um mehr als 2 °C, die in der Geschichte der menschlichen Zivilisation bisher ohne Beispiel wäre, mindestens 50 % beträgt. Eine katastrophale Klimaveränderung (Erwärmung um mehr als 4 °C) ist meiner Ansicht nach ebenso wie mögliche positive Auswirkungen kaum wahrscheinlich (weniger als 1 %). Vermutlich wird es noch 1 oder 2 Jahrzehnte dauern, bis die Forschung sichere Aussagen über die zu erwartenden klimatischen Veränderungen machen kann, an die sich Natur und Mensch im kommenden Jahrhundert werden anpassen müssen. Mit etwas Glück ist es denkbar, daß wir innerhalb des nächsten Jahrhunderts nur mit einer Erwärmung um rund 1 °C zu rechnen haben. Mit einer Veränderung dieser Größenordnung könnten die meisten, wenn auch nicht alle Arten – einschließlich des Menschen – fertigwerden. Die gegenwärtigen, unsicheren Schätzungen (die eine Temperaturerhöhung um mehrere Grad Celsius bis zur Mitte des kommenden Jahrhunderts vorhersagen) könnten aber auch zu optimistisch sein. Falls das zutrifft, hätten wir es mit einem Umschwung katastrophaler Größenordnung zu tun, den wir schon lange vor dem Ende des nächsten Jahrhunderts zu spüren bekämen. Die Politik steht nun vor der Frage, ob Sofortmaßnahmen zu ergreifen sind oder ob man abwarten und somit ein Risiko eingehen will in der Hoffnung auf eine günstige Entwicklung.

*Sollen wir handeln?*
Derzeit findet auf internationaler Ebene eine intensive Auseinandersetzung statt, ob und was gegen eine eventuelle Klimaveränderung zu tun ist. Daran sind Vertreter der Regierungen und Forschungsinstitutionen ebenso beteiligt wie engagierte Persönlichkeiten aus Politik und Wirtschaft. Besondere Aufmerksamkeit gilt der Schaffung eines Rahmenabkommens zur Begrenzung des Treibhausgas-Ausstoßes. Wesentliche Themen der Tagesordnung bei der UN-Konferenz für Umwelt und Entwicklung in Brasilien (1992) werden die Bestimmungen sein, die in eine solche internationale Konvention aufgenommen werden sollen. Mit großer Sicherheit wird die Frage, inwieweit die weltweite Klimaveränderung eine ernstzunehmende Gefahr darstellt und was dagegen zu tun ist, bis auf weiteres die Tagesordnung der Umweltdiskussion beherrschen.

Die Treibhausgase könnten eine Erwärmung bisher unbekannten Ausmaßes verursachen. Immer wieder werden verschiedene Vorschläge zur Verminderung des Treibhausgas-Ausstoßes diskutiert. Von drastischen Kürzungen beim Verbrauch fossiler Brennstoffe in Industrieländern ist dabei die Rede. Auch soll das Ziel, die Entwicklungsländer mit Hilfe fossiler Brennstoffe zu industrialisieren, aufgegeben werden. Eine drastische Verlangsamung des weltweiten Bevölkerungswachstums wird ebenso gefordert wie Maßnahmen zur Wiederaufforstung in entwaldeten Regionen. Befürworter und Gegner dieser Vorschläge überhäufen sich gegenseitig mit Schuldzuweisungen: Konsequente Maßnahmen gegen die Erwärmung der Erdatmosphäre würden lebenslange Armut für Millionen von Menschen bedeuten. Die Fortführung der bisherigen Entwicklungspolitik könnte zu einer weltweiten Katastrophe führen.

Kritische Stimmen aus den Reihen der betroffenen Industrien, auch mit ideologischen Vorbehalten gegen die Einschränkung der unternehmerischen Tätigkeit, haben sich entschieden gegen eine Politik des Handelns ausgesprochen. Ihrer Meinung nach würde diese eine Bedrohung für die weltwirtschaftliche Entwicklung darstellen. Das einzelne Unternehmen würde entmutigt, die nationale Unabhängigkeit gefährdet und die Regierungen behindert. Umweltschützer wenden ein, auch mit einschneidenden Maßnahmen sei eine Erwärmung der Erde um 1 bis 2 °C nicht mehr zu verhindern. Nur wenn es gelänge, den Treibhausgas-Ausstoß innerhalb der nächsten 50 Jahre um mindestens 50 % zu senken, sei die Temperatur der Erdatmosphäre auf einem Wert, der einige Grad höher läge als heute, zu stabilisieren. Ohne solche Maßnahmen könne sich die Atmosphäre bis zum Ende des nächsten Jahrhunderts weit stärker aufheizen.

Die internationalen Verhandlungen, die zur Entwicklung eines gesetzlichen Rahmens zur Begrenzung von Emissionen führen sollen, dürften sich außerordentlich schwierig gestalten. Einige Entwicklungsländer setzen nämlich auf den Gebrauch von billigen fossilen Brennstoffen für den Aufbau ihrer Industrie, und ein Industrieland verbraucht pro Kopf in der Regel das Drei- bis Zwanzigfache dessen an Energie und Rohstoffen, was in Entwicklungsländern normalerweise konsumiert wird.

3 Brasilianischer Regenwald.
Photo: Loren McIntyre.

*Wege aus dem Dilemma: Anpassung oder Mäßigung?*

Die Vorschläge zum Umgang mit der weltweiten Erwärmung kann man im Grundsatz zwei Kategorien zuordnen: Anpassung oder Mäßigung. Passive Verhaltensweisen kennzeichnen die Anpassung. Landwirte könnten zum Beispiel andere Nutzpflanzen anbauen, die bei dem veränderten Klima bessere Erträge liefern, oder sie könnten neue Bewässerungsanlagen installieren. Die Küsten könnte man durch aktivere Anpassung schützen, zum Beispiel durch den Bau von Deichen. Dazu kämen passive Maßnahmen wie Umwandlung von überflutungsgefährdetem Land, das bisher industriell oder zum Wohnen genutzt wurde, in Ackerland oder Erholungsgebiete. Diese passiven Verhaltensweisen werden gewöhnlich von Wirtschaftswissenschaftlern favorisiert (Schelling 1983).

In die andere Handlungskategorie fallen zwei Mäßigungsmodelle. Zum einen könnte man den Ausstoß von Gasen vermindern, durch die Klimaveränderungen hervorgerufen werden. Diesem Zweck würden dienen: Erhöhung der Energieausbeute, Verbot von Fluorchlorkohlenwasserstoffen, Familienplanungsprogramme, Investitionen in die Entwicklung nichtfossiler Energiequellen und Umstieg auf Brennstoffe, bei deren Nutzung möglichst wenig $CO_2$ anfällt. Umweltschützer unterstützen diese aktiven Strategien (Leggett 1990).

Der Begriff ›Geoengineering‹ steht für eine radikalere Vorgehensweise, deren Ziel es ist, Kohlendioxid aus dem atmosphärischen Kreislauf zu entfernen. Diesem Zweck können Aufforstung und auch Düngung der Ozeane (das pflanzliche Plankton soll $CO_2$ absorbieren) dienen. Noch mehr gehen die Meinungen hinsichtlich der Möglichkeit auseinander, vorsätzlich eine Abkühlung des Klimas herbeizuführen und damit einen Ausgleich für die ungewollte Erwärmung zu schaffen (siehe dazu die Diskussion in Begley 1991). Um die Frage, ob passive oder aktive Anpassung, Mäßigung oder Geoengineering der ›richtige‹ Weg ist, gibt es heiße Debatten (Nationale Akademie der Wissenschaften, USA 1991).

*Welcher Weg ist der richtige?*

Die Nationale Akademie der Wissenschaften der USA hat 1991 ein System in den Streit um den richtigen Weg gebracht. Dieses habe ich erweitert. Man kann drei Vorgehensweisen unterscheiden: offene Maßnahmen, Sicherheitspolitik und Abschreckungspolitik.

Offene Maßnahmen zeichnen sich dadurch aus, daß sie unabhängig von einer tatsächlichen globalen Erwärmung einen Sinn ergeben. Durch ein Verbot der Fluorchlorkohlenwasserstoffe würde zum Beispiel künftiger Schaden für die Ozonschicht

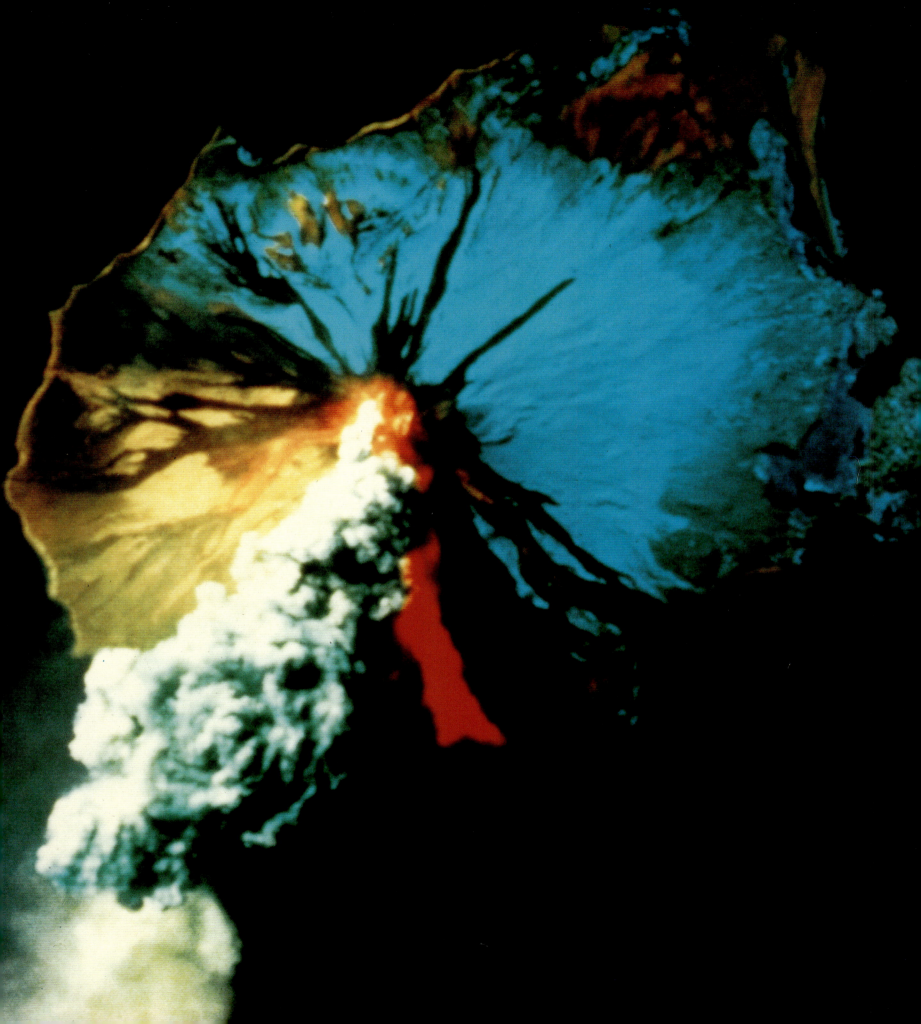

der Stratosphäre abgewendet und das globale Erwärmungspotential um etwa 20 % vermindert. Zu den offenen Maßnahmen gehört auch die Energiesparpolitik ohne Nettokosten. Sie ergibt auch ohne eine Erwärmung der Erde einen Sinn; eine eventuelle globale Erwärmung läßt die Durchführung dieses wirkungsvollen Verfahrens umso dringlicher erscheinen. Obwohl man sich nicht über die Wahl der Mittel (strengere Baugesetze, straffere Vorschriften, Mineralölsteuern) einig ist, bestehen doch kaum Zweifel über die Förderungwürdigkeit offener Maßnahmen.

Sicherheitspolitik wird häufig fehlgedeutet, indem gemutmaßt wird, die Verlangsamung eines möglichen Klimaumschwungs käme einer ›Versicherung‹ gegen die Katastrophe gleich. Meistens kann man ein Ereignis durch Sicherheitspolitik jedoch nicht verhindern; vielmehr dient diese gewöhnlich dazu, das Unglück abzumildern, wenn es passiert. Sicherheitspolitische Alternativen können die Anpassung an den Klimawechsel erleichtern, wenn dieser eintritt. Dazu zählen die Entwicklung und Erprobung von neuen Pflanzenzuchtformen, die von einer hohen Kohlendioxidkonzentration profitieren oder widerstandsfähiger gegenüber einem Klimawechsel sind. Zur Sicherheitspolitik gehört auch die forcierte Entwicklung alternativer Energiesysteme weit über das hinaus, was das freie Kräftespiel des Marktes hervorbringen würde. Ebenso zählt dazu die Vergrößerung von Naturschutzgebieten, damit Arten, die durch raschen Klimawechsel oder andere menschliche Einwirkungen bedroht sind, Bewegungsspielraum haben und nicht in der Falle sitzen, Brücken oder Deiche ließen sich vergrößern, um einem möglichen Meeresspiegelanstieg oder Überschwemmungen zu trotzen.

Schließlich kommt noch eine Politik der Abschreckung in Frage. Analog zur militärischen Abschreckung sind derartige Maßnahmen geeignet, die Wahrscheinlichkeit einer gefährlichen Klimaerwärmung herabzusetzen. Militärische Abschreckung ist stets mit enormen, langfristigen Kosten verbunden, wenn man das erklärte Ziel, nämlich eine Verminderung der Wahrscheinlichkeit, mit der gewisse Waffen zum Einsatz gelangen, erreichen will. Während über die Theorie der Abschreckung noch endlos debattiert wird, wenden gleichzeitig praktisch alle Nationen, die Streitkräfte unterhalten, Abschreckungskonzepte an. Offenbar versprechen sie sich eine Verminderung der Wahrscheinlichkeit eines Angriffs, Abschreckungsmaßnahmen im Zusammenhang mit der Erwärmung der Erde wären ebenfalls mit laufenden Kosten verbunden. Nicht nur die Anpassung an einen Klimawechsel würde dadurch erleichtert, sondern auch die Bedrohung für die Atmosphäre, aus der eine Erwärmung der Erde resultieren könnte, würde dabei vermindert werden. Darunter fallen Maßnahmen zur aktiven Reduzierung von Treibhausgas-Emissionen und zur Unschädlichmachung der bereits ausgestoßenen Gase.

Natürlich sollte man sinnvollerweise zunächst diejenigen Abschreckungsmaßnahmen durchführen, die kaum Kosten verursachen oder sogar Kosten sparen helfen. Im Einzelfall mag es aber auch notwendig sein, die Steuerpolitik und/oder die Gesetzeslage zu ändern. Meiner Ansicht nach sollte die kostenneutrale Politik durch Sicherheits- und Abschreckungsmaßnahmen ergänzt werden, um das mögliche Ausmaß eines Klimawechsels so gering wie möglich zu halten. Auf diese Weise würden die Auswirkungen auch bei Eintreffen der pessimistischen Prognosen weniger spürbar sein, als wenn die Abschreckungspolitik aufgeschoben wird, bis Einzelheiten über den Klimaumschwung bekannt sind.

*Wann besteht Handlungsbedarf?*
Immer wieder wird die Meinung vertreten, es sei voreilig, Geld für Abschreckungs- oder auch nur Absicherungsmaßnahmen auszugeben, solange man nicht mit 99prozentiger Wahrscheinlichkeit weiß, daß eine globale Erwärmung bevorsteht. Dabei wird natürlich übersehen, daß kaum jemand, ob Individuen, Behörden oder Regierungen, einmal das Glück haben wird, irgendwelche Entscheidungen treffen zu können, bei denen die Ausgangsdaten mit 99prozentiger Wahrscheinlichkeit bekannt sind. Der Käufer eines Hauses zum Beispiel, der eine Hypothek aufnehmen will,

4 Heftige Vulkanausbrüche können gewaltige Mengen von Asche und Gasen durch die Atmosphäre bis in die Stratosphäre schleudern. Dadurch kann die Atmosphäre ernsthaft gestört werden. Es hat sich gezeigt, daß die sich ausbreitenden Aschewolken die Sonnenstrahlen abschirmen können, wodurch in weiten Gebieten die Temperatur der Erde sinkt.
Wenige explosive Vulkanausbrüche wurden von Satelliten erfaßt. Einer von ihnen ist der Vulkan Augustine in Alaska, dessen Ausbruch am 27. März 1986 vom amerikanischen Satelliten Landsat 5 aufgezeichnet wurde. Das Bild ist aus verstärkten Aufnahmen der Satellitenkamera Thematic Mapper zusammengesetzt.
Bild: NASA/EOSAT

besitzt keine Gewißheit, ob besser ein fester Zinssatz oder eine der Zinsentwicklung laufend angepaßte Belastung zu wählen ist. Weltweit werden Jahr für Jahr Milliardenbeträge für die militärische Sicherheit ausgegeben, wobei die Regierungen auf strategische Szenarien vertrauen. In diesen Szenarien werden mögliche bedrohliche Ereignisse in verschiedenen Regionen der Erde durchgespielt. Wenn auch im Einzelfall Uneinigkeit über die Form dieser Investitionen bestehen mag, so bestreitet doch im Grundsatz keiner der politischen Entscheidungsträger die Notwendigkeit strategischer Investitionen oder Absicherungen als Schutz gegen mögliche negative Ereignisse.

Im Prinzip ist die Entscheidung über Leben und Tod, vor der das Individuum im Krankheitsfall steht, wenn sich die Experten nicht über die angemessene Art der Behandlung einigen können, vergleichbar mit den Entscheidungen auf dem Gebiet der Klimaveränderung, vor denen die menschliche Gesellschaft heute steht. Meiner Ansicht nach handelt es sich bestenfalls um Unwissenheit, schlimmstenfalls aber um Elitedünkel, wenn Forscher behaupten, daß zunächst ein bestimmter Grad wissenschaftlicher Wahrscheinlichkeit (in der Regel 99 %) erreicht werden muß, bevor diese Themen öffentlich erörtert oder sogar Maßnahmen zum Umgang mit möglichen globalen Veränderungen in Erwägung gezogen werden können.

*Wie werden der Öffentlichkeit komplizierte und strittige wissenschaftliche Sachverhalte vermittelt?*

Allzuoft sind Wissenschaftler ebenso wie die Medien dafür verantwortlich, daß komplizierte wissenschaftliche Themen der Öffentlichkeit nicht klar vermittelt werden. Vielen Menschen, darunter auch zahlreichen Mitgliedern der Regierungen, ist nicht bekannt, daß die meisten Wissenschaftler einen Großteil ihrer Zeit damit verbringen, über Dinge zu streiten, die sie nicht wissen. In den Augen der meisten Forscher sind Diskussionen über allgemein anerkannte Vorstellungen lediglich langweilig und zeitraubend. Das ist gut so, denn die wissenschaftliche Methodik kann nur durch ständige Infragestellung funktionieren. Dies betrifft vor allem diejenigen Themen, bei denen noch große Unsicherheiten bestehen. Wenn die Öffentlichkeit und ihre Repräsentanten unseren Denkprozeß aber nicht verstehen, dann werden sie auch die wissenschaftlichen Debatten nicht interpretieren können, unabhängig davon, ob die Forscher ideologisch beeinflußt sind oder nicht. Wir müssen einfach mehr Zeit damit verbringen, der Öffentlichkeit den Unterschied zwischen gut bekanntem und allgemein akzeptiertem, einigermaßen verläßlich bekanntem und hochgradig spekulativem Gedankengut zu verdeutlichen. Bei der öffentlichen Debatte über die globale Erwärmung wird hier selten differenziert. Dadurch entsteht der falsche Eindruck einer vollkommen zerrissenen Wissenschaftlergemeinde. In Wirklichkeit handelt es sich bei den von der Nationalen Akademie der Wissenschaften der USA allgemein anerkannten Erwärmungswerten von 1,5 °C bis 4,5 °C innerhalb des kommenden Jahrhunderts um die beste Schätzung aus einer großen Auswahl aktueller Klimamodelle. In dieser Bandbreite sind immer noch diejenigen Studien enthalten, deren ›optimistischster Schätzwert‹ kürzlich von über 4 °C auf 2,5 °C fast halbiert wurde (vergleiche zum Beispiel IPCC 1990). Vielleicht wird der Wert nächste Woche auf irgendeine neue Entdeckung hin wieder heraufgesetzt. Doch in jedem Fall bleibt die Übereinstimmung über eine Erwärmung um 1,5 °C bis 4,5 °C bestehen.

Wir sollten der Öffentlichkeit nicht nur vermitteln, was wir nicht wissen, sondern auch die bekannten Fakten nennen. Sonst artet der öffentliche Meinungsbildungsprozeß zu einem endlosen, verwirrenden Streit aus, in dem sachlich fundierte Ansichten unterrepräsentiert sind. Leider halten die Medien in der Regel an ihrem Konzept der Ausgewogenheit fest, anstatt Zukunftsperspektiven klar aufzuzeigen. Einer komplizierten Thematik wird es nicht gerecht, einfach die Ansichten ›beider Seiten‹ zu erwähnen, vor allem dann nicht, wenn die Meinung der Mehrheit der Experten, also derjenigen, die den bestehenden Konsens geschaffen haben, unterschlagen wird. Überdies muß deutlich gesagt werden, daß es sich bei diesem Konsens um die wahrscheinlichste Schätzung handelt, denn nur sehr wenige Wissenschaftler würden behaupten, sie glaubten mit Sicherheit, das Klima der Zukunft würde sich um einen Wert im Bereich von 1,5 °C bis 4,5 °C erwärmen. Die meisten halten dies aber für ziemlich wahrscheinlich. Daher ist es notwendig, der Öffentlichkeit die Wahrscheinlichkeit bestimmter Sachverhalte zu verdeutlichen und die Variationsbreite der Meinungen in das rechte Verhältnis zu rücken, wenn man den Stand der Wissenschaft zutreffend wiedergeben will und nicht eine unterhaltsame, aber irreführende Debatte zwischen streitenden Forschern, bei der sich Polemiker und Ideologen hin und wieder mehr als lächerlich machen.

Ein typisches Beispiel dafür, wie die Öffentlichkeit durch technische Streitfragen zu verwirren ist, erlebte ich bei einer Erörterung in einem Subkomitee des US-Repräsentantenhauses. Mein Gegenspieler und ich stritten darüber, ob ein Klimaumschwung bisher unbekannten Ausmaßes im kommenden Jahrhundert zu erwarten ist. Er hielt dies für wenig wahrscheinlich. Ich dagegen vertrat die Ansicht, die Wahrscheinlichkeit sei alarmierend groß. Nach einigem Hin und Her sagte ich schließlich, ich könnte eigentlich nicht verstehen, warum er beim Studium der wissenschaftlichen Literatur den allgemeinen Konsens übersehen habe, der besagt, daß das kommende Jahrhundert mit großer Wahrscheinlichkeit um mindestens 2 °C wärmer sein wird. Er antwortete, seiner Meinung nach sei diese Zukunftsvision überhaupt nicht wahrscheinlich. Kurz bevor wir das mittlerweile offenbar unversöhnliche Streitgespräch abbrachen, unternahm ich einen letzten Versuch und sagte heftig: »Ich kann einfach nicht verstehen, warum Sie nicht glauben, daß zumindest eine 50prozentige Wahrscheinlichkeit für eine Temperaturerhöhung um 2 °C oder mehr im nächsten Jahrhundert besteht.« »Das habe ich nie gesagt«, antwortete er. »Aber ich dachte, Sie hätten gerade gesagt, die Wahrscheinlichkeit sei gering«, gab ich zurück. »Nun, das ist eine geringe Wahrscheinlichkeit«, sagte der Statistiker, mit dem ich mich stritt. »Was würden Sie für mäßig wahrscheinlich halten?« fragte ich. »Oh«, sagte er, »95 %.« »Und für sehr wahrscheinlich?« »99 %«, sagte er. »Eureka«, dachte ich bei mir, nun verstand ich unser ›Streitgespräch‹. Dieser Statistiker war ein Anhänger der traditionellen Beweisführung bei der 95 % oder 99 % Wahrscheinlichkeit erzielt werden müssen, bevor eine Hypothese akzeptiert wird. Solche willkürlichen Grenzen sind für die Annahme oder Ablehnung wissenschaftlicher Behauptungen in der Tat gebräuchlich. Sie sind jedoch überhaupt nicht anwendbar, um die Richtung zukünftiger Politik festzulegen. Wer verfügt in leitender Position, sei es in Wirtschaft oder Politik, oder auch im persönlichen Bereich je mit 95 % oder gar 99 % Gewißheit über die Daten, die seinen oder ihren wichtigen Entscheidungen zugrundeliegen? Wer von uns schließt Versicherungen in der 95- oder 99prozentigen Gewißheit ab, daß er mehr Geld von der Versicherungsgesellschaft erhalten wird, als er auf lange Sicht in Form von Prämien einzahlt? Und doch erscheint uns die Wahrscheinlichkeit dafür recht hoch, sonst wären die Versicherungsgesellschaften längst nicht mehr im Geschäft. Wissen die Beamten im Pentagon, wie groß die Wahrscheinlichkeit ist, daß irgendein bestimmter terroristischer Zwischenfall stattfinden wird? Natürlich nicht, und dennoch spielen sie Hunderte oder gar Tausende von alternativen Konfliktsituationen durch, um die strategische Vorbereitung der USA für eine Reihe solcher Vorkommnisse festzulegen. Die Wahrscheinlichkeit, daß diese Situationen eintreten, ist in vielen (wenn nicht den meisten) Fällen vielleicht um das Zehnfache geringer als die Wahrscheinlichkeit einer in dieser Größenordnung noch nie dagewesenen Erwärmung der Erde innerhalb der nächsten 50 Jahre. Meine Meinungsverschiedenheit mit dem Statistiker beruhte also im wesentlichen auf Verständigungsproblemen. In den Medien jedoch wird über Streitigkeiten dieser Art oft so berichtet, als wenn ein Experte gesagt hätte, ein in der Menschheitsgeschichte bisher noch nicht vorgekommener Klimawechsel sei wenig wahrscheinlich, während ein anderer die Ansicht vertreten hätte, die Chance sei groß – obwohl unser beider tatsächliche Schätzungen bei 50 % Wahrscheinlichkeit lagen. Gefährliche Mißverständnisse dieser Art müssen richtiggestellt werden. Ich gebe jedem Spezialisten, auch mir selbst, die Schuld, der stillschweigend die Bedeutung von Ausdrücken wie hohe, mittlere und geringe Wahrscheinlichkeit voraussetzt, anstatt diese Begriffe in der Öffentlichkeit klar und deutlich in einer verständlichen Sprache darzustellen, die von den Journalisten korrekt wiedergegeben werden kann.

Man wird immer jemanden mit Doktortitel finden, der zu einem Thema etwas Beliebiges sagt, egal wie weit er sich damit von der allgemeinen Meinung entfernen mag (obwohl diese Leute in seltenen Fällen auch Recht haben können!). Ich will damit sicherlich nicht vorschlagen, daß die Medien unorthodoxe Meinungen total aus ihren Seiten verbannen sollten. Doch wenn die Sachverhalte kompliziert sind und man vom Leser einfach nicht erwarten kann, daß er über die Einzelheiten gut informiert ist, erweisen die Medien der Öffentlichkeit keinen Dienst, wenn sie zwei entgegengesetzte wissenschaftliche Meinungen präsentieren, bei denen es sich um radikale Positionen handelt, ohne daß dies der Leser erfährt. Auch ist es kein Dienst am Leser, zwei entgegengesetzte Ansichten gleichgewichtig zu behandeln, wenn eine laut vorgetragene Extremposition einer von zwei Dutzend Wissenschaftlern nach zweijährigen Beratungen an der Nationalen Akademie der Wissenschaften getragenen Meinung gegenübersteht. Die gleichgewichtige Behandlung von extremen Ansichten fördert die Lähmung der Politik, was schwierige Probleme betrifft, denn es wird der falsche Eindruck erweckt, die Wissenschaftler seien grundsätzlich verschiedener Meinung. Tatsächlich sind sich zwar alle darin einig, daß beträchtliche Ungewißheiten bestehen, doch gehen die meisten von einer großen Wahrscheinlichkeit (darunter verstehe ich mehr als 50%) eines nennenswerten Klimaumschwungs im kommenden Jahrhundert aus.

Laien, ob in Regierung, Industrie, Presse oder zu Hause, müssen lernen, die Experten nach der Wahrscheinlichkeit eines bisher unbekannten Klimaumschwungs zu befragen. Die Experten müssen sich auch fragen lassen, auf welche Daten sich ihre Wahrscheinlichkeitsrechnung stützt. Jeder seriöse Forscher wird zugeben, daß man die Wahrscheinlichkeit zukünftiger Ereignisse nicht genau und vorurteilsfrei angeben kann, vor allem, wenn es sich um die klimatischen Folgen einer beispiellosen Zunahme der Konzentration von Kohlendioxid, Methan, Fluorchlorkohlenwasserstoffen und anderen Treibhausgasen in der Atmosphäre handelt. Es gibt in der Natur kein vergleichbares Ereignis, aus dem man eine verläßliche Wahrscheinlichkeitsaussage ableiten könnte. Stattdessen müssen wir uns auf unsere Computer-Klimamodelle verlassen, die manches mit den wolkigen Kristallkugeln der Hellseher gemeinsam haben. So sind die angegebenen Wahrscheinlichkeitswerte nicht mehr als intuitive Vermutungen der Experten, die sich auf Computerberechnungen nach dem heutigen Stand der Technik, auf Satellitenbilder und andere Beobachtungen stützen, um ihre Modelle zu untermauern. Es braucht kaum erwähnt zu werden, daß demzufolge die Expertenmeinungen breit gestreut sind. Nicht die extremen Gegenpositionen einiger Leute, denen in den Medien zuviel Platz eingeräumt wird, sondern diese Meinungsvielfalt muß Inhalt der Politik sein.

*Der Streit um die globale Erwärmung*
Ein Hauptkritikpunkt der Theorien zur globalen Erwärmung war die Tatsache, daß der Temperaturanstieg in der Erdatmosphäre nicht mit der gleichmäßigen Zunahme der Treibhausgaskonzentration in den letzten 100 Jahren in Einklang zu bringen war (siehe Abb. 1, unten). Die größte Erwärmung im 20. Jahrhundert fand zwischen 1915 und den vierziger Jahren statt. Anschließend wurde es kühler, doch zugleich stieg die Konzentration der Treibhausgase weltweit an. Also wurde vorgebracht, der Temperaturtrend im 20. Jahrhundert könne nicht mit der Zunahme der Treibhausgase zusammenhängen. Dieses Argument weist jedoch drei Schwachpunkte auf. Erstens befindet sich die Natur in ständigem Wandel. Temperaturschwankungen von einigen Zehntel Grad Celsius nach oben oder unten über Jahrzehnte hinweg sind Teil der natürlichen Prozesse und somit völlig normal. Wissenschaftler bezeichnen diese Vorgänge als ›Klimarauschen‹. Sie sind, soweit man das heute sagen kann, nicht vorhersagbar, da

5 Eine Bildserie vom Ausbruch des Vulkans Mt. St. Helens in Kalifornien im Frühjahr 1980. Das erste Bild zeigt einen kleineren ersten Ausbruch am 10. April. Der große Ausbruch geschah am Morgen des 18. Mai um 8:32 Uhr. Der nördliche Abhang löste sich und öffnete den Vulkan. Gewaltige Mengen von Asche und Gas wurden in die Atmosphäre geschleudert, gigantische Druckwellen fegten große Waldgebiete an den Hängen weg.
60 Menschen kamen ums Leben, die meisten von ihnen waren Geologen, die sich zur Bewachung des Vulkans dort aufhielten.
Das letzte Bild der Serie zeigt den Mount St. Helens nach dem Ausbruch.
Bilder: USGS

sie offenbar durch eine Umverteilung von Energie und chemischen Verbindungen zwischen Atmosphäre, Ozeanen, Eismassen, Landoberflächen und Lebewesen verursacht werden. Somit könnten die deutliche Erwärmung bis in die dreißiger Jahr hinein, die Abkühlung bis 1975 und vielleicht sogar die sensationell rasche Wiedererwärmung ab Ende der siebziger bis in die achtziger Jahre hinein (das wärmste Jahrzehnt seit Aufzeichnungsbeginn der Wetterdaten) durch natürliche Klimaschwankungen teilweise erklärt werden. Zweitens ist nicht genau bekannt, wie andere Prozesse, die das Klima verändert haben könnten, in den vergangenen 100 Jahren abgelaufen sind. Darunter fallen Sonnenfleckenaktivität, atmosphärischer Staub aus Vulkanausbrüchen sowie Staubpartikel, die durch menschliche Aktivitäten in die Atmosphäre gelangt sind (der ›menschliche Vulkan‹, wie der Klimatologe Reid Bryson von der Universität von Wisconsin zu sagen pflegt).

Dieses Problem von Ursache und Wirkung ähnelt einer Kriminaluntersuchung, bei der nur der Aufenthaltsort des Hauptverdächtigen bekannt ist, andere mögliche Verdächtige jedoch nicht sorgfältig überwacht werden. In diesem Fall handelt es sich bei dem ›Verbrechen‹ natürlich um den Temperaturanstieg um 0,5 °C im 20. Jahrhundert, und als ›Hauptverdächtiger‹ ist die Zunahme der Treibhausgase bekannt (vgl. Abb. 1, unten). Da wir auf quantitativem Weg die anderen potentiellen klimatischen Einflüsse (also die unbeobachteten anderen ›Verdächtigen‹) nicht genau messen können, ist es nicht möglich, ihre Rolle als Mitverursacher der Temperaturzunahme auszuschließen. Einige Wissenschaftler, darunter James Hansen und ich selbst, haben versucht, den Beitrag von Vulkanausbrüchen und Sonnenfleckenaktivität zur Temperaturentwicklung im 20. Jahrhundert abzuschätzen. In der Tat verbessern solche Schätzungen die Übereinstimmung unserer Computermodellsimulationen mit der beobachteten Temperaturentwicklung. Wir alle mußten jedoch zugestehen, daß diese Untersuchungen ohne weiteres verläßliches Zahlenmaterial nur dazu dienen können, glaubhafte, nicht aber endgültige Ergebnisse zu liefern. Der internationale Ausschuß Intergovernmental Panel on Climatic Change (IPCC 1990) griff jüngst dieses Problem auf und kam nochmals zu dem Ergebnis, daß sich recht wahrscheinlich innerhalb der nächsten 50 Jahre die Temperatur auf der Erde um 1,5 °C bis 4,5 °C erhöhen wird, eine langfristige Reaktion auf die Verdopplung des Kohlendioxidgehalts in der Atmosphäre. Allerdings sind sich die meisten Forscher weiterhin darüber einig, daß es schwierig ist, irgendwelche Aussagen mit 99prozentiger Wahrscheinlichkeit zu treffen, ohne vorher noch 10 oder 20 Jahre die Temperatur, Sonnenstrahlung, Luftverschmutzung und vulkanische Aktivität überwacht zu haben.

Kritiker der Theorie einer weltweiten Erwärmung führen gerne an, Klimamodelle seien bisher nicht dazu in der Lage gewesen, die zu erwartenden Temperaturveränderungen auf ein Jahrzehnt genau vorherzusagen. Diese Kritik erinnert an die Behauptung, wir seien, da wir nicht vorhersagen können, wie ein Paar Würfel im Einzelfall fallen wird, auch nicht dazu in der Lage, eine langfristige Vorhersage darüber zu treffen, mit welcher Wahrscheinlichkeit zwei gleiche Zahlen gewürfelt werden. Alle Spieler wissen es besser! Obwohl uns die statistische Wahrscheinlichkeit, eine bestimmte Zahl zu würfeln, bekannt ist, kann niemand von uns wissen, mit welcher Serie von Zahlen bei einzelnen Würfen zu rechnen ist. Im Frühjahr 1990 machten zwei Wissenschaftler der NASA Schlagzeilen, als sie behaupteten, ihre experimentellen Temperaturmessungen per Satellit hätten keinen Trend zur weltweiten Erwärmung in den achtziger Jahren ergeben. Doch kann man für ein einziges Jahrzehnt nicht erwarten, daß sich ein globaler Erwärmungstrend größenordnungsmäßig eindeutig vom Klimarauschen abgrenzen läßt. Dieser Punkt wurde von den beiden Forschern in der Berichterstattung der Medien über ihre Arbeit nicht genügend betont. Kurz gesagt argumentieren diejenigen unlogisch, die behaupten, aus dem Nichtvorhandensein einer genauen Übereinstimmung zwischen beobachteten Temperaturveränderungen und der Zunahme von Treibhausgasen pro Jahrzehnt ließe sich schließen, daß man die Klimamodelle nicht mit Treibhausgasen in Zusammenhang bringen darf. Eine genaue Übereinstimmung wird solange nicht möglich sein, wie das Klimarauschen weiterhin wesentlich zu den Temperaturveränderungen beiträgt. Zum Glück werden jetzt die Energieabgabe der Sonne, Vulkanausbrüche und Luftverschmutzung maßtechnisch erfaßt, und die Auswirkungen dieser Faktoren können dadurch besser eingeschätzt werden. Endlich beobachten wir also die anderen ›Verdächtigen‹. Auch in Zukunft wird der Treibhausgas-Ausstoß zunehmen. Falls sich die Erdatmosphäre während der neunziger Jahre und bis über das Jahr 2000 hinaus nicht mit der ungefähr vorhergesagten Geschwindigkeit erwärmen sollte, dann wird man in der Tat den direkten Schluß ziehen können, daß die von den heutigen Modellen prognostizierten Folgen nicht eintreffen. Ich persönlich wäre aber recht erstaunt, falls unsere globalen Schätzungen um mehr als 50% danebenliegen würden.

Das Thema Treibhauseffekt hat einige recht ungewöhnliche Diskussionen ausgelöst. Ein US-Senator rief mich an, weil er sich einiges technisches Wissen für ein Streitgespräch aneignen wollte. Es ging um das Einfangen der Wärmestrahlung in der Atmosphäre, um Rückstrahlung durch Wolken, Zersetzung von Böden und organischem Material sowie um städtische Wärmeinseln und ihre klimatischen Auswirkungen. Als ich ihn nach dem Grund fragte, sagte er, daß er mit einem der Wissenschaftler, die offene Kritik an der Theorie der globalen Erwärmung üben, ein Streitgespräch führen solle. Ich war beeindruckt, wieviel dieser Laie, ein gewählter Politiker, von technischen Zusammenhängen verstand. Dennoch habe ich ihm geraten, technische Punkte nicht mit einem aktiv in der Forschung stehenden Wissenschaftler zu diskutieren, wenn ich auch spürte, daß dessen Informationsdarbietung irgendwie voreingenommen war. Ein Kongreßabgeordneter sollte meiner Ansicht nach über den technischen Einzelheiten stehen und nicht mit einzelnen Wissenschaftlern über deren persönliche Meinung zur Wahrscheinlichkeit eines zukünftigen Klimaumschwungs streiten. Gewählte Volksvertreter sind besser beraten, wenn sie sich auf die Institutionen stützen, deren Aufgabe es ist, solche Bewertungen durchzuführen. In den Vereinigten Staaten kommt hier in erster Linie die Nationale Akademie der Wissenschaften in Frage. Ihr untersteht der Nationale Forschungsrat, der Ausschüsse bildet, an denen Wissenschaftler aus Hochschule, Industrie und Regierungsämtern beteiligt sind – jeder mit unterschiedlichen Ansichten zu ausgewählten Themen. Diese recht ausgewogen besetzten Expertenausschüsse erörtern komplizierte Themenbereiche und verfassen anschließend Bewertungsberichte, die gewöhnlich weder die extrem ideologischen Ansichten einiger Umweltschützer noch die einer Reihe von Verfechtern der freien Marktwirtschaft zufriedenstellen. In der Tat hat die Nationale Akademie der Wissenschaften innerhalb der letzten 15 Jahre ein halbes Dutzend derartiger Studien in Auftrag gegeben, die allesamt die mittlerweile anerkannte Vorstellung von einer weltweiten Erwärmung um 1,5°C bis 4,5°C bis zur Mitte des kommenden Jahrhunderts, verursacht durch die Zunahme von Treibhausgasen in der Atmosphäre, bestätigten. Ich schlug dem Senator vor, er solle dem Wissenschaftler, mit dem er diskutieren wollte, einfach bitten, die Ausschüsse der Nationalen Akademie der Wissenschaften von seiner Minderheitenansicht zu überzeugen. Bis dahin sollte der Gesetzgeber im wesentlichen auf den begründeten Konsens vertrauen. Warum sollte er diesen Kritiker nicht fragen, fuhr ich fort, für wie wahrscheinlich er es hält, daß sich die Erde im Verlauf des nächsten Jahrhunderts um mindestens 2°C erwärmen werde (dabei würde es sich um eine in den 10000 Jahren der Geschichte menschlicher Zivilisation noch nie erreichte Temperaturerhöhung handeln)?

Ich habe in den letzten Jahren eine persönliche Umfrage durchgeführt, indem ich jeden, der sich wissenschaftlich mit der Erdatmosphäre beschäftigt, um seine Antwort auf diese Frage gebeten habe. Die meisten glauben an eine 50- bis 75prozentige Wahrscheinlichkeit. Eine recht hohe Anzahl prominenter und anerkannter Wissenschaftler ist sogar davon überzeugt, daß es mit 90prozentiger Wahrscheinlichkeit im nächsten Jahrhundert zu einer Erwärmung um mindestens 2°C kommen wird. Der niedrigste Schätzwert, den ich in den letzten Jahren gehört habe, lag bei 30% und kam von einem meiner eigenen Mitarbeiter. Meine persönliche Ansicht bewegt sich zwischen 50% und 60% (daher sage ich oft, daß die Chancen wie beim Münzenwerfen stehen).

Wie ging nun das Streitgespräch zwischen dem Senator und dem Wissenschaftler aus? Dieser eifrige Kritiker der Theorie einer weltweiten Erwärmung bekannte bereitwillig, daß er eine 40prozentige Wahrscheinlichkeit für eine Erwärmung um mindesten 2 °C im nächsten Jahrhundert sah. Dieser Wert war seiner Ansicht nach für die Einleitung politischer Maßnahmen zu niedrig. Wie man mir berichtete, lachte ein Teil des sachverständigen Polit-Publikums in Washington, D.C., das die Debatte verfolgte, als er empfahl, die Wahrscheinlichkeit von 40%, mit der eine weltweite Umweltveränderung von bis zu unbekanntem Ausmaß eintreffen wird, einfach zu ignorieren.

Wieviel Gewißheit man benötigt, um zu handeln, darüber zu befinden ist nicht Sache der Wissenschaftler. Die Experten können nur an der Grenze von Wissenschaft und Politik eine berechtigte Rolle spielen. Sie unterbreiten mögliche Konsequenzen einer Reihe von Handlungsalternativen, schätzen die Wahrscheinlichkeit ab, mit der diese Folgen eintreten und verdeutlichen die Vorgänge, durch die solche Ergebnisse erzielt werden.

Alle Mitglieder der Gesellschaft haben gleiches Mitspracherecht bei der Frage, wie man der Zukunft unter Voraussetzung dieser Möglichkeiten, Folgen und Unsicherheiten begegnen soll. Wenn wir jedoch in die Diskussion nicht genügend Fachwissen einbringen können, dann wird es schwierig, Entscheidungen zu treffen. Sehr wahrscheinlich werden wir dann durch die scharfe politische Debatte in den Medien verwirrt. Wird nun ein globaler Klimaumschwung stattfinden oder nicht? Wird er uns Schaden oder Nutzen bringen? Sollten wir handeln oder nicht? Eines der Ziele der Klimaforschung ist es, eine Unterscheidung zwischen Tatsachen und Bewertungen zu treffen.

Literatur
Ausubel, J. H.: *Does climate still matter?* Nature, 350, 1991, S. 649–652.
Begley, S.: *On the Wings of Icarus.* Newsweek, CXVII, 1991, S. 64–65.
Intergovernmental Panel on Climate Change (IPCC): *Scientific Assessment of Climate Change.* Report prepared for IPCC by Working Group 1, World Meteorological Organization, Geneva, Juni 1990.
Leggett, J., Hrsg.: *Global Warming – The Green Peace Report.* Oxford University Press, New York 1990.
National Academy of Sciences: *Policy Implications of Greenhouse Warming.* National Academy Press, Washington, D.C., 1991.
Schelling, T.C.: *Climatic Change: Implications for Welfare and Policy.* In *Changing Climates: Report of the Carbon Dioxide Assessment Committee*, National Academy Press, Washington, D.C., 1983, S. 449–482.
Schneider, S. H.: *Global Warming: Are We Entering the Greenhouse Century?*, Vintage Books, New York 1990.

Die Mehrzahl der öffentlichen Vertreter und selbst diejenigen, die für die Bewertung und Finanzierung wissenschaftlicher Arbeiten zuständig sind, teilen diese Haltung. Sie gehen davon aus, daß es in der modernen Wissenschaft Problemgebiete gibt, die sich ihrem Verständnis entziehen. Sie sind willens, sich den Täuschungen und ihrem eigenen Erstaunen zu ergeben. Werden sie gezwungen, sich zwischen widerstreitenden Positionen zu entscheiden, so treffen sie ihre Wahl basierend auf der scheinbaren Vertrauenswürdigkeit der Befürworter, anstatt sich auf die Korrektheit der Argumente zu stützen. In den meisten Fällen verfügen die etablierten Wissenschaftler über die Aufmerksamkeit der Regierenden, es kommt jedoch gelegentlich auch vor, daß ein redegewandter Vertreter einer radikalen Position die Zuhörer von der Richtigkeit seiner Meinung überzeugen kann.

Das Gefühl, daß Wissenschaft notwendigerweise unverständlich und rätselhaft sei, hat schon oft zu schlechten Entscheidungsrichtlinien bei den für die Wissenschaftsförderung zuständigen Stellen geführt. Zeitweilig scheinen diese unverständlichen, geheimnisvollen und schlecht definierten Konzepten den Vorzug gegenüber solchen Konzepten zu geben, die sich durch einfache Phänomene erklären lassen. Förderung wird oftmals den Wissenschaftlern zuteil, die dramatische Versprechungen machen, anstatt diejenigen zu fördern, die offen die Grenzen der Technologie aufzeigen und schrittweise Verbesserungen anstreben. In einer Welt, in der Wissenschaft als ein Zweig der Zauberei betrachtet wird, werden oftmals die Illusionisten belohnt, die sich verschiedenster Kunstgriffe und den Mitteln der Verwirrung bedienen, um den Eindruck zu vermitteln, es gebe einfache Antworten für schwierige Probleme.

*Wer sind die Entscheidungsträger?*
Viele Wissenschaftler sind stolz darauf, Regierungsstellen, gewählten Vertretern und politischen Parteien als Berater zu dienen. Sie glauben, daß sie durch die Zusammenarbeit mit diesen Menschen ihre Einflußmöglichkeiten vergrößern können. Die Arbeit mit Personen in einflußreichen Positionen ist zudem durchaus einträglich; neben der Bezahlung und den Spesen erhält man Anerkennung. Dennoch hat meine persönliche Beteiligung an Fragen der öffentlichen Politik mich zu der Erkenntnis geführt, daß die Vertreter der Allgemeinheit oftmals das Gefühl haben, in ihrer Wahl nicht frei, sondern durch die öffentliche Meinung stark eingeschränkt zu sein. Im Jahre 1985 bin ich von meinem Platz in einem Ausschuß zurückgetreten, der einberufen wurde, um die Strategic Defence Initiative Organisation (SDIO) in Fragen der Informatik zu beraten. Die SDIO ist die Behörde, die für die Durchführung des auch als ›Krieg der Sterne‹ bekannten SDI-Programms zuständig ist. In der Folge hatte ich die Möglichkeit, mit einer Vielzahl von US-amerikanischen und kanadischen Politikern zusammenzutreffen. Einer der US-Kongreßabgeordneten formulierte einen Gedanken, der das Verhalten vieler seiner weniger offenen Kollegen erklärte. Er erzählte mir, daß er SDI für Unsinn halte und sich liebend gerne dagegen aussprechen würde, dies aber nicht könne. Er erklärte, daß er im nächsten Wahlkampf gegen einen politisch rechts von ihm stehenden Kandidaten antreten müsse und er aufgrund der großen Popularität von SDI diese Wahl verlieren würde, wenn er gegen SDI wäre. Die Gegner würden bezichtigt, sich nicht für den Schutz der Amerikaner vor nuklearer Zerstörung zu interessieren, und der Wähler würde diese Beschuldigungen glauben. Er sagte, daß er glücklich wäre gegen SDI zu stimmen, wenn es mir gelänge, seine Wählerschaft davon zu überzeugen, daß es eine schlechte Verteidigungsform sei.

Unser auf gegenseitigem Wettbewerb aufbauendes System hat zur Folge, daß eine, von einem Politiker eingenommene unpopuläre Haltung von einem anderen Politiker gegen ihn verwendet wird. Einige wenige reagieren auf dieses Problem mit dem Versuch, ihre Wählerschaft aufzuklären; unglücklicherweise sind solche Bemühungen zumeist nicht erfolgreich. Viele Politiker versuchen nicht einmal, eine unpopuläre Meinung zu vertreten. Diejenigen unter ihnen, die versuchen, die Ansichten des Wählers über strittige Fragen zu ändern, bleiben nicht lange im Amt, es sei denn, sie

1 Ein starker, tropischer Sturm.
Bild: NASA- Astronauten an Bord der amerikanischen Apollo 7

stützen sich auf gewalttätige Mittel.

Selbst Beamte sind sich bewußt, daß es letztendlich darauf ankommt, ihre gewählten Vorgesetzten zufriedenzustellen; alles was sie tun, muß sich gegenüber der Wählerschaft erfolgreich erklären lassen. Ich habe daraus geschlußfolgert, daß ich, um Regierungsentscheidungen in meinem Arbeitsgebiet zu verbessern, einen Teil meiner Energie zur Unterrichtung der Allgemeinheit verwenden muß. Letztendlich sind die Wähler diejenigen, die Politik bestimmen.

Obwohl die SDI-Geschichte eine dunkle Seite der Demokratie zeigt, bedeutet dies nicht, daß ein anderes System besser wäre. Winston Churchills Ausspruch: »Demokratie ist die schlechteste Regierungsform – abgesehen von allen anderen«, drückt dies vollkommen aus. Die Erkenntnis, die ich anhand von SDI und ähnlichen Fragen gewonnen habe, ist folgende: Wenn Wissenschaftler Politiker beraten und informieren wollen, so müssen sie zunächst die Öffentlichkeit beraten und informieren. Da es keine sofort wirksame Aufklärung gibt, dürfen wir mit der Beratung und Information jedoch nicht solange warten, bis eine Frage zur Entscheidung ansteht. Die Anstrengungen der Wissenschaftler, der Öffentlichkeit Wissenschaft zu vermitteln, müssen ununterbrochen und dauerhaft sein.

*Warum versteht die Öffentlichkeit wissenschaftliche Fragen nicht?*

Ein aufgeweckter und informierter Wähler ist für das gute Funktionieren der Demokratie unverzichtbar. Aber es gibt Kräfte, die Bemühungen, den Menschen die Problemstellungen zu erklären, stören. Ein Großteil der Wählerschaft in den wohlhabenden, stabilen Ländern ist durch den Konsumwahn betäubt. Vornehmlich auf die Befriedigung künstlich erzeugter materieller Bedürfnisse fixiert, durch die einfache Verfügbarkeit passiver Unterhaltung verdummt und durch Hunderte von Gruppen, die ihre eigenen Ziele verfolgen, desinformiert, unterlassen sie es, die ihnen gegebenen Informationen zu analysieren. Wie können wir die Aufmerksamkeit von jemandem gewinnen, der glaubt, daß Glück darin besteht, ein Gerät der neueste Videokamera-Generation zu erwerben? Wie kann man bei einer Feier eine Diskussion führen, wenn der eine Teil sich um das Aufnehmen von Videofilmen, der andere Teil um deren Vorführung dreht?

Industrielle Kräfte spielen eine zentrale Rolle bei der Desinformation unserer Bürger. Es war die Industrie, die Befürworter von SDI in ihrem erfolgreichen Bemühen unterstützte, die Mehrheit der Entscheidungsträger in den NATO-Staaten davon zu überzeugen, daß es sinnvoll sei, über eine neue Generation von Raketenabwehrsystemen nachzudenken. Die Öffentlichkeit, davon überzeugt, daß sie die wissenschaftliche Debatte nicht verstehen könne, wurde durch Rhetorik beeinflußt, durch Appelle an ihre Furcht und an ihren Patriotismus. Sobald man ihnen sagte, daß Wissenschaftler bezüglich dieses Themas uneins wären, schlußfolgerten viele, daß sie das Thema nicht verstehen könnten. Viele, die lange Zeit die Abrüstung befürwortet hatten, akzeptierten nun weit hergeholte Analogien von denjenigen, die SDI als unrealistisch bezeichneten, während andere, die emotional eher einer starken Verteidigung nahe standen, Ideen als realistisch akzeptierten, die aus Science-fiction entnommen waren. Es trifft leider zu, daß die Mehrzahl von uns schnell bereit ist, jede Aussage, die mit unseren Vorurteilen übereinstimmt, zu akzeptieren.

Mit einem Gefühl von Frustration beobachte ich, wie die Warnung eines früheren US-Präsidenten, General Eisenhower, vor dem Einfluß des militärisch-industriellen Komplexes unbeachtet bleibt. Diese zunehmend mächtiger werdende Gruppe ineffizienter Firmen übt eine wachsende Kontrolle über die Wissenschaftspolitik in der gesamten Welt aus. Selbst heute, wo deutlich ist, daß wir keine Massenvernichtungswaffen benötigen, treten Industrievertreter vor und erklären uns, daß wir einen größeren Anteil unserer Ressourcen für die Entwicklung von Waffen aufwenden müssen. In Zusammenarbeit mit den Führern, bei deren Wahl sie halfen, überzeugen sie die Öffentlichkeit in geschickter Weise davon, daß der Ersatz alter Waffen durch neue, Abrüstung sei.

In anderen Bereichen beobachten wir unglücklich, wie die Industrie eine große Zahl von Menschen davon überzeugt, daß wir das Vorhandensein von Dioxin in unserem Wasser zur Erhaltung unserer Arbeitsplätze hinnehmen müssen, daß wir überflüssige Verpackungen benötigen, um Verluste zu vermeiden, daß wir Tonnen von Papier produzieren müssen, die niemals gelesen werden, und daß immense Ausgaben für die bemannte Weltraumfahrt den Kranken und Hungernden helfen werden. Eine andere riesige Industrie überzeugt uns davon, daß wir unsere wissenschaftlichen Ressourcen zur Entwicklung kostspieligen elektronischen Spielzeugs für Erwachsene aufwenden müssen, während die elementaren Bedürfnisse von Menschen in unserem eigenen Land und anderswo unberücksichtigt bleiben. Das Versagen, auf ein Problem näher einzugehen, ist auch bei der öffentlichen Reaktion auf die globale Erwärmung zu beobachten. Einige auffällig freimütige Wissenschaftler haben aus eigenen Gründen heraus den Eindruck erweckt, als herrsche unter den Wissenschaftlern Uneinigkeit über dieses Thema. Die Öffentlichkeit geht davon aus, daß das Problem zu schwierig sei, um von ihr verstanden werden zu können, und schaltet auf einen anderen ›Kanal‹ um. Der Erfolg dieser Propaganda hat überraschende Größenordnungen angenommen und unsere Grundannahmen beeinflußt. Aufgrund dieser Annahmen würde beispielsweise die Erfindung eines Gerätes zur Verdoppelung der Lebenszeit eines Autos, in einer Vielzahl von Ländern als Unglück angesehen werden. In einer Wirtschaft, die stark an der Produktion von Kraftfahrzeugen und Stahl ausgerichtet ist, würde ein solcher wissenschaftlicher Erfolg massive Arbeitslosigkeit bewirken. Anstatt die durch die neue Erfindung eingesparten Rohstoffe zu bewahren, würden wir mit einer massiven Werbekampagne reagieren, um die Leute davon zu überzeugen, trotzdem neue Autos zu kaufen.

*Die Pflichten der Wissenschaftler*
Wie alle anderen Fachleute auch haben Wissenschaftler und Ingenieure zweierlei Arten von Verpflichtungen. Einerseits sind sie ihren Arbeitgebern gegenüber verpflichtet, andererseits haben sie auch die Aufgabe, sich entsprechend der Grundsätze ihres Fachgebietes zu verhalten. Die fachspezifische Verantwortung von Ingenieuren ist normalerweise in Handlungsvorschriften festgelegt, die von Berufsverbänden wie dem Verein Deutscher Ingenieure (VDI) oder dem Verband Deutscher Elektrotechniker (VDE) erarbeitet werden. Leider ist die Situation für ›reine‹ Wissenschaftler weniger klar. Wenn die Verpflichtungen gegenüber ihrem Arbeitgeber mit gesellschaftlichen Interessen kollidieren, erhalten sie nur wenig oder gar keinen Rat von ihren Berufsverbänden. Traditionell konzentrieren sich wissenschaftliche Berufsverbände auf die stark eingegrenzten Interessen der jeweiligen Berufsgruppe und kümmern sich nicht um soziale Fragen.
Meiner Meinung nach werden den Wissenschaftlern, durch die wachsende Abhängigkeit unserer Gesellschaft von ihnen, neue Verantwortungen auferlegt. Wir können die Welt um uns herum nicht länger ignorieren und uns allein darauf beschränken, unseren Vorgesetzten und unseren Kollegen Bericht zu erstatten. Ob wir es nun mögen oder nicht, uns ist eine fachliche Verantwortung gegenüber der Gesellschaft auferlegt worden. Die Gesellschaft hat uns eine lange und interessante Ausbildung ermöglicht. Wir leben weit besser als die Mehrheit unserer Mitmenschen. Im Gegenzug für diese Privilegien sind wir moralisch verpflichtet, der Gesellschaft bei den vor uns liegenden komplexen Entscheidungen unsere Informationen anzubieten. Hierbei dürfen wir den Menschen nicht einfach unsere persönliche Meinung mitteilen, sondern müssen ihnen vielmehr die Fakten und Überlegungen darlegen, auf denen unser Standpunkt basiert.
Ich glaube, daß Wissenschaftler drei grundlegende moralische Verpflichtungen haben: erstens ehrlich zu sein, zweitens sich nicht mit unproduktiven oder kontraproduktiven Arbeiten zu beschäftigen und drittens ihr Wissen mit ihren Mitbürgern zu teilen. Im folgenden wird jede dieser Verpflichtungen diskutiert.
Erstens: Wahrheit ist das Wesen von Wissenschaft. Meine beliebteste Beschreibung

wissenschaftlicher Tätigkeit lautet daher: »Wissenschaft ist die Suche nach der Wahrheit über unsere Welt.« Ich bin schockiert und enttäuscht über diejenigen meiner Kollegen, die bereit sind, Angebote zur parteiischen Darstellung bestimmter Weltanschauungen anzunehmen. Oft werden Wissenschaftler gebeten, ein Konzept für ein Waffensystem ›zu verkaufen‹, einen Bericht über die ›vorteilhaften Seiten‹ der Umweltverschmutzung zu verfassen, oder, mit dem Ziel mehr Geld zu bekommen, eine Förderinstitution davon zu überzeugen, daß die eigene Einrichtung unentbehrliche Arbeit vollbringt. Derartige Berufungen stehen in Widerspruch zu unseren fachbezogenen Verpflichtungen, wenn sie eine verzerrte Darstellung der Wahrheit oder eine beeinflußende Auswahl von Fakten erfordern.

Zweitens: Wissenschaftliches Talent ist eines der wertvollsten Güter unserer Welt. Wir sollten sicherstellen, daß unser Anteil daran produktiv verwendet wird. Einige Wissenschaftler und Ingenieure wissen, daß sie an Projekten mit geringem oder gar keinem gesellschaftlichen Nutzen arbeiten und tun es nur, um ihren Lebensunterhalt zu verdienen. Beispielsweise gibt es Verhaltensforscher, deren Arbeit darin besteht, herauszufinden, wie man Leute davon überzeugt, daß sie ein neues, völlig überflüssiges Produkt benötigen. Es wäre besser, wenn diese begabten und talentierten Leute ihr Können und ihr Wissen in anderer Art und Weise einsetzen würden.

Drittens: Direkt oder indirekt hat die Öffentlichkeit unsere Forschung finanziert; sie hat ein Recht zu erfahren, was sie erworben hat. Wir müssen das Wesen wissenschaftlicher Ungewißheit erklären und hierbei deutlich zwischen gemessenen Fakten, Beobachtungen die unseren Hypothesen entsprechen und reinen Spekulationen unterscheiden. Wir müssen das angestrebte Wissen beschreiben, indem wir die Fragen nennen, nach deren Antworten wir suchen. Wir müssen erklären, wie die Ergebnisse angewendet werden können und gleichzeitig in deutlicher Form sagen, wo die Grenzen des Erreichbaren liegen.

Aus meiner Erfahrung heraus kollidiert ein diese Verpflichtungen berücksichtigendes Arbeiten nicht mit unserer wissenschaftlichen Arbeit. Vielmehr sind wir durch das Lernen gezwungen, Dinge laienhaft zu erklären, uns auf grundlegende Prinzipien zurückzubesinnen, was uns dabei hilft, unsere eigenen Annahmen zu verstehen. Zu erklären, wie unsere Ergebnisse verwendet werden können, wird uns helfen, unsere Arbeit in eine sinnvollere Richtung zu lenken.

*Die besondere Verantwortung der Wissenschaftler in Forschung und Lehre*
Viele Wissenschaftler werden von Universitäten beschäftigt. Da die meisten Universitäten öffentlich unterstützte Einrichtungen sind, sollte für die von ihnen beschäftigten Wissenschaftler die Umsetzung ihrer gesellschaftlichen Verantwortung einfacher sein, als für Wissenschaftler in der Industrie. Im Prinzip sind Universitäten Einrichtungen, die der Förderung des Wissens und Verstehens gewidmet sind; man sollte eigentlich davon ausgehen, daß ein Professor niemals Tatsachen falsch darstellen würde, nur um seine Institution zu fördern. Obwohl beinahe jede Universität ein diesbezügliches Lippenbekenntnis abgelegt hat, bleiben die meisten Hochschulen von diesem Ideal weit entfernt.

Die meisten Universitäten erkennen die traditionelle Forschungs- und Veröffentlichungsfreiheit eines Fakultätsangehörigen an. Sie wird durch die Praxis einer lebenslangen (beziehungsweise bis zum gewöhnlichen Pensionierungsalter reichenden) Berufung realisiert. Diese Berufungen (in Nordamerika als ›tenured appointments‹ bezeichnet) bewirken, daß es schwierig ist, einen akademischen Wissenschaftler ohne triftigen Grund von seinem Amt zu entbinden.

Die meisten Diskussionen um die akademische Freiheit stellen die lebenslange Berufung als einen Mechanismus zum Schutze professoraler Rechte dar. Die Tradition der akademischen Freiheit und der Berufungsmechanismus dienen der Sicherung des Rechts der Öffentlichkeit auf Information. Wissenschaftler, die an akademischen Einrichtungen angestellt sind, haben eine einzigartige Möglichkeit zum Studieren, Analysieren und zum Lernen. Diese Möglichkeiten werden von der Öffentlichkeit sowohl

2 Ein großes Sturmsystem nördlich von Hawaii.
Bild: NASA-Astronauten an Bord der Apollo 9

durch die allgemeine Unterstützung der Universitäten als auch durch, von der Regierung geförderte Forschungsprogramme finanziert. Die Öffentlichkeit, die uns das Privileg lebenslangen Lernens eingeräumt hat, hat ein Recht zu erfahren, was wir gelernt haben und woran wir glauben.

Die Wichtigkeit akademischer Freiheit wurde mir bewußt, als ich gebeten wurde, das US-amerikanische SDI-Programm (›Krieg der Sterne‹) zu beraten. Nach meinem Austritt aus dem beratenden Ausschuß haben mir einige Ereignisse geholfen, die Wichtigkeit der Aufklärung der Öffentlichkeit über die Softwareprobleme von SDI zu erkennen. Zum Zeitpunkt meines Rücktritts hatte die Öffentlichkeit die kritische Rolle von Computersystemen innerhalb von SDI noch nicht wahrgenommen. Obwohl eine umfangreiche Debatte über SDI geführt wurde, kamen Softwareprobleme selten zur Sprache; die Diskussion konzentrierte sich auf verschiedene Hardwareprobleme. Angestellte der US-Regierung, die über einen ähnlichen Kenntnisstand wie ich verfügten, wurden gesetzlich zur Verschwiegenheit über ihre Angelegenheiten verpflichtet. Vollzeitangestellte eines Waffenherstellers hätten ihre Arbeitsplätze verloren, wenn sie öffentlich ausgesprochen hätten, worüber viele von ihnen privat sprachen. Ein dem US-Verteidigungsminister nachgeordneter Vertreter drohte denjenigen Wissenschaftlern, die sich kritisch über das Programm äußerten, sogar einmal mit der Streichung von Förderungsmitteln. Einige, stark durch Mittel aus dem Verteidigungsbereich geförderte US-Informatik-Fachbereiche, rieten jüngeren, das heißt noch nicht auf Lebenszeit berufenen Fakultätsmitgliedern aktiv davon ab, sich im Sinne von Anti-SDI-Petitionen zu äußern oder solche zu unterzeichnen. Die Tradition der akademischen Freiheit hat es mir und anderen jedoch erlaubt, zu schreiben und auszusprechen, so daß beide Seiten des Problems gehört wurden.

Das Recht der Öffentlichkeit, freie Diskussionen über Fragen des Umweltschutzes, der nuklearen Sicherheit und ähnlicher Probleme zu verfolgen, sollte nicht durch mächtige Einrichtungen eingeschränkt werden, die vom Einsatz fragwürdiger Technologie profitieren könnten. Ein Professor, der über spezielles Wissen in bezug auf diese Probleme verfügt, hat eine Verpflichtung, sein Wissen auszusprechen. Diejenigen, die sich öffentlich äußern, verärgern oftmals Universitätsvertreter, die diesen Standpunkt nicht teilen, oder die die Unterstützung mächtiger Interessen mit anderem Standpunkt höher bewerten. Professoren der Geschichte, der Politischen Wissenschaften oder der Wirtschaftswissenschaften verfügen oftmals über Daten und Einblicke, die, falls sie der Öffentlichkeit erklärt werden würden, bei mächtigen Kräften Verärgerung hervorrufen würden. Akademische Freiheit bedeutet, daß weder Regierungs- noch Universitätsvertreter ein Fakultätsmitglied davon abhalten können, eine Stellungnahme zu verfassen oder im Fernsehen aufzutreten.

Die Richtlinien zur Forschungsförderung sind ein besonders sensibler Bereich. Die Universitätsverwaltung und die Forscher werden belohnt, wenn sie die Öffentlichkeit davon überzeugen, daß sie mehr Fördermittel bekommen sollten. Manchmal mag ein Professor durchaus der Meinung sein, daß eine verstärkte Förderung in bestimmten Gebieten keine gute Idee sei oder daß die Verstärkung nur gering und graduell sein sollte. Die öffentliche Äußerung solcher Meinungen wird diesen Akademiker unter seinen Kollegen und Vorgesetzten nicht gerade populär machen. Falls jemand aufrichtig dieser Meinung ist, ist es dennoch seine Pflicht, diese Meinung auch auszusprechen. Ein weiterer empfindlicher Bereich betrifft das Lehrangebot. Das höchste Gut einer Universität ist ihr Ruf. Ein guter Ruf zieht gute Studenten, gute Professoren und eine gute Förderung an. Eine Universität kann versuchen, ihren Ruf, statt durch eine Verbesserung des Lehrangebots, durch eine Unterdrückung von Kritik zu verbessern. Ich selbst war beispielsweise aufgrund der Veröffentlichung eines Artikels in einer Ingenieurpublikation schwerer Kritik ausgesetzt. In dem Artikel habe ich die Ansicht vertreten, daß eine ganze Reihe von Informatik-Lehrangeboten weder dem Wohl der Studenten noch dem der Öffentlichkeit dienen würde. In solchen Fällen kann selbst die Berufung auf Lebenszeit das Recht der Öffentlichkeit und potentieller Studenten, über Kritik und über Gegenargumente informiert zu werden, nicht garan-

Äußerungen anderer verfolgte, war seine letztendliche Autorität immer die innere Stimme, die uns sagt, was wir für richtig halten.

Anders als viele von uns, zögerte Sacharov nicht, den Leuten Dinge zu sagen, die sie nicht hören wollten. Die überwiegende Mehrheit unserer Gruppe wollte sich glauben machen, daß ein vollständiger Bann für das Testen von Nuklearwaffen ein Ende der Entwicklung neuer Waffen wäre. In klaren und bewußten Worten erklärte der Entwickler der sowjetischen Wasserstoffbombe, warum neue Waffen auch ohne derartige Tests entwickelt werden könnten. Dieser Gedanke war unter den Zuhörern unpopulär, aber Sacharov glaubte daran und wiederholte ihn.

Sacharov vernahm und verstand offensichtlich auch die Argumente derjenigen, die nicht mit ihm übereinstimmten. Was ihn unterschied war die Tatsache, daß seine Integrität stärker war als der gesellschaftliche Druck. Die Vorzüge die es hat, ein ›Team-Spieler‹ zu sein, haben niemals über sein Bedürfnis gesiegt, sich entsprechend dem zu verhalten, an was er glaubt. Er entschied sich, eine Arbeit, die er liebte, aufzugeben und ins innere Exil zu gehen, anstatt hinsichtlich der von ihm für wichtig gehaltenen Fragen zu verstummen.

Wie alle Menschen konnte Sacharov irren. In einer machtvollen Erklärung stellte er seine Auffassung dar, daß die Menschheit Atomenergie benötige, daß aber aus Sicherheitsgründen derartige Kraftwerke unterirdisch angesiedelt werden sollten, anstatt sie verletzbar auf der Erdoberfläche zu errichten. Dies ist keine neue Idee, und sie wurde bereits von einer Vielzahl von staatlichen Atomaufsichtsbehörden bewertet. Sorgfältige Studien kamen zu dem Schluß, daß unterirdische Atomkraftwerke aufgrund von Problemen, die durch Grundwasser und sich bewegende Erdschichten hervorgerufen werden, noch gefährlicher sind. Obwohl ich in diesen Fragen kein Experte bin, bin ich davon überzeugt, daß Sacharovs Vorschlag nicht besonders gut war. Nichtsdestoweniger hat seine offene Erklärung zu einem besseren Verständnis meinerseits und bei vielen anderen geführt.

Die Welt hat Andrej Sacharov 1989 verloren, aber sie behält ihn als einen Wissenschaftler in Erinnerung, der seine gesellschaftliche Verantwortung verstanden hatte. Sacharovs Weigerung, seinen inneren Kompaß zu ignorieren sollte den Rest der Welt daran erinnern, sich von seinem Bewußtsein führen zu lassen. Er zeigte uns den Unterschied zwischen einem Wissenschaftler, der sich Argumenten beugte, und einem Wissenschaftler, der sich Druck beugte. Er zeigte uns auch, daß ein Wissenschaftler seiner Verantwortung nicht dadurch entfliehen kann, daß er sich in einem Spezialgebiet versteckt. Ausgebildet in Physik und eine führende Persönlichkeit in diesem Gebiet, wagte er es, sich auch in gesellschaftlichen Fragen zu äußern und wurde auch dort zu einer der führenden Personen. Die analytischen Fähigkeiten, die er als Wissenschaftler entwickelt hatte, halfen ihm, wo immer er sie auch einsetzte.

*Albert Einstein, brillanter Wissenschaftler und militanter Pazifist.*
Im Jahre 1879 in der deutschen Kleinstadt Ulm geboren, haben Albert Einsteins Beiträge zur Physik seinen Namen in der ganzen Welt zu einem Wort unserer Umgangssprache werden lassen. Es ist nicht ungewöhnlich, jemanden, den man für brillant hält, als einen kleinen Einstein zu bezeichnen. Obwohl seine anfänglichen schulischen Leistungen nicht sehr erfolgversprechend waren, veröffentlichte er im Jahre 1905 seine ersten bedeutenden Arbeiten und setzte seine Veröffentlichungstätigkeit im Bereich der theoretischen Physik für ein halbes Jahrhundert fort. Trotz seiner tiefgehenden und produktiven wissenschaftlichen Beschäftigung hat Albert Einstein nie seine soziale Verantwortung vergessen. Bereits 1914 schrieb er einen Protest gegen ein stark nationalistisches Manifest, welches von 93 namhaften Intellektuellen, darunter auch einer Vielzahl einflußreicher Wissenschaftler, unterzeichnet war. Für den Rest seines Lebens hat er neben seiner wissenschaftlichen Forschung immer auch über gesellschaftliche Fragen geschrieben. Er betrachtete es als seine Pflicht, sich über diese Fragen zu äußern und machte keine Unterscheidung von seiner fachbezogenen Arbeit. In einem meiner Lieblingszitate (Kitzbühel, 1958)

4 Die Straße von Gibraltar, im Oktober 1984 aufgenommen während einer Fahrt der amerikanischen Raumfähre Challenger. Wo sich der Atlantik und das Mittelmeer in der Meerenge über dem seichten Grund treffen, entstehen bemerkenswerte Wasserbewegungen und Strömungen.
Bild: NASA/ P.D Scully-Power und Larry Armi.

sagte er: »Wir glauben, daß die Wissenschaft der Menschheit am besten dient, wenn sie sich von aller Beeinflußung durch irgendwelche Dogmen freihält und sich das Recht vorbehält, alle Thesen, einschließlich ihrer eigenen, anzuzweifeln.« An anderer Stelle hatte er sich gegen politische Versuche der Meinungskontrolle gewandt, indem er sagte: »Die Diktatur bringt den Maulkorb und dieser die Stumpfheit. Wissenschaft kann nur gedeihen in der Atmosphäre des freien Wortes.« Einsteins vehemente Verteidigung der Menschenrechte erregte starke Ablehnung unter den Wissenschaftlern des Establishments, und sie organisierten Treffen, um sich gegen seine Äußerungen zu stellen. Später versuchte man sogar, ihn umzubringen. Nichtsdestoweniger blieb er standhaft und verließ schließlich sein Heimatland, als er fühlte, daß dies notwendig sei, um seine Rede- und Gedankenfreiheit zu erhalten.

Einstein war nicht dogmatisch und hat seine Standpunkte fortwährend überdacht. Selbst ein Pazifist, der oft die Meinung vertreten hatte, daß Wissenschaftler sich dem Militärdienst verweigern sollten, gab er später zu, daß es manchmal notwendig gewesen sei, Gewalt gegen diejenigen anzuwenden, die selbst anderen ihren eigenen Willen mit Mitteln der Gewalt aufzwangen. Es ist bekannt, daß er den Brief an den US-Präsidenten Franklin D. Roosevelt unterschrieb, in dem ein Beginn der Forschungsarbeiten vorgeschlagen wurde, die schließlich zur Entwicklung der Atombombe führten. Später kam er zu dem Schluß, daß dies ein Fehler gewesen sei und sprach sich stark gegen einen Einsatz der Bombe gegen Japan aus.

Einstein kombinierte eine einzigartig produktive wissenschaftliche Karriere mit umfassender schriftstellerischer Tätigkeit zu anderen Themengebieten, unter anderem auf dem Gebiet der Erkenntnistheorie, dem Gebiet wirtschaftlicher Systeme und selbstverständlich zum Thema Frieden. Zusammen mit Bertrand Russell war er Mitbegründer der Pugwash-Bewegung. Diese auch heute aktive Bewegung drängte Wissenschaftler dazu, ihre wissenschaftliche Ausbildung zur Verringerung der Gefahr einzusetzen, die durch die Erfindung nuklearer Waffen entstanden ist.

Viele Wissenschaftler argumentieren, daß man sich entscheiden müsse, ob man sich der Wissenschaft oder politischen Fragen widme. Oftmals weisen sie darauf hin, daß diejenigen, die sich der Politik zuwenden, nicht mehr über die Fähigkeit verfügen, wissenschaftliche Beiträge zu erbringen. Einsteins Karriere ist eine von vielen, die zeigen, daß dies nicht zutrifft.

*Gegen soziale Verantwortung gerichtete Kräfte*
Auf jeden Wissenschaftler wie Andrej Sacharov oder Albert Einstein kommen Hunderte, vielleicht sogar Tausende, die ihre gesellschaftliche Verantwortung nicht übernehmen. Es obliegt uns, die Gründe hierfür zu verstehen. Ein Grund ist, daß Universitäten regelmäßig hinter den von ihnen proklamierten Idealen zurückbleiben. Anstatt Wissenschaftler, die ihre Meinung offen artikulieren wollen, zu ermutigen und zu unterstützen, beteiligen sie sich an einem System, welches gesellschaftlich verantwortliches Verhalten entmutigt und manchmal sogar bestraft.

Früher einmal als ›Elfenbeintürme‹ bezeichnet, von denen die Probleme der Welt aus einiger Entfernung beobachtet werden konnten, sind Universitäten heute in den industriellen Forschungsbereich integriert. Universitäten sind sehr abhängig von externer Unterstützung geworden und wollen konsequenterweise ein Bild als zuverlässige Forschungsfabriken erzeugen. Viele Mitglieder der Universitätsverwaltungen sind bestrebt, den Ruf von Professoren als ›Radikale‹ zu erschüttern und den Eindruck einer einheitlichen Front zu vermitteln, in der jeder fest zu den Aktivitäten der Institution steht und sich in die, dem ›Mainstream‹ entsprechenden Sichtweisen, einreiht. Eine der Auswirkungen dieser Veränderungen ist der Druck auf zukünftige Professoren, anstelle weniger tiefgehender Beiträge eine Vielzahl von Papieren zu veröffentlichen. Oft entscheidet die Anzahl der Veröffentlichungen und nicht die Qualität der wissenschaftlichen Bemühungen, ob ein Fakultätsmitglied eine permanente Stelle erhält oder einen höheren Rang verliehen bekommt.

Die Politik des Zählens anstelle des ernsthaften Lesens der Veröffentlichungen eines

Wissenschaftlers hat zu einer Verminderung der Qualität der Forschungsliteratur geführt. Wissenschaftler werden für die Veröffentlichung sich wiederholender Arbeiten belohnt, Arbeiten, die nur wenige wichtige Ergebnisse aufweisen. Jungen Wissenschaftlern wird geraten, ihre Ergebnisse auf mehrere Arbeiten zu verteilen, anstatt ein einziges, zusammenhängendes Papier zu veröffentlichen. Am schlimmsten ist es, daß sie für die Veröffentlichung hastig geschriebener Beiträge belohnt werden, Beiträge, deren Aussagen nicht durch solide Analysen bestätigt sind. Gute Beiträge, das heißt Beiträge, die das Endprodukt zeitaufwendiger Forschung sind, werden in einer Flut von überflüssigen Veröffentlichungen übersehen.

Das Zählen von Veröffentlichungen hält jüngere Wissenschaftler davon ab, sich mit umfassenden Projekten zu beschäftigen, die möglicherweise nicht vor ihrer nächsten Überprüfung beendet werden können. Da Forschung, die sich nicht an die wohl etablierten Ansätze hält, sich schwerer veröffentlichen läßt, entmutigt die Praxis des Papierzählens jüngere Wissenschaftler, wirklich innovative Arbeiten zu erbringen. Forschung, die grundlegende Beiträge für die Weiterentwicklung der Disziplin erbringt, benötigt ihre Zeit; sie folgt nicht notwendigerweise irgendwelchen Zeitplänen oder resultiert in einer Vielzahl von Zwischenergebnissen, die es wert sind, veröffentlicht zu werden.

Und was das wichtigste ist, das Zählen von Papieren entmutigt Fakultätsmitglieder, sich im Rahmen öffentlicher Probleme zu engagieren. Ein Artikel in einer Tageszeitung zählt nicht. Ein Vortrag bei einer öffentlichen Versammlung zählt nicht. Ein Erscheinen in einem Fernsehbeitrag über Nuklearsicherheit oder Umweltverschmutzung zählt nicht. An den Universitäten und Förderungseinrichtungen zählen einzig und allein die Anzahl der in Fachpublikationen und auf Konferenzen referenzierten Papiere. Selbst Vorträge bei professionellen Konferenzen zu gesellschaftlichen Problemfeldern finden keine Beachtung, wenn der Wissenschaftler aus einem technischen Fachgebiet stammt. Bis ein Professor so etabliert ist, daß die Berufung auf Lebenszeit und die Promotion kein Problem mehr darstellen, das heißt bis zu einer, von vielen niemals erreichten höheren Position, haben sie keine Zeit, über ihre gesellschaftliche Verantwortung nachzudenken. Ähnlich wie alle Menschen, altern auch Organisationen. Ältere Organisationen haben oftmals vergessen, wozu sie gegründet wurden; das Gedeihen der Organisation wird zu einem Selbstzweck. Universitäten wurden als Quelle der Wahrheit und der objektiven Analyse gegründet, aber eine alternde Universität mag im Laufe der Zeit die Fähigkeit verlieren, dieses Ziel zu verfolgen. Dem universitären System sollte einiges Augenmerk geschenkt werden, denn es scheint, als benötige es dringend eine Verjüngung und frisches Blut. Gegen eine Beteiligung von Universitäten an angewandter, extern finanzierter Forschung kann es keinen Einwand geben, jedoch darf dies nicht dazu führen, daß die Universität ihr »raison d'être«, das heißt den Grund ihres Bestehens, vergißt.

*Eine Initiative zur öffentlichen Weiterbildung*
Es ist meine persönliche Hoffnung, daß es den Wissenschaftlern gelingen wird, die Institutionen dazu zu bringen, einen Teil ihrer Energie für eine neue Art öffentlicher Weiterbildungsprogramme zu verwenden. Wir müssen der Öffentlichkeit helfen, erstens die Grundlagen wissenschaftlicher Unternehmungen zu verstehen, zweitens das für das Verständnis der öffentlichen Politik wichtige wissenschaftliche Wissen zu erlangen und drittens die politischen Auswirkungen wissenschaftlichen Wissens zu begreifen.

Eine informierte Wählerschaft muß den Gebrauch und die Bedeutung wissenschaftlicher Fachsprache lernen. Wissenschaftler machen oft Bemerkungen, die nur dann zutreffend sind, wenn man die Feinheiten der verwendeten Worte versteht. Nehme man zum Beispiel die Aussage, »es gibt keinen Beweis, daß AIDS auf heterosexuellem Wege übertragen werden kann«. Diese Aussage war vor dem Bekanntwerden der bestehenden Übertragungsgefahr zwischen Männern und Frauen oft zu hören. In der Öffentlichkeit wurde diese Äußerung von vielen als eine Aussage über AIDS und nicht als eine Aussage über den wissenschaftlichen Wissensstand interpretiert. Wissenschaftler machen oft Äußerungen wie: »Es gibt eine geringe Wahrscheinlichkeit, daß die globale Erwärmung mehr als drei Grad betragen wird.« Die Öffentlichkeit verfügt nicht über ein genügendes Wissen, um den Wissenschaftler zu fragen, was er mit einer ›geringen Wahrscheinlichkeit‹ meint. Entscheidungen, die aus dem Glauben heraus getroffen werden, daß Wissenschaft absolute Wahrheit sei und nicht nur die Suche nach ihr, werden schlechte Entscheidungen sein.

Ich habe bemerkt, daß selbst besorgte Mitglieder der Öffentlichkeit oftmals die Implikationen grundlegender Gesetze, zum Beispiel hinsichtlich der Einsparung von Energie, nicht begreifen. Es gibt da beispielsweise diejenigen, die glauben, daß die Verwendung von Solarenergie für unsere Umwelt folgenlos bliebe. Sie scheinen überrascht, zu erfahren, daß die Herstellung von Solarpanelen Energie erfordert oder daß einige der Materialien, die bei deren Herstellung eingesetzt werden könnten, nicht völlig harmlos sind. Sie vergessen, daß die zu elektrischer Energie umgewandelte Sonnenenergie ansonsten auf eine andere Stelle gestrahlt hätte. Die Mißverständnisse in meinem eigenen Fachgebiet, den Computern, sind immens. Menschen haben gelernt, sich Computer als ›gigantische Gehirne‹ vorzustellen, anstatt sie als einfache und in ihrem Verhalten vorhersagbare endliche Automaten zu betrachten. Die Situation wurde noch verschlimmert durch die extremen Versprechungen, die von Softwarelieferanten und einigen Wissenschaftlern gemacht wurden, die versuchten, hohe Forschungsförderungsmittel zu erhalten. Meine ausländischen Freunde hören ungläubig zu, wenn ich ihnen erzähle, daß eine unserer Provinzregierungen ernsthaft glaubte, durch die Investition einiger weniger Millionen Dollar ein System produzieren zu können, welches automatisch Gesetze aus dem Englischen ins Französische übersetzen könnte. Obwohl ein solches System heute weit abseits des Machbaren liegt, gab es vor zwanzig Jahren Wissenschaftler, die bereit waren, die Bereitstellung einer solchen Technologie zu versprechen. Es wimmelt von öffentlichen Mißverständnissen, weil der Rest von uns nicht bereit ist, über die Beschränkungen solcher Technologien zu reden.

Wissenschaftler, die eine besser informierte Öffentlichkeit wünschen, müssen sich klarwerden, daß es auf dem Weg dorthin keine Abkürzungen gibt. Wir können den Leuten nicht einfach unsere Schlußfolgerungen mitteilen. Wir müssen ihnen die zugrunde liegenden Ideen vermitteln, damit sie begreifen, wie wir zu unseren Schlußfolgerungen kamen.

Viele Wissenschaftler werden argumentieren, daß die Aufgabe der öffentlichen Bildung anderen überlassen werden sollte. Im besonderen beziehen sie sich damit auf jene, die in Zeitungen und Zeitschriften oder in wissenschaftlichen Fernsehsendungen über Wissenschaft berichten. Ich sehe dies als die Abtretung der Verantwortung an Menschen, die diese Aufgabe nicht ordnungsgemäß erfüllen können. Wissenschaftsautoren und Moderatoren verfügen nicht über die Verständnistiefe, die für die ordentliche Vermittlung der Probleme erforderlich ist. Es gibt viel zu wenige, die über eine wissenschaftliche Ausbildung verfügen, und die wenigen, die es gibt, sind daher gezwungen, über viele Themen zu berichten, die außerhalb ihres Wissensbereiches liegen. Außerdem diktiert ihnen der kommerzielle Druck die Einhaltung bestimmter Formen und beschränkt sie hierdurch. Massenmedien müssen hart arbeiten, um ihr Publikum interessiert zu halten. Tiefgehende Berichterstattung, wie sie erforderlich wäre, um auch bereits interessierte Personen zufriedenzustellen, können sie nicht bieten.

Für viele von uns besteht die Hauptaufgabe in der Lehre, aber wir alle müssen die Verpflichtung zur Beteiligung an der öffentlichen Bildung anerkennen. Diejenigen, die Lehrer sind, deren Tätigkeit sich aber auf eine bestimmte Gruppe, zum Beispiel die der Studenten konzentriert, müssen ihre Aktivitäten verbreitern. Jene unter uns, die nicht Lehrer sind, können ihren Beitrag durch das Abhalten öffentlicher Vorträge leisten. Der Bedarf zur Heranbildung einer aufgeklärten Wählerschaft ist dringend, und das Erreichen dieses Ziels bedarf all der Hilfe, die es bekommen kann. Die

5 Das östliche Mittelmeer mit komplizierten Wasserbewegungen.
Bild: NASA/P.D. Scully-Power von Bord der Challenger, Oktober 1984.

öffentliche Wissenschaftslehre ist ein zu wichtiges Gebiet, als daß sie Reportern überlassen werden sollte, die an einem Tage etwas lernen und es am nächsten Tage bereits aufschreiben. Ich würde es sehr gerne sehen, wenn Wissenschaftler auf der ganzen Erde bei der Entwicklung von Kursen zusammenarbeiten würden, die so entworfen wären, daß sie in lokalen Diskussionsgruppen durchgeführt werden könnten. Das Material würde von Fachleuten vorbereitet werden, dann Wissenschaftsdozenten und Laien vermittelt werden und von diesen schließlich einer breiten Öffentlichkeit gelehrt werden. Dies würde in einer Form geschehen, die den direkten Gesichtskontakt und ausführliche Diskussion fördert. Kontroverse Themen sollten von Teams vorbereitet und untersucht werden, in denen eine breite Meinungsvielfalt repräsentiert ist. Aus meiner Erfahrung sind Experten, die gegensätzliche Seiten vertreten, bei der Vorbereitung eines solchen Berichts zu großer Übereinstimmung fähig.

Warum ignorieren viele Wissenschaftler ihre Verantwortung? Kürzlich fiel mir ein 1976 von William Epstein in der *New York Times* verfaßter Artikel in die Hände, der den Titel »Wissenschaftler und Waffen« trug. Der Artikel zeigte deutlich und in kurzen Worten, wie Wissenschaftler zum Wettrüsten beigetragen haben, das uns alle bedrohte und viele verarmte. Als der Artikel geschrieben wurde, war ich an Forschungen für die US-Marine beteiligt. Dies rief in mir die naheliegende Frage, was passiert wäre, wenn ich den Artikel damals gelesen hätte, hervor. Die Frage kann auf zweierlei Weise beantwortet werden, wobei jede der möglichen Antworten eine wichtige Aussage enthält. Zuerst einmal ist es unwahrscheinlich, daß ich den Artikel gelesen hätte; wie viele andere Wissenschaftler war ich so tief mit dem beschäftigt, was ich tat, daß sowohl die *New York Times* als auch die Abrüstung für mich unwichtig waren. Zweitens, selbst wenn ich den Artikel gelesen hätte, hätte ich ihn vermutlich ignoriert. Zu diesem Zeitpunkt war ich aufrichtig davon überzeugt, daß ich der Welt mit der von mir durchgeführten Forschung am besten helfen könne, unabhängig davon, wer diese Arbeit finanzierte und wozu sie eingesetzt wurde. Ich war ein ›Fachidiot‹, ein Spezialist, der den Dingen außerhalb seines eng begrenzten Fachgebiets keine Beachtung schenkt.

Im Jahre 1976 hatte ich noch eine weitere Ausrede für mein Ignorieren von Diskussionen über gesellschaftliche Verantwortung. Ich war überzeugt, daß mein Engagement für soziale Fragen nichts verändern würde. Viele Jahre später habe ich ein Interview mit der deutschen Theologin Dorothee Sölle gelesen. Einer ihrer Gedanken hat mein Leben verändert. Sie sagte, wenn jeder von uns so leben würde, als wenn seine Taten etwas bewirkten, wäre die Welt ein weit besserer Platz. Wenn wir wollen, daß mehr Wissenschaftler ihre Verantwortung wahrnehmen, müssen wir ihnen klarmachen, daß ihre Tätigkeit zählt. Wir müssen ihnen die Ausflucht verbauen, sie seien nichts als ein kleines Rädchen in einem riesigen System.

Wenn wir Wissenschaftler davon überzeugen wollen, daß ihr Tun für die Welt von Bedeutung ist, und ihnen klarmachen wollen, was sie der Welt schulden, müssen wir damit beginnen, lange bevor sie überhaupt Wissenschaftler werden. Soziales Verantwortungsgefühl ist etwas, das uns unsere Eltern vermitteln und das wir in den ersten Schuljahren erlernen. Aufrufe an die soziale Verantwortung werden Wissenschaftler nur dann erreichen, wenn die ihnen während ihrer Kindheit vermittelten Einstellungen sie für unsere Erinnerungen empfänglich gemacht haben. Wenn wir mehr Wissenschaftler dazu bringen wollen, aktiv zu werden und sich um Fragen von sozialer Wichtigkeit zu sorgen, wird ein dreigeteilter Ansatz erforderlich sein: Wir müssen erstens mit der Darstellung unserer Bemühungen fortfahren, um unseren Kollegen zu verdeutlichen, daß sie eine Rolle wahrzunehmen haben; außerdem müssen wir unsere Institutionen reformieren, damit sie soziales Verantwortungsbewußtsein unter Wissenschaftlern fördern, anstatt es zu entmutigen, und wir müssen drittens den Eltern und Lehrern junger Menschen helfen zu erreichen, daß die nächste Generation von Wissenschaftlern über ihre Verantwortung nachdenkt. Unsere effektivste Rolle ist die Erziehung der Kinder zu aktiven Teilnehmern in allen Bereichen unserer demokratischen Institutionen.

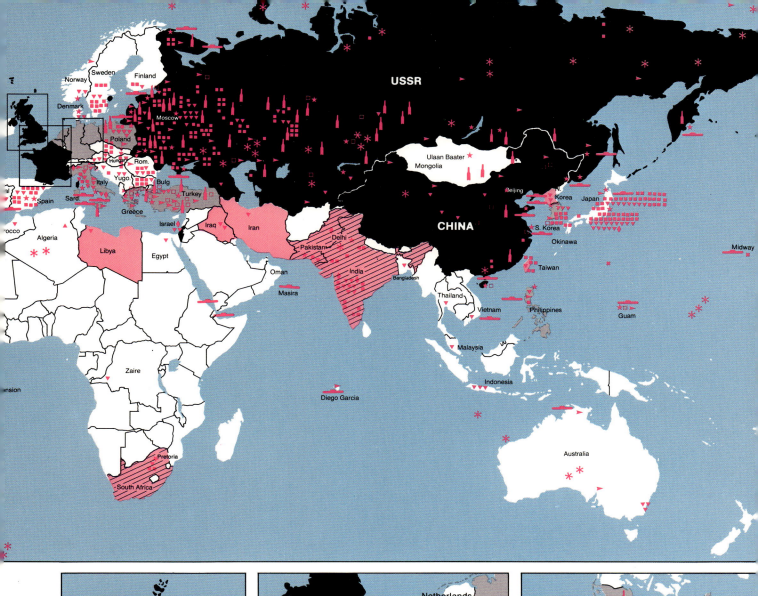

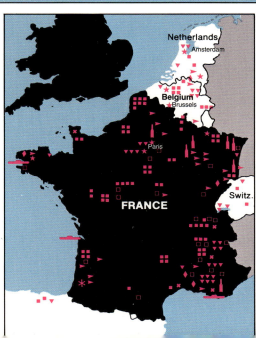
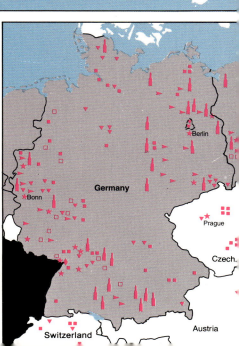

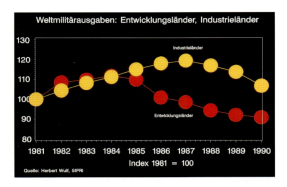

3 Weltmilitärausgaben: Entwicklungsländer und Industrieländer.
Quelle: Herbert Wulf, SIPRI

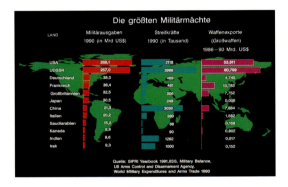

4 Die größten Militärmächte der Welt. 1990 und 1991 lagen die USA und die UdSSR mit ihren Militärausgaben bei weitem an der Spitze, zugleich waren sie die größten Waffenexporteure. Die größten Streitkräfte unterhielten die UdSSR, China, USA, Indien und Irak.
Quelle: Zusammenstellung Herbert Wulf, Daten: SIPRI Yearbook 1991, IISS, Military Balance US-Arms Control and Disarmament Agency, World Military Expenditures and Arms Trade 1990.

gaben noch immer rund 500 Milliarden Dollar, so viel wie das gesamte Bruttosozialprodukt aller skandinavischen Länder.

1987 war der bisherige Höhepunkt der Militärausgaben erreicht (siehe Abb. 3: ›Weltmilitärausgaben‹). Haushaltsschwierigkeiten und wirtschaftliche Engpässe führten dazu, daß heute in vielen Ländern die Wirtschafts- und Finanzminister ein gewichtigeres Wort haben als die Verteidigungsminister, das Militär und die Rüstungsindustrie. Nach mehr als vier Jahrzehnten ungebremster Expansion stagnieren jetzt die Militärhaushalte oder werden gekürzt, so vor allem in den USA, die durch ein riesiges Haushaltsdefizit geplagt werden, und in der zerfallenden UdSSR, die vor dem wirtschaftlichen Kollaps steht. Die Länder Osteuropas haben wichtigere Probleme, als neue Waffen zu kaufen. Die europäischen NATO-Länder geben aber noch immer fast soviel für ihr Militär aus, wie vor dem Ende des Kalten Krieges. Die Verkleinerung und Umorientierung des Militärapparates ist angekündigt, aber wird nur langsam durchgeführt. Der Militärapparat soll kleiner werden, aber ebenso schlagkräftig bleiben. Die Verantwortlichen verfahren nach dem Motto: Ohne Feind wird es trotzdem teuer. Man will für alle Fälle, auch die unmöglichen, gerüstet sein.

In Europa hat sich die Konferenz für Sicherheit und Zusammenarbeit (KSZE) in den letzten Jahren immer mehr zu einem Forum zur Regelung des friedlichen Zusammenlebens gemausert. Alle europäischen Länder und die USA und Kanada sind Mitglied. Ob Abrüstungsfragen, die Kontrolle des Waffenhandels oder die friedliche Streitschlichtung, die KSZE kann für die politische Zukunft Europas noch stärkere Bedeutung erhalten; sie muß sich allerdings noch in den Krisen bewähren.

In der Dritten Welt fehlen derartige Foren für Abrüstung und Krisenprävention fast völlig. Auch die Entwicklung der Militärausgaben in der Dritten Welt ist nicht zufriedenstellend. Durchschnittlich betrugen die Militärausgaben der Länder der Dritten Welt mehr als 4% ihres Bruttosozialproduktes, ein höherer Prozentsatz als in Westeuropa. Mehr als 130 Milliarden Dollar steckten die Regierungen der Dritten Welt 1990 in ihre Streitkräfte und Waffenkäufe – fast dreimal soviel wie sie an öffentlicher Entwicklungshilfe erhielten. Nach einem überdurchschnittlichen Anstieg der Militärausgaben zwischen Mitte der sechziger bis Mitte der achtziger Jahre, begann ein langsamer Rückgang ab 1987.

Würden bis zum Jahr 2000 die Militärausgaben jährlich um 5% gesenkt, ergäbe sich eine Friedensdividende, die weit über der heute geleisteten Entwicklungshilfe liegen würde. Die Friedensdividende würde von 50 Milliarden Dollar im Jahr 1991 auf über 350 Milliarden im Jahr 2000 ansteigen. Insgesamt könnten 2 Billionen Dollar in den neunziger Jahren im Militärbereich eingespart werden, die dann für sinnvolle soziale, wirtschaftliche und ökologische Projekte zur Verfügung stehen würden. (Abb. 5)

*Gespräch unter Bürgern*
*Nichts Besseres weiß ich mir an Sonn- und Feiertagen,*
*Als ein Gespräch von Krieg und Kriegsgeschrei,*
*Wenn hinten, weit, in der Türkei, Die Völker aufeinanderschlagen,*
*Man steht am Fenster, trinkt sein Gläschen aus*
*Und sieht den Fluß hinab die bunten Schiffe gleiten;*
*Dann kehrt man abends froh nach Haus*
*Und segnet Fried und Friedenszeiten.*
*Herr Nachbar, ja!, so laß ich's auch geschehn:*
*Sie mögen sich die Köpfe spalten,*
*Mag alles durcheinandergehen;*
*Doch nur zu Hause bleib's beim alten.*
J.W. Goethe

*Kriege und Konflikte*
Die Haltung der meisten Regierungen, die Konflikte und Kriege durch Waffenlieferungen angeheizt oder ermöglicht haben, erinnert an die Geschichte von der Frau,

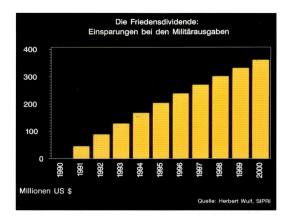

5 Die Friedensdividende. Einsparungen bei den Militärausgaben.
Quelle. Herbert Wulf, SIPRI

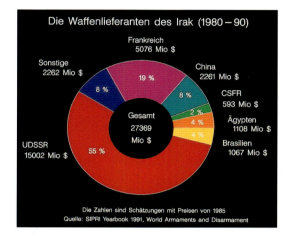

6 Waffenlieferanten des Irak (1980 bis 1990)
Die Zahlen sind Trendindikatoren in Preisen von 1985, Millionen US $. Es handelt sich um Schätzungen, nicht um exakte Angaben über erfolgte Zahlungen.
Quelle: SIPRI Yearbook 1991, World Armaments and Disarmament (Oxford University Press, S. 202)

die beschuldigt wurde, einen Kessel geliehen und beschädigt zurückgegeben zu haben. Erstens habe ich den Kessel nicht geliehen, wehrte sie sich. Außerdem gab ich ihn ordnungsgemäß zurück und schließlich war er schon beschädigt, als ich ihn erhielt. »Unsere Außenpolitik ist verantwortlich und Waffen liefern wir nur an zuverlässige Kunden«, heißt die Parole. Im Prinzip haben wir mit den Kriegen und Konflikten der anderen nichts zu tun. Wenn das erste Argument nicht zieht und die Waffen in Kriegshandlungen eingesetzt werden, dann heißt die zweite Losung, nur nicht hinsehen, was mit den Waffen passiert. Die von Goethe beschriebene sonntägliche Ruhe könnte gestört werden, wenn man wahrnimmt, wo die Waffen eingesetzt werden. Saddam Hussein lieferten Regierungen in Ost, West und Süd die Instrumente zur Invasion (siehe Abb. 6). Würden wir nicht liefern, täten es die anderen, wurden Kritiker zurechtgewiesen. Und außerdem, so heißt es schließlich, schlagen ›die da unten‹ sowieso aufeinander ein und spalten sich die Köpfe. Aus unserem Fernsehsessel können wir dann, ein Gläschen in der Hand, live beobachten, welche Wirkung die Präzisionsinstrumente haben. Man kann den Tod aus der Ferne betrachten.

Mit der Veränderung zwischen Ost und West wuchsen die Hoffnungen auf einen grundlegenden Wandel der internationalen Beziehungen. Das Ende der Großmachtkonkurrenz (die allzu oft Konflikte in allen Teilen der Erde angefacht oder angeheizt hatte), die Absurdität der Abschreckung und Selbstabschreckung mit Nuklearwaffen (die eine Katastrophe für die gesamte Menschheit bedeuten konnte), das häufige Scheitern des militärischen Engagements der beiden Großmächte (ob das Vietnam-Trauma der Vereinigten Staaten oder das Afghanistan-Debakel der Sowjetunion), kurzum, die Annäherung der beiden militärischen Supermächte gab Anlaß zu der Hoffnung, Kriege würden immer weniger als ein Mittel der Politik angesehen. Nicht nur der Golfkrieg nach der Invasion Iraks in Kuwait, mit einem bis dahin nicht gekannten Einsatz moderner Waffensysteme, dämpfte diese Hoffnungen.

Zahlreiche bewaffnete Konflikte und Kriege finden täglich statt: über dreißig allein im Jahre 1991 (siehe Abb. 7). Tausende von Toten, hungernde Kinder, der Exodus der Menschen aus den Kriegsgebieten, Flüchtlingslager, Tod und Zerstörung. Der Krieg zeigt sein wahres Gesicht in vielen Ländern der Erde, nicht nur in Kuwait und im Irak. Wenn auch die Zahl der größeren Kriege in den letzten Jahren ein wenig zurückgegangen ist, so ist dies kein Grund zur Beruhigung (siehe Abb. 8). Neue Kriege sind ausgebrochen, alte Konflikte wieder aufgeflammt. Als überwunden geglaubter Nationalismus, religiöse und ethnische Streitigkeiten prägen das Bild auch in Europa. Krieg findet nicht nur in der Dritten Welt statt. Den Zeichen der Abkühlung und Entspannung stehen Entwicklungen zum Anheizen von Kriegen und Konflikten gegenüber.

Abkühlen:
– das Ende des Kalten Krieges,
– sinkende Militärausgaben und sinkender Waffenhandel in den meisten Ländern der Erde,
– Verhandlungen zur Kontrolle des Waffenhandels,
– Auflösung des Militärbündnisses der Warschauer Vertragsorganisation,
– Abrüstung der Mittelstreckenraketen in Europa, Unterzeichnung des Vertrages zur konventionellen Rüstungsbegrenzung in Europa und des START-Vertrages,
– Brasilien und Argentinien verpflichten sich, keine Nuklearwaffen zu bauen,
– Vereinigung von Nord- und Südjemen, Ost- und Westdeutschland,
– Nord- und Südkorea werden UNO-Mitglieder,
– Reduzierung der Waffen und Streitkräfte besonders in Europa,
– Stop der Produktion binärer chemischer Waffen in den USA,
– die Verträge zur Einschränkung von Nukleartests von 1974 und zur friedlichen Nutzung von Nuklearexplosionen von 1976 treten in Kraft,
– Bereitschaft auf Seiten Frankreichs, Chinas und Südafrikas, dem Atomwaffensperrvertrag beizutreten,

– Friedensplan für Angola,
– Namibia wird unabhängig,
– Ende des Krieges in Liberien,
– Ende der Konflikte in Äthiopien,
– verminderte Spannungen in Nicaragua,
– verminderte Spannungen im Libanon,
– Plan zur Beendigung des Konfliktes in der Westsahara,
– UNO-Friedensplan zur Beendigung des Konfliktes in Kambodscha.

Aufheizen:
– Staatsstreich in der Sowjetunion, Zusammenbruch der Sowjetunion,
– bewaffnete Konflikte im Baltikum und anderen sowjetischen Republiken,
– Invasion Kuwaits durch den Irak,
– Golfkrieg,
– Bürgerkrieg in Jugoslawien,
– verstärkte militärische Aktionen der Türkei gegen die Kurden,
– Anheizung der Konflikte in Sri Lanka,
– Massenexodus aus Albanien,
– Expansion der Streitkräfte in verschiedenen Ländern Asiens und der Pazifikregion,
– Militärausgaben von über 500 Milliarden US-Dollar in und für Europa,
– Fortsetzung der Waffenlieferungen in den Mittleren Osten,
– Fortsetzung der Nuklearwaffenproliferation durch Technologielieferung,
– Gefahr der Proliferation chemischer Waffen,
– große Investitionen zur Entwicklung moderner Waffensysteme.

7 Die größten bewaffneten Konflikte 1991.
Quelle: Dept. of Peace and Conflict, Uppsala University, und SIPRI Yearbook 1992.

*Waffenhandel*
U-Boote für Chile oder Südafrika, Kanonen im Falklandkrieg, Munition und Raketen für den Golfkrieg, atomares Know-how für nukleare Schwellenländer, Giftgasfabriken für Irak und Libyen, Kampfhubschrauber für Indonesien, Militärelektronik für Afghanistan – wo immer Konflikte ausgetragen werden und Kriege ausbrechen, tauchen die Händler des Todes auf. Öffentliche Debatten folgen, die längst überfällige Verschärfung von Kontrollen und Strafbestimmungen wird angekündigt. Die Waffenproduzenten wollen an ihren Produkten verdienen – und sie verdienten in der Vergangenheit gut. Doch jetzt, da die Beschaffungshaushalte stagnieren, sind auch die Geschäfte schwieriger geworden. Das Bild vom geschäftstüchtigen, unmoralischen Waffenhändler, der buchstäblich über Leichen geht, ist allerdings viel zu simpel, um die Realität des Waffengeschäftes zu beschreiben. Es sind gar nicht die spektakulären Transaktionen und die Geldgier der Waffenproduzenten, die das Bild des Waffenhandels bestimmen. Waffenexport ist in vielen Ländern ein alltägliches, meist ganz legales Geschäft. Nur wenige Geschäfte sind illegal; das Hauptgeschäft wird mit Genehmigung der Regierungen oder direkt von Regierungen ausgeführt. Kaum eine industrielle Branche ist so stark von Regierungsentscheidungen geprägt wie die Rüstungsindustrie.

Waffenexporte sind für manche Firmen ein einträgliches Geschäft; für viele Kommunen, Regionen und Länder sind sie eine wichtige Einnahmequelle. Wie sähe die Bilanz der Schweizer Firma Oerlikon-Bührle ohne Rüstungsexporte aus? Wie würden die norddeutschen Werften klagen, würde der Rüstungsexport verboten? Die französischen Handelsbilanzdefizite stiegen beträchtlich; die chronisch defizitäre amerikanische Zahlungsbilanz wäre noch negativer und die englische Krankheit im industriellen Sektor Großbritanniens wäre weiter verbreitet. Selbst für die Sowjetunion, deren Regierung den Primat der Politik über die Ökonomie immer betonte, spielten Deviseneinnahmen aus dem Rüstungsexport seit Ende der achtziger Jahre eine wichtige Rolle. Der wirtschaftliche Faktor im Geschäft mit dem Tod war keineswegs immer so bedeutend wie in den letzten beiden Jahrzehnten. Im Gegenteil, während der fünfziger und sechziger Jahre waren außenpolitische Erwägungen das herausragende Kriterium für den Export von Waffen sowohl in den Vereinigten Staaten von Amerika als auch in der Sowjetunion. Längst nicht jede Regierung in der Dritten Welt erhielt die Waffen, die das Militär sich wünschte. Erst in den siebziger und achtziger Jahren, mit dem Beginn der Krise der Weltwirtschaft, mit steigenden Ölpreisen, sinkenden Wachstumsraten, zunehmender Arbeitslosigkeit und verschärfter Weltmarktkonkurrenz, gewannen wirtschaftliche Überlegungen – zumeist sehr vordergründiger und kurzatmiger Art – die Oberhand.

Die größten Waffenexporte sind – mit weitem Abstand – nach wie vor die Vereinigten Staaten und die Sowjetunion. Rund 70% aller international registrierten Lieferungen von Großgeräten (Flugzeuge, Kriegsschiffe, Flugabwehrsysteme, Raketen, Kanonen, Panzer und gepanzerte Fahrzeuge) stammten aus den USA und der UdSSR (siehe Abb. 10). Nächstgrößter Waffenlieferant ist Frankreich, gefolgt von Großbritannien, China und Deutschland.

Unabhängig von Kriegen und Konflikten sank der Waffenhandel seit 1987. Besonders die Entwicklungsländer, die ab Mitte der siebziger Jahre einen regelrechten Boom ausgelöst hatten, reduzierten ihre Waffenkäufe. 1990 importierten sie nur noch halb so viel an Großgerät wie Mitte der achtziger Jahre. Der Grund hierfür ist keineswegs in einer militärisch entspannteren Lage oder gar der Bereitschaft zu Abrüstung zu suchen, sondern primär wirtschaftlich bedingt. Die hohe Verschuldung zahlreicher Länder hat zu drastischen Einschränkungen bei ambitiösen Rüstungsprogrammen geführt. In den Statistiken spiegelt sich jedoch ein zweiter, gegenläufiger Trend nicht wider. Zwar nimmt der Transfer kompletter Waffensysteme ab. Dagegen hat der Handel mit Subsystemen (wie Triebwerke, Panzertürme), Komponenten oder Geräte (wie Bordcomputer, Radargeräte) und Technologie (zum Aufbau von Rüstungsproduktionsstätten) in den letzten Jahren beträchtlich zugenommen. Besonders die sensiblen, militärisch und zivil verwendbaren Technologien sind schwer zu kontrollieren; sie ermöglichten es unter anderem dem Irak, eine Rüstungsindustrie aufzubauen, chemische Waffen herzustellen und ein ehrgeiziges Nuklearwaffenprogramm zu beginnen.

Größte Waffenkunden für den Zeitraum 1986 bis 1990 waren Indien, gefolgt von Japan, Saudi Arabien und dem Irak (siehe Abb. 11 und 12). Der Mittlere Osten blieb auch nach dem zweiten Golfkrieg ein wichtiger Waffenmarkt; aber auch viele Industrieländer handeln untereinander mit militärischem Gerät und vor allem mit Rüstungstechnologie.

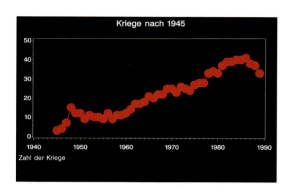

8 Kriege nach 1945.
Quelle: K. Lindgren, Världens krig.

*Konversion der Rüstungsindustrie – umstellen und abspecken*
Die allgemeine politische Entspannung bremste das Tempo der Waffenbeschaffung. Für die von hohen Wachstumsraten verwöhnte Rüstungsindustrie brachen neue Zeiten an. Durchschnittliche Umsatzeinbußen von 4% jährlich bei den Rüstungsfirmen in den letzten drei Jahren waren die Folge. Die Steigerungen während der achtziger Jahre, mit einem Höhepunkt 1987, sind durch die Senkung der Beschaffungshaushalte 1988 bis 1990 teilweise wieder rückgängig gemacht worden. Dieser generelle Trend langsam sinkender Beschaffungsbudgets wurde auch durch den Golfkrieg nicht umgekehrt, obwohl manche Rüstungsfirma tatsächlich neue Geschäfte abschließen konnte.

Die Rüstungsindustrie muß sich auf diese neue Situation einstellen. Sie befindet sich in einer Krise. Und wenn nicht alle Anzeichen täuschen, ist dies erst der Beginn einer Entwicklung, die zu drastischen Kapazitätseinschränkungen zwingt. Vorbei sind auch die Zeiten der hohen Wachstumsraten der Beschaffungsbudgets der meisten NATO-Länder. Rußland versucht, die Rüstungsbetriebe auf zivile Produktion umzustellen. Die Rüstungsindustrie in den drei Hauptproduktionszentren USA, Rußland und Westeuropa ist von erheblichen Überkapazitäten geplagt, weil die staatlichen Gelder nicht mehr so zügig fließen wie in den letzten vier Jahrzehnten. Entlassungen zu Tausenden stehen auf der Tagesordnung.

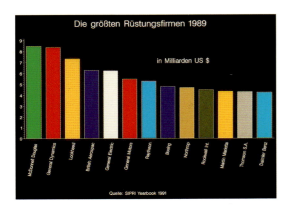

9 Die 13 größten Rüstungsfirmen 1989.
Quelle: SIPRI Yearbook 1991

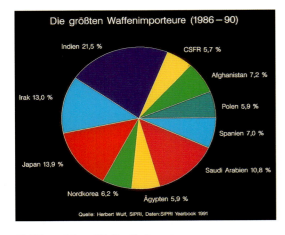

10 Die größten Waffenlieferanten (1986 – 1990).
Quelle: Herbert Wulf, SIPRI, and SIPRI Yearbook 1991

*Im Westen*
Der erfreuliche Anlaß, daß die Militärhaushalte sinken, der Waffenhandel rückläufig ist und die Rüstungskontrolle in Europa Fortschritte gemacht hat, trifft die Rüstungsindustrie merklich. Die Firmen reagieren bereits auf diese Krise, und zwar mit unterschiedlichen Strategien (siehe Abb. 9).

Im Westen, vor allem in den USA und Westeuropa, werden Beschäftigte entlassen, Kurzarbeit steht auf der Tagesordnung, Betriebsteile werden geschlossen, Firmen müssen Konkurs anmelden. In einem für die Rüstungsindustrie bislang nicht gekannten Maße schlossen sich Firmen durch Ländergrenzen überschreitende Fusionen und Aufkäufe in den letzten beiden Jahren zusammen. Durch Firmengründungen, Kapitalverflechtung, gemeinsame Projekte, Entwicklungsgesellschaften oder andere Formen der Zusammenarbeit kooperieren fast alle großen westeuropäischen Firmen miteinander. Durch die Firmenzusammenschlüsse und die Bildung internationaler Teams wird der kleiner werdende Rüstungskuchen aufgeteilt und die kaum vorhandene Konkurrenz weiter eingeschränkt. Vereinzelt ziehen Firmen aus den schlechten Geschäftsaussichten die Konsequenz und versuchen, ihre Rüstungsabteilungen abzustoßen. Andere Firmen wiederum suchen Nischen und konzentrieren sich auf Sektoren wie Militärelektronik und Informationstechnologie, die nicht von Kürzungen des Budgets betroffen sind. Die meisten Rüstungsfirmen strebten schon immer eine gemischte Produktpalette und den Abbau der Rüstungsabhängigkeit an. Selbst Firmen, die bislang die Öffentlichkeit scheuen, entdecken heute die in der Friedensbewegung seit Jahren propagierten Konversionskonzepte und versuchen ihre nichtmilitärische Produktpalette auszubauen. Die Bemühungen um Konversion, also die Umstellung von militärischer auf zivile Fertigung beginnen oft zu spät, nämlich dann, wenn die Krise bereits spürbar ist. Außerdem ist der Einstieg in einen neuen, unbekannten Markt, der anderes Managementdenken erfordert und auf dem die Konkurrenten bereits präsent sind, nicht ohne Aufwand möglich. Man hält natürlich solange wie eben möglich an lukrativen Rüstungsaufträgen fest. Schließlich versuchen Firmen, an der Abrüstung zu verdienen; sie engagieren sich bei der Verschrottung von Panzern oder der Entsorgung von Munition oder chemischen Waffen. Mit Auf- wie mit Abrüstung sind also Geschäfte zu machen.

Die Rüstungsindustrie ist in vielen Ländern eine kleine Industriebranche. In ganz Westeuropa geht es beispielsweise um weniger als 1,5 Millionen Arbeitsplätze. Probleme entstehen vor allem, weil militärische und rüstungsindustrielle Aktivitäten in vielen Fällen (in der ehemaligen UdSSR ebenso wie in den USA und in vielen westeuropäischen Ländern) regional stark konzentriert sind. Für viele Regionen hat die starke Rüstungsabhängigkeit zwar zeitweise Arbeitsplätze und Einkommen geschaffen, gleichzeitig aber wurden Strukturschwächen zementiert und Alternativen verbaut. Insofern bietet Abrüstung Chancen für eine Um- oder Neuorientierung.

*In der ehemaligen Sowjetunion*
»Im Rahmen unserer wirtschaftlichen Reform sind wir bereit, einen Konversionsplan zu entwickeln und zu veröffentlichen, im Laufe des Jahres 1989 auf experimenteller Basis für zwei oder drei Rüstungsfabriken Konversionspläne zu erstellen und unsere Erfahrungen in der Beschäftigung von Spezialisten und der Nutzung von Maschinen und Gebäuden der Rüstungsindustrie für zivile Zwecke zu veröffentlichen.« Mit dieser Ankündigung vor der Generalversammlung der Vereinten Nationen gab der sowjetische Präsident Gorbatschow im Dezember 1988 den Startschuß für ein Konversionsprogramm in der UdSSR.

Er versprach ferner, die Militärausgaben um über 14 % und die Rüstungsproduktion um fast 20 % bis 1991 zu senken. Vor allem die schlechte wirtschaftliche Lage machte die Abrüstung für die sowjetische Führung attraktiv. 30 Milliarden Rubel, so kündigte der ehemalige Verteidigungsminister Jasow 1989 an, könnten im Fünfjahresplan (1991 bis 1995) dem Militär abgezwackt und in die desolate Wirtschaft gesteckt werden. Eifrig machte man sich an die Erstellung eines Konversionsplanes und begann,

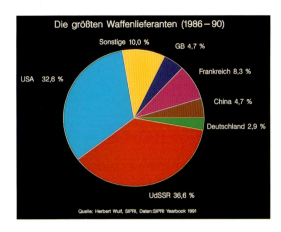

11 Die größten Waffenimporteure (1986 – 1990).
Quelle: Herbert Wulf, SIPRI, und SIPRI Yearbook 1991

die erste Rüstungsfabrik in Votkinsk auf zivile Produktion umzustellen, in der bis 1988 die umstrittenen SS-20 Mittelstreckenraketen gebaut worden waren. »Melkmaschinen statt Raketen«, »Kinderwagen statt Panzer« – so lauteten die etwas simplen Schlagzeilen.

Von den Problemen, die Waffenproduktion umzustellen, wissen die Konversionsexperten inzwischen ein Lied zu singen. Die anfängliche Euphorie unmittelbar nach der Gorbatschow-Rede vor den Vereinten Nationen erhielt empfindliche Dämpfer. Die von oben verordnete Umstellung stieß auf Widerstände in den Fabriken, und auch bei den Militärs schlug die Stimmung schnell um.

Schwierigkeiten gab es aber nicht nur, weil Teile von Militär und Rüstungsindustrie mauerten. Es ist vor allem die allgemeine Ratlosigkeit, wie die Wirtschaft in Schwung zu bringen sei, die Konzeptionslosigkeit, Reformen wirklich durchzusetzen, das allgemeine wirtschaftliche und wirtschaftspolitische Chaos, von dem auch die Rüstungsindustrie betroffen war. In die Rüstungsindustrie flossen bis vor kurzem nach wie vor beachtliche wirtschaftliche Ressourcen – wie die Zukunft der Rüstungsbetriebe nach dem gescheiterten Staatsstreich und der Auflösung der Union aussehen wird, ist völlig offen. Ungefähr 90 % aller Rüstungsbetriebe befinden sich in den Republiken Rußland und Ukraine. Darin arbeiteten über 6 Millionen Beschäftigte, davon über 4 Millionen an Waffen und militärischen Geräten. Die übrigen 2 Millionen stellen zivile Produkte unter Leitung des Verteidigungsministeriums her. Zahlreiche Konsumgüter – Radios, Farbfernseher, Videorecorder und Waschmaschinen – werden ausschließlich in den Fabriken unter dem Kommando der Rüstungsministerien hergestellt. Was lag näher, als die Produktion ziviler Güter in der Rüstungsindustrie zu steigern und die militärische Fertigung einzuschränken, um so die miserable Konsumgüterversorgung zu verbessern?

Die Idee ist plausibel und für die Bürger verlockend. Das Know-how der Wissenschaftler und Ingenieure, die finanziellen Mittel und die Rohstoffe, die jahrzehntelang prioritär in die Rüstung geflossen waren, sollten nun den Verbrauchern zugute kommen. 1995, am Ende des laufenden Fünfjahresplans, so erklärte voller Selbstbewußtsein V.I. Smyslov, Vizepräsident der staatlichen Planungskommission Gosplan und Architekt des Konversionsplanes, »wird die Rüstungsindustrie nur noch zu 40 % für die Streitkräfte arbeiten und zu 60 % zivile Produkte herstellen«.

Schon vor dem Auseinanderbrechen der Sowjetunion äußerten die Experten Zweifel an den Plänen. Öffentlich – während einer UNO-Tagung 1990 in Anwesenheit ausländischer Experten und vor der sowjetischen Presse – kritisierte Alexei Izyumov, Ökonom an der Akademie der Wissenschaften und Mitherausgeber der englischsprachigen sowjetischen Zeitschrift *Business in the USSR*, die Planungsverbohrtheit der Bürokratie. Spitz fragte er den Vizepräsidenten Gosplans nach dessen eloquentem Vortrag über die Ziele des Konversionsplans: »Woher nehmen Sie den Optimismus, Ihr Plan würde erfolgreich durchgeführt? Schließlich haben Sie jahrzehntelange Erfahrung mit erfolglosen Plänen.«

Die kurze Geschichte der Konversion erlebte bereits verschiedene Phasen. Das Hoch der Erwartungen von Ende 1988 verwandelte sich bis 1990 in ein Tief, von dem die gesamte sowjetische Wirtschaft erfaßt war. 1991, nach den dramatischen Ereignissen des gescheiterten Staatsstreichs, war dann der eigentliche Konversionsplan kein Thema mehr, und es ist völlig offen, was aus den Rüstungsfabriken wird.

**Ägypten**
- 6 Transportflugzeuge
- ★ (514) Flugabwehr-Raketen (Sparrow)
- ★ (150) Flugabwehr-Raketensysteme (Hawk)
- ★ (200) Panzerabwehr-Raketen

**Äthiopien**
- (360) Schützenpanzer
- (260) Feldgeschütze
- (200) Scout-Fahrzeuge
- (320) Panzerabwehr-Raketen

**Afghanistan**
- ★ (80) Kampfflugzeuge
- ★ 12 Transportflugzeuge
- (180) Schützenpanzer
- (72) Feldgeschütze
- ★ (12) Feldgeschütze
- (3) mob. Scud-B-Abschußrampen
- (800) Scud-B-Raketen

**Algerien**
- ★ 4 Transportflugzeuge

**Angola**
- (48) Kampfflugzeuge (MiG-23)
- (300) Kampfpanzer
- (232) Feldgeschütze
- (100) Scout-Fahrzeuge
- (7) Radarsysteme
- (492) Flugabwehr-Raketensysteme
- ★ (10) Flugabwehr-Raketensysteme

**Benin**
- 10 Panzerfahrzeuge
- ★ 5 Scout-Fahrzeuge

**Bolivien**
- 3 Transportflugzeuge

**Brasilien**
- ★ 4 Fregatten
- (23) Kampfflugzeuge (F-5E)
- ★ 2 Tankflugzeuge
- 4 leichte Flugzeuge
- (2) Schiffsraketen-Systeme
- (10) Hubschrauber
- ★ 10 Hubschrauber
- ★ (36) Flugabwehr-Raketensysteme

**Brunei**
- (24) Schützenpanzer

**Dominikanische Republik**
- 5 Trainingsflugzeuge

**Chile**
- (15) Hubschrauber
- (12) Exocet-Schiffsraketen

**Gabun**
- ★ 1 Transportflugzeug

**Guinea**
- ★ 1 Tragflächen-Schnellboot

**Honduras**
- 10 Kampfflugzeuge (F-5E)

**Indien**
- 1 Atom-Unterseeboot (geleast)
- 7 Unterseeboote
- (6) Minensuchboote (hochseetüchtig)
- 15 Kampfflugzeuge (MiG-29)
- 8 Aufklärungsflugzeuge
- (24) Transportflugzeuge
- (4) Hubschrauber
- (9) Schiffsraketen-Abschußrampen (SA-N1 u. SA-N5)
- (6) Schiffsraketen-Abschußrampen (SSN-2 Styx)
- (128) Schiffsraketen (SA-N1 u. SA-N5)
- (72) Schiffsraketen (SSN-2 Styx)
- (4) Flugabwehr-Raketensysteme (SA 11)

**Indonesien**
- ★ 3 Kampfflugzeuge (F-16 B)

**Israel**
- (20) Hubschrauber
- (12) Hubschrauber

**Irak**
- (700) Kampfpanzer (T-72)
- (160) Feldgeschütze
- (360) Abschußvorrichtungen f. Feldgeschütze
- (40) Luft-Boden-Raketen
- (350) Scud-B-Raketen
- ★ (3) Hubschrauber
- (10) Radarsysteme
- 18 Exocet-Schiffsraketen
- (180) Luft-Boden-Raketen

**Jordanien**
- (240) mob. Flugabwehr-Raketensysteme
- ★ 1 Radarsystem

**Kambodscha**
- (30) Feldgeschütze
- (20) Abschußvorrichtungen f. Feldgeschütze

**Kamerun**
- 4 Trainingsflugzeuge

**Katar**
- (4) Radarsysteme
- (256) Luft-Luft-Raketen
- (128) Luft-Boden-Raketen

**Kenia**
- ★ 67 Panzerfahrzeuge

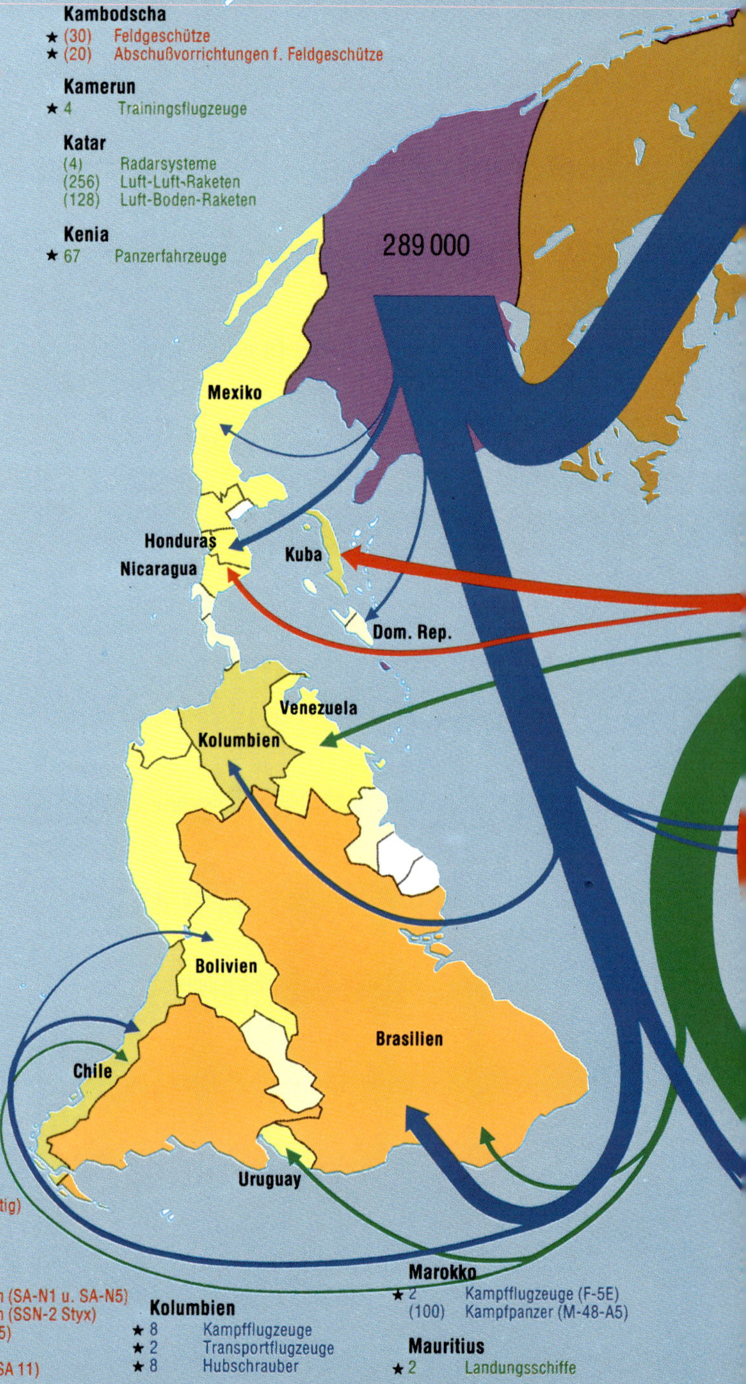

**Kolumbien**
- ★ 8 Kampfflugzeuge
- 2 Transportflugzeuge
- ★ 8 Hubschrauber

**Kuba**
- ★ (6) Kampfflugzeuge (MiG-29)

**Kuwait**
- ★ (50) Panzerfahrzeuge
- (240) Panzerabwehr-Raketen

**Lesotho**
- ★ 1 leichtes Flugzeug

**Libyen**
- ★ (12) Kampfflugzeuge (SU-24 Fencer)
- 1 Transportflugzeug
- ★ 2 Kampfflugzeuge (Mirage F-1A)

**Malaysia**
- ★ 48 Kampfflugzeuge (A-4E Skyhawk)
- ★ 1 Transportflugzeug

**Mali**
- ★ (2) Kampfflugzeuge (MiG-21)

**Marokko**
- ★ 2 Kampfflugzeuge (F-5E)
- (100) Kampfpanzer (M-48-A5)

**Mauritius**
- ★ 2 Landungsschiffe

**Mexiko**
- 2 Radarsysteme
- ★ 1 Radarsystem

**Moçambique**
- ★ 1 Transportflugzeug

289 000

# Die Bewältigung globaler Umweltveränderungen, eine neue Partnerschaft zwischen Wissenschaft und Politik

Manfred Lange

*Einleitung*

Veränderungen und Störungen der globalen Umwelt fesseln zunehmend das Interesse der Menschen. Schlagworte wie Ozonloch, Treibhauseffekt und Klimakatastrophe bestimmen vielerorts die Diskussionen im öffentlichen Bereich. Bei näherer Betrachtung fällt auf, daß diese Probleme von zwei Seiten gesehen werden müssen. Zum einen wird die Bedrohung der Erdbewohner durch die sich ändernden Klima- und Witterungsbedingungen immer deutlicher. Anzeichen hierfür werden etwa in extrem warmen und trockenen Sommern oder in der vermehrten Häufigkeit gefährlicher Wirbelstürme gesehen. Zum anderen jedoch wird erkennbar, daß der Mensch selbst einen erheblichen Teil der Veränderung seiner Umwelt zu verantworten hat. Dies kommt in dem oftmals sträflich leichtsinnigen Umgang mit natürlichen Ressourcen oder aber in der weltweit steigenden Emission von Schad- und Treibhausgasen zum Ausdruck.

In dieser Situation rufen immer mehr Menschen nach politischen Maßnahmen und Regularien, die zum einen die Folgen globaler Umweltveränderungen für die Bewohner der Erde reduzieren und die zum anderen menschliche Eingriffe in die natürlichen Systeme eindämmen sollen. Es wird jedoch auch immer klarer, daß wirkungsvolle und dauerhafte Maßnahmen sich nur auf der Basis gesicherter Erkenntnisse formulieren lassen. Angesichts der oben bereits angesprochenen Komplexität der zu behandelnden Probleme sind die Politiker hier weitgehend überfordert. Sie brauchen die Unterstützung durch die Wissenschaft. Forschung soll sowohl eine möglichst exakte Beschreibung des jetzigen Zustands der Erde als auch eine zuverlässige Vorhersage der zukünftigen Entwicklung der globalen Umwelt liefern.

Trotz der Schwierigkeiten, die die Lösung solcher Fragen mit sich bringen, hat die Wissenschaft sich diesen Problemen nicht verschlossen. Schon seit einigen Jahren hat man damit begonnen, durch interdisziplinär angelegte, internationale Forschungsprogramme diese Herausforderung aufzugreifen. Damit sollen einige der drängenden Fragen gelöst und eine sicherere Entscheidungsgrundlage für den politischen Prozeß bereitgestellt werden. So hat sich in den letzten Jahren eine neue, für beide Teile noch ungewöhnliche Partnerschaft zwischen Wissenschaft und Politik ergeben. Wenn diese auch, wie jede junge Partnerschaft, noch nicht reibungslos funktioniert, so hat sich doch auf beiden Seiten die Überzeugung durchgesetzt, daß nur in einem solchen Zusammengehen die drängenden Probleme unserer Erde behandelt werden können.

Im folgenden sollen die wesentlichen, heute bereits laufenden Programme zur Erforschung der globalen Umweltveränderungen beschrieben werden und anschließend ein kurzer Abriß über bereits getroffene internationale Umweltabkommen sowie ein Ausblick auf künftige Entwicklungen gegeben werden.

*Forschung zu globalen Umweltveränderungen, die Wissenschaft greift die Herausforderung auf*

Die Bereitstellung einer besser abgesicherten Wissensbasis über den heutigen sowie den zukünftigen Zustand der Erde, die als Grundlage wirkungsvoller Maßnahmen dienen kann, stellt eine ungewöhnlich weitreichende Herausforderung dar. Die Komplexität der Einzelprozesse und ihre vielfältige Vernetzung untereinander lassen monokausale oder disziplingebundene Forschungsansätze schnell scheitern. Die Vielfalt der räumlichen und zeitlichen Skalen der maßgeblichen Prozesse, die von den kleinsten bis zu den größtmöglichen erdgebundenen Dimensionen reichen, verlangen eine langfirstig angelegte und länder- bis kontinentübergreifende Forschungskonzeption. Dies beschreibt auch schon die wesentlichen Charakteristika der

Die Landsataufnahme zeigt wie der antarktische Byrd-Gletscher durch Transantarktisches Gebirge in das Ross-Schelfeis fließt.
Bild: NASA

Erforschung globaler Umweltveränderungen (Global Change Forschung). Die grundlegende Strategie der Global Change Forschung läßt sich in der Handlungskette: ›Messen Verstehen – Vorhersagen‹ zusammenfassen. Messungen erschließen die vergangenen Zustände des Systems Erde und seine heutige Beschaffenheit. Die Zusammenführung unterschiedlichster Meßgrößen und grundlegender Gesetzmäßigkeiten in konzeptionellen Modellen möglichst vieler Teilbereiche des Systems Erde, erschließen das Verständnis der wichtigsten, dieses System bestimmender Prozesse. Dies ermöglicht schließlich, zusammen mit der Vorgabe realistischer Randbedingungen der maßgeblichen Parameter, die Vorhersage zukünftiger Zustände des Erdsystems. Die Verwirklichung dieser Strategie, bei Vorgabe realistischer Zielsetzungen für Einzelfragestellungen, kennzeichnet die heutigen Bemühungen um ein internationales Global Change Forschungsprogramm.

Internationale Forschungsprogramme und länderübergreifende Koordinierung von Forschungsprojekten haben sich erst in den letzten etwa 10 bis 20 Jahren entwickelt und befinden sich nach wie vor in einem Stadium des Ausbaus und der Konsolidierung. Zwar gibt es Vorläufer solcher Forschungsansätze, nur fehlte in diesen Programmen das Element der Interdisziplinarität, welches für die Global Change Forschung unerläßlich ist. So war etwa das ›Internationale Geophysikalische Jahr‹ 1957/58 durch den nur losen Verbund einiger nationaler Projekte gekennzeichnet, deren thematischer Schwerpunkt im physikalisch-geowissenschaftlichen Bereich lag. Selbst dem ›Globalen Atmosphären-Forschungsprogramm‹ (GARP) der siebziger Jahre, welches nach Art und Umfang als das umfangreichste internationale Forschungsprogramm der bisherigen Wissenschaftsgeschichte anzusehen ist, fehlte die interdisziplinäre Ausrichtung, die es als das erste Global Change Forschungsprogramm ausweisen würde.

Mit der Initiierung des UNESCO-Programms (Abkürzungserklärungen siehe Anhang) ›Der Mensch und die Biosphäre‹ (MAB) 1971 sowie des ›Weltklimaforschungsprogramms‹ (WCRP) im Jahre 1979 als Nachfolger des GARP, begann die Ära der modernen Global Change Forschung. Inzwischen gibt es eine breite Palette von Programmen, die zusammengenommen die wesentlichen Bausteine der Forschung zu globalen Umweltveränderungen darstellen. Das vorliegende Schaubild, welches keinesfalls ein vollständiges Bild der Global Change Forschungslandschaft geben kann, zeigt dennoch die Vielfalt der beteiligten Organisationen und die Breite des thematischen Ansatzes der heutigen Forschungsbemühungen. Im folgenden sollen in knapper Form die wesentlichen Ziele und Fragestellungen der wichtigsten dieser Programme vorgestellt werden.

*Weltklimaforschungsprogramm (WCRP)*
Mit dem internationalen Weltklimaforschungsprogramm (WCRP) wird das Ziel verfolgt, ein quantitatives Verständnis des Klimas der Erde und seiner maßgeblichen Prozesse zu erarbeiten. Darauf aufbauend sollen Vorhersagen über globale und regionale Klimaveränderungen auf allen Zeitskalen erstellt werden. Das WCRP umfaßt derzeit die folgenden Teilprogramme:

*Untersuchung des tropischen Ozeans und der globalen Atmosphäre (TOGA)*
Es sollen die wichtigsten Prozesse untersucht werden, die zu kurzzeitig beobachtbaren Klimavariationen im Zeitmaßstab einiger Jahre führen. Dabei wird exemplarisch die als El Niño-Phänomen bezeichnete, ungewöhnliche Veränderung der ozeanischen Oberflächentemperaturen vor der Westküste Südamerikas eingehend beobachtet.

*Das Experiment zur Erfassung der Globalen Energie- und Wasserkreisläufe (GEWEX)*
Mit diesem Experiment sollen die Austausch- und Transportvorgänge von Energie und Wasser in der Atmosphäre und an der Erdoberfläche kontrolliert, modelliert und vorhergesagt werden. Gleichzeitig sollen die Auswirkungen von Klimaänderungen